职业教育机电类课程改革新规划教材

电子技术基础与技能

主　编　朱庆华
副主编　任小平
参　编　陈建军　孔　鹏　杨万仙　胡智波
　　　　伍　枫　赵云鹏　杨光佐
主　审　张海若

机 械 工 业 出 版 社

本书是参照教育部最新颁布的《中等职业学校电子技术基础与技能教学大纲》并结合近几年职业教育发展状况，以项目驱动、任务引领的模式编写而成。主要内容包含使用电子实训台、学做LED电源指示器、验证二极管单向导电性、制作LED电平指示器、验证晶体管直流放大作用、使用低频信号发生器和毫伏表、使用示波器、测试基本放大电路、制作声控闪光灯、测试工作稳定的放大电路——分压式偏置放大电路、制作“闪闪的红星”、测试集成运算放大电路、学习基本焊接技术、认识最简单的整流电路——半波整流电路、认识复读机电源——桥式整流滤波电路、测试稳压二极管并联型稳压电路、制作黑白电视机电源——晶体管串联型稳压电路、制作三端集成稳压电路、制作断线报警器——单向晶闸管应用、拆解电风扇调速器——双向晶闸管应用组装晶体管收音机、验证与转换门电路逻辑功能、设计举重裁判表决器、制作光敏电子鸟等24个项目。本书内容详实，覆盖全面，可以灵活选用，适应不同层次的学习需要。每个项目有具体的实施过程，并辅以适量相关理论知识的介绍，学生在项目引导下完成相关理论和技能的学习，从而实现“做中学、做中教”的理论实践一体化教学。

本书可以作为职业学校电工电子类或机电相关专业教材，也可以作为职业培训以及电子爱好者的参考用书。

为方便教学，本书配有电子教案和习题答案，凡选用本书作为教材的学校及教师可在机械工业出版社教材服务网（www.cmpedu.com）上注册并免费下载。

图书在版编目(CIP)数据

电子技术基础与技能/朱庆华主编. —北京：机械工业出版社，2013.7
职业教育机电类课程改革新规划教材
ISBN 978-7-111-42801-5

Ⅰ.①电… Ⅱ.①朱… Ⅲ.①电子技术-职业教育-教材 Ⅳ.①TN

中国版本图书馆CIP数据核字（2013）第181190号

机械工业出版社(北京市百万庄大街22号 邮政编码100037)
策划编辑：高 倩 责任编辑：高 倩 王 琪
责任校对：申春香 肖 琳 封面设计：赵颖喆
责任印制：杨 曦
北京圣夫亚美印刷有限公司印刷
2013年9月第1版第1次印刷
184mm×260mm ·13印张·321千字
0001—2000册
标准书号：ISBN 978-7-111-42801-5
定价：29.00元

凡购本书，如有缺页、倒页、脱页，由本社发行部调换
电话服务 网络服务
社服务中心 ：(010)88361066 教材网：http://www.cmpedu.com
销售一部 ：(010)68326294 机工官网：http://www.cmpbook.com
销售二部 ：(010)88379649 机工官博：http://weibo.com/cmp1952
读者购书热线：(010)88379203 封面无防伪标均为盗版

前　　言

本教材采用项目式教学、模块化结构，适应不同学制要求。不同学时、不同专业，可根据实际需要选择教学内容，以达到基本的教学要求。

本教材的设计以实用为原则，降低了理论难度，理论知识以“必需、够用”为度。对一些仪器设备只要求正确操作使用，注重技能训练。采用理论知识与技能训练一体化的模式，使教材内容更加符合学生的认知规律，易于激发学生的学习兴趣。项目设计尽量拓宽知识面，坚持以能力为本位，注重实践能力的培养，从认识电路开始，到元器件的识别检测、安装焊接，再到测量、调试时万用表、示波器的使用，高密度的实训始终贯穿全书，可以大大提高学生的动手能力，培养学生独立思考、解决问题的能力。

项目设计以简单易懂、便于实践为原则，项目的实施以价格低廉、取材方便、直观易学的面包板插接为主，兼顾印制电路板安装焊接、散装成品套件的组装以及专业教学实训台的使用。为适应不同层次、不同条件的学校教学，书中配有大量图片以方便学生“按图索骥”，项目操作简洁易懂，不同知识水平的学生按步骤都可以轻松完成各个项目。

本书由朱庆华任主编，确定项目选材并指导编写，编写了项目十九、二十一、二十四；任小平任副主编，编写了项目十三；孔鹏编写了项目五、八、十，以及项目二十一的部分内容；陈建军、杨万仙编写了项目九、十一、十二、十四、十五、十六、十七、十八、二十以及项目十九的部分内容；胡智波、杨光佐编写了项目二十二、二十三；伍枫编写了项目二、三、四；赵云鹏编写了项目一、六、七。全书由朱庆华统稿，并对全稿作出了大量补充修改。本书由张海若主审。

本书在编写过程中，得到了安徽汽车工业学校倪彤老师的热心支持，在此表示感谢。另外，编者还参考了大量相关资料，有些编写项目借鉴了一些优秀教材，在此一并表示感谢。

由于编者水平有限，书中难免有疏漏欠缺之处，欢迎读者及同仁批评指正。

编　者

目　录

项目一　使用电子实训台

电子实训台在教学中已经得到广泛应用，这里以天煌 THETDY-2 型电子产品工艺实训台（见图 1-1）为例进行介绍。该实训台可完成中、小型电子产品的装配、调试和检修等实训，同时也可满足进行电子制作、电子设计大赛、课程设计、毕业设计等综合性、设计性、创新性实训的要求。

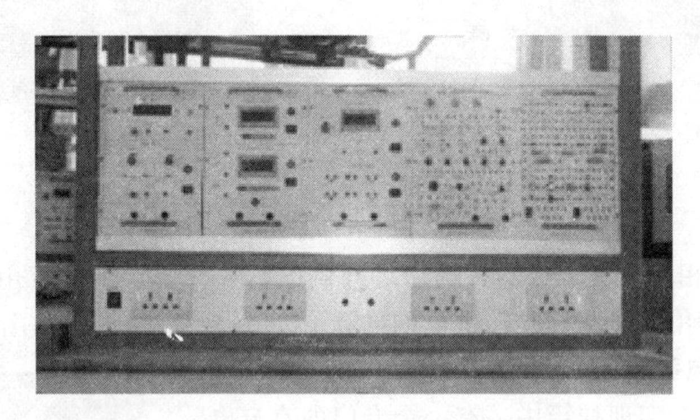

图 1-1　THETDY-2 型电子产品工艺实训台

任务一　认 识 电 源

1. 输入电源系统

该实训台的输入电源为三相四线制（或三相五线制）380V（±10%）、50Hz 的交流电，具有三相电源指示和漏电保护功能，装置容量不大于 2000V · A。

2. 输出电源系统

该实训台三相电源的输出电流为 20A，可通过实训台下面的三相插座将多个实训台串联在一起，最多保证 10 台设备同时使用，并且设置了风扇和照明荧光灯控制系统，如图 1-2 所示。

图 1-2　风扇和照明荧光灯系统

该实训台还在台面上方单侧设有 9 路 220V 单相交流电插座，为实训挂箱和外配设备提供工作电源，并设有独立的总控开关，如图 1-3a 所示。

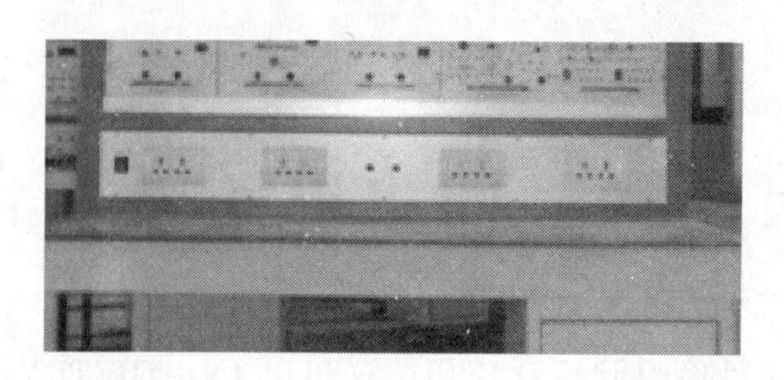

a) 9路220V单相交流电的插座

b) 常用万用插座

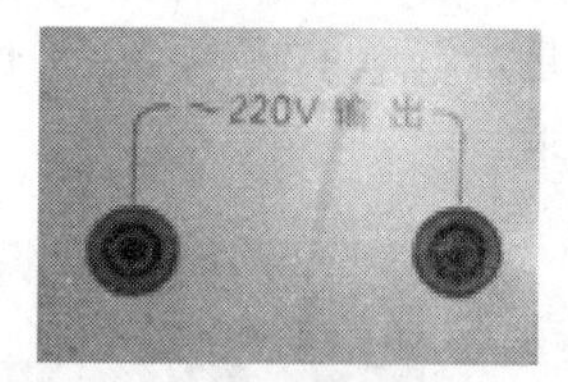

c) 专用供电插孔

图 1-3　供电面板

这 9 路 220V 单相交流电分成两种类型对外供电：一种为常用的万用插座，共 8 路：还有一路为该实训台专用的对实训挂箱供电的插孔（见图 1-3b、c，并与图 1-3a 比对位置）。

3. DY-03 直流电源单元

在该实训台的 5 个实训挂箱中，有一个专门的直流电源单元，即 DY-03 模块。该直流电源单元最下方有一组专用插孔，由供电面板的专用供电插孔提供 220V 交流电，经该模块转换后向外输出直流电，如图 1-4 所示。

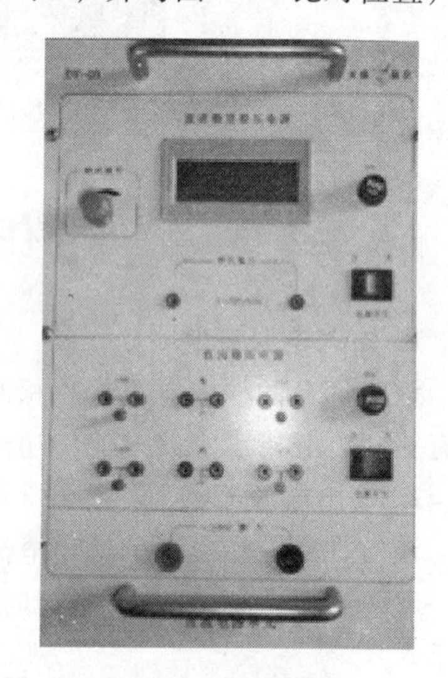

图 1-4　DY-03 直流电源单元（一）

该直流电源单元分成两部分。上方的一部分为可调直流电源，0 ~ 30V/1A 连续可调，具有截止型短路软保护和自动恢复功能，并设有三位半数显指示和独立开关，通过下方专用供电插孔对外输出直流电压（见图 1-5a，并与图 1-3 比对位置）。

下方的一部分为四路固定直流电源（分别为 ± 12V 和 ± 5V），每路均设有短路过电流保护和自恢复功能。同样设有独立开关，通过专用供电插孔对外输出直流电压（见图 1-5b，并与图 1-3 比对位置）。

a) 可调直流电源部分

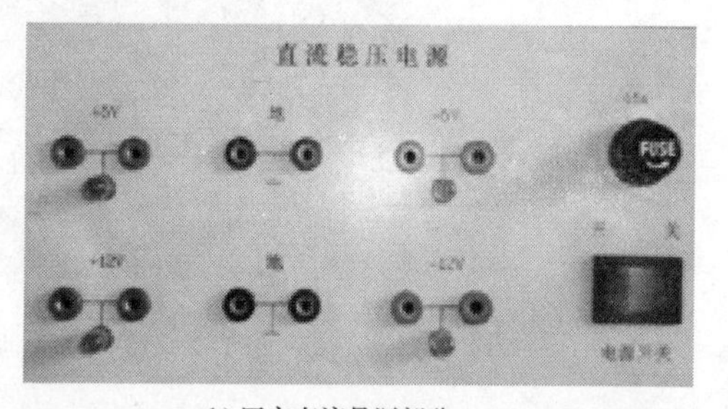

b) 固定直流是源部分

图 1-5　DY-03 直流电源单元（二）

任务二　使用自带信号源

在该实训台的 5 个实训挂箱中，有一个专门的信号源单元，即 DY-05 模块。该信号源单元最下方有一组专用插孔，由供电面板的专用供电插孔提供 220V 交流电。该模块分为上、下两部分，下方为函数信号发生器，上方为数字频率计，如图 1-6 所示。

1. 函数信号发生器

函数信号发生器（见图 1-7）具有独立电源开关，可向外电路提供正弦波、三角波和方波 3 种波形，输出由波形选择按键控制。

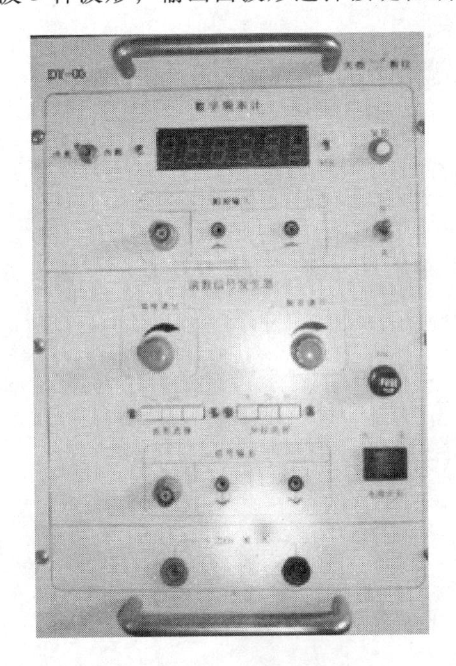

图 1-6　DY-05 直流电源单元

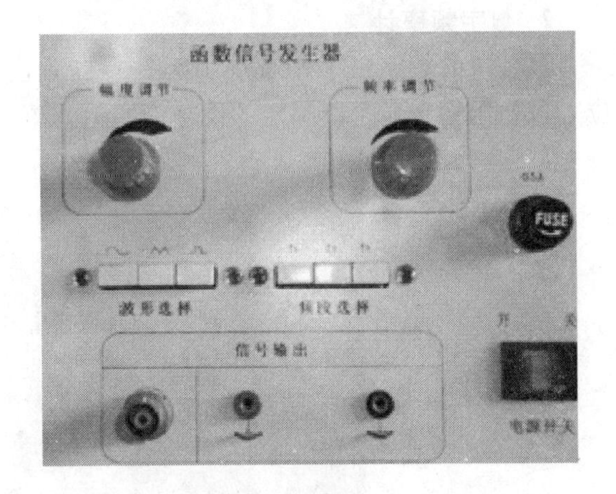

图 1-7　DY-05 函数信号发生器部分

该函数信号发生器的输出频率范围为 2Hz ~ 47kHz，用频率选择按键来实现频率挡位的切换，对应挡位输出信号频率的高、低通过频率调节旋钮来调节，如图 1-8 所示。

输出信号幅度为 0 ~ 12V 连续可调，通过幅度调节旋钮实现，如图 1-9 所示。

信号输出部分有 3 种接口：作为独立信号发生器使用的专用接口，为该实训台其他挂箱提供信号的接口，和方便示波器等专用探头的连接接口，如图 1-10 所示。

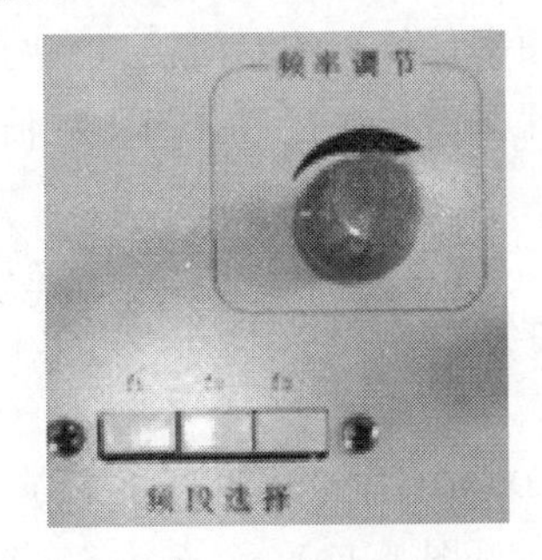

图 1-8　频率控制部分

图 1-9　幅度调节旋钮

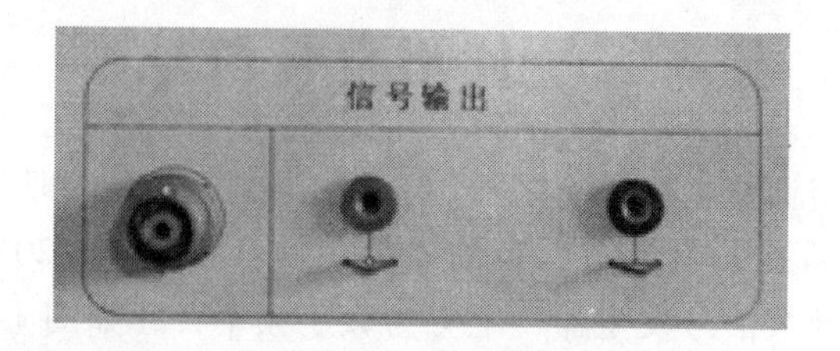

a) 独立信号发生器专用接口

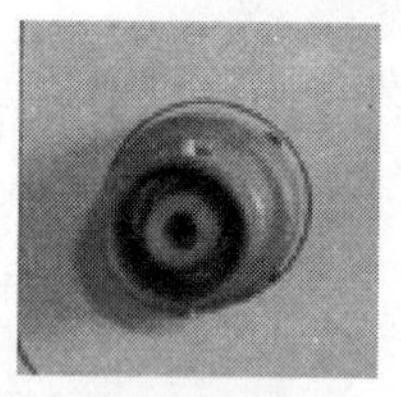

b) 示波器专用接口

c) 本系统其他挂箱接口

图 1-10 信号输出部分

2. 数字频率计

该模块的数字频率计部分（见图 1-11）由独立电源开关控制，具有复位功能，设有 6 位七段数码管来显示所测定的信号频率值，单位为 kHz。

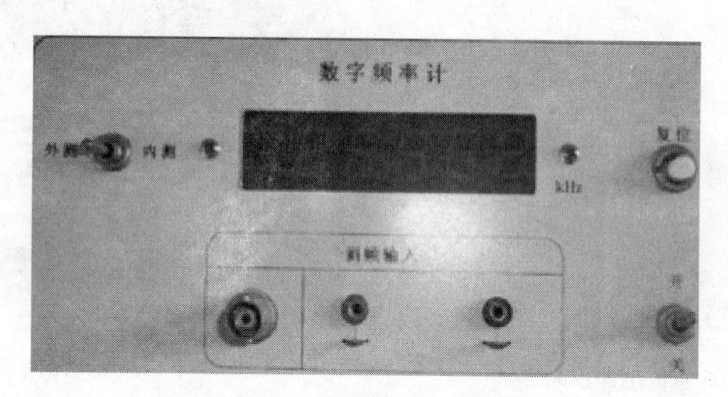

图 1-11 数字频率计部分

该数字频率计的内测和外测开关用来选择输入的测量信号是来自 DY-05 信号源自身的函数信号发生器还是来自外部其他信号源。若信号源来自自身的函数信号发生器，则将该开关拨至“内测”位置，不需连接即可测量函数发生器的信号频率；若信号来自外部其他信号源，则将开关拨至“外测”位置，将信号通过输入接口引入频率计，进行频率测量。

数字频率计的输入端同样设置了 3 种接口：作为独立的频率计使用的专门接口，为该实训台其他挂箱提供信号频率测定的接口和方便示波器等专用探头的连接接口，与函数信号发生器的输入接口一致，如图 1-10 所示。

任务三 了解元器件挂箱

该实训台的 DY-01 和 DY-02 两个挂箱均为元器件挂箱。DY-01 挂箱（见图 1-12）提供常用的电阻器、电容器、电感器、数码管及二极管等元器件（见图 1-13）。

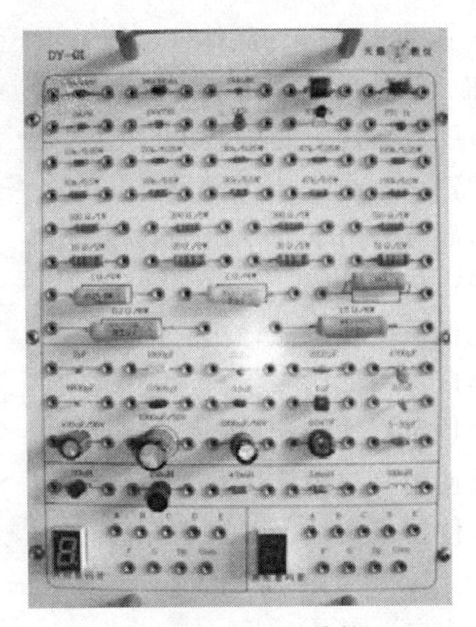

图 1-12　DY-01 挂箱

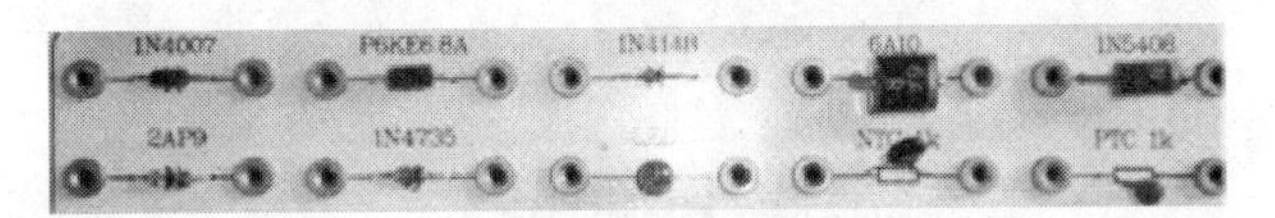

a) 各种常用二极管

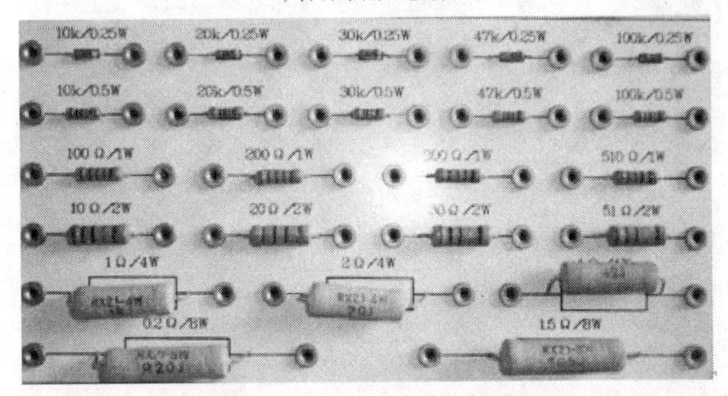

b) 根据瓦数区分的各种常见阻值的电阻器

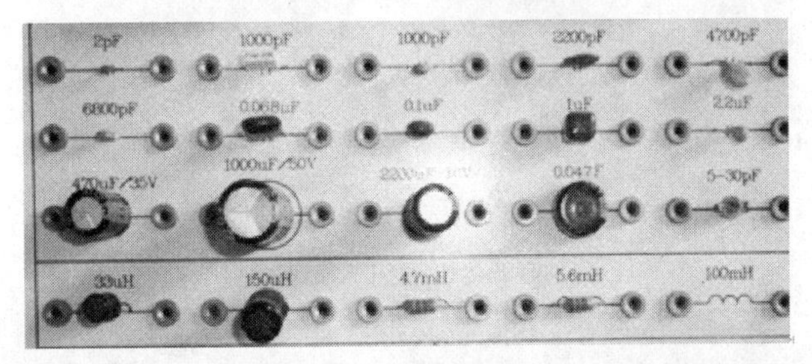

c) 常见电容器和电感器

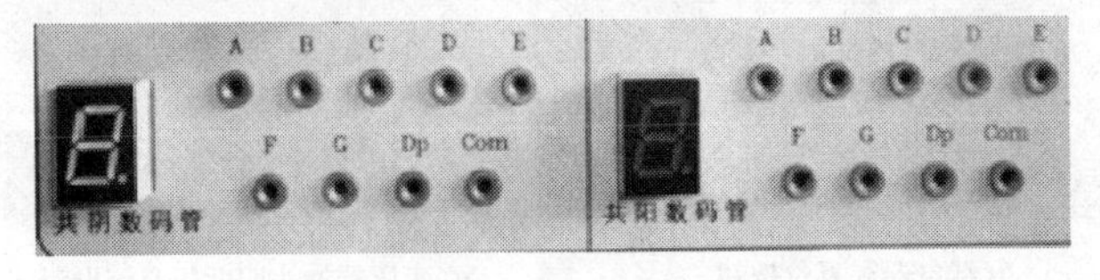

d) 共阴型和共阳型七段数码管

图 1-13　DY-01 挂箱各部分元器件分立图

DY-02 挂箱（见图 1-14）提供电位器、晶体管、稳压二极管、继电器、复位按钮、晶体管、晶闸管、蜂鸣器及变压器等元器件（见图 1-15）。其中变压器提供有 0V、6V、10V、14V 抽头各一路及中心抽头 17V 两路。

图 1-14　DY-02 挂箱

图 1-15e 是低压交流电源部分，由下方专用供电接口从实训台电源面板输入 220V 交流电源，经内部变压器变压，对外提供各个对应的低压交流电源输出，使用时根据实际需要选择合适的接口。

以上两个挂箱的各元器件均留有连接端口，便于我们在认识元器件时测量，以及使用该挂箱搭建基本验证电路时连接使用。连接端口均使用该实训台配置的标准连接线连接。

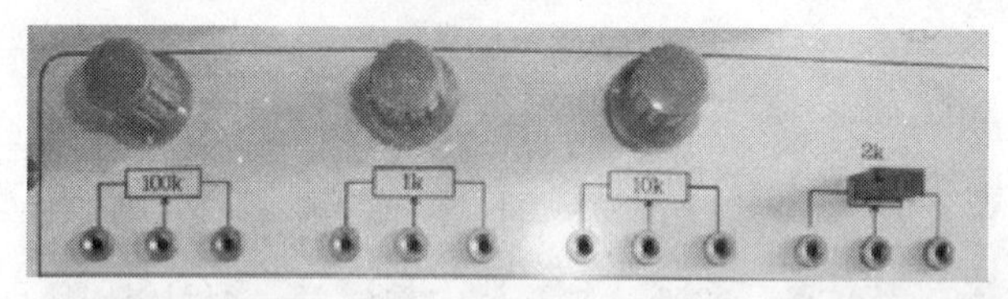

a) 指示灯、蜂鸣器、晶闸管

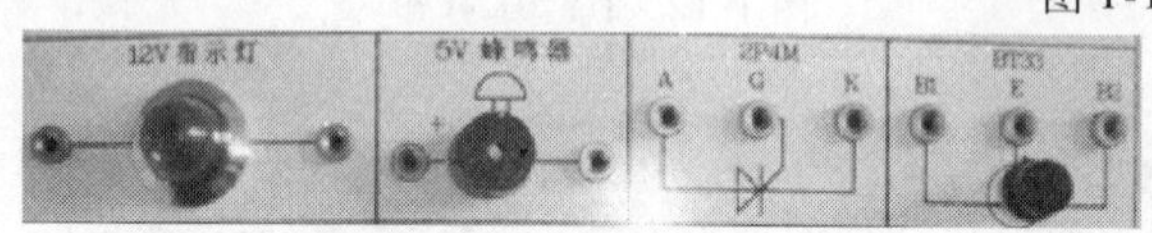

b) 电位器

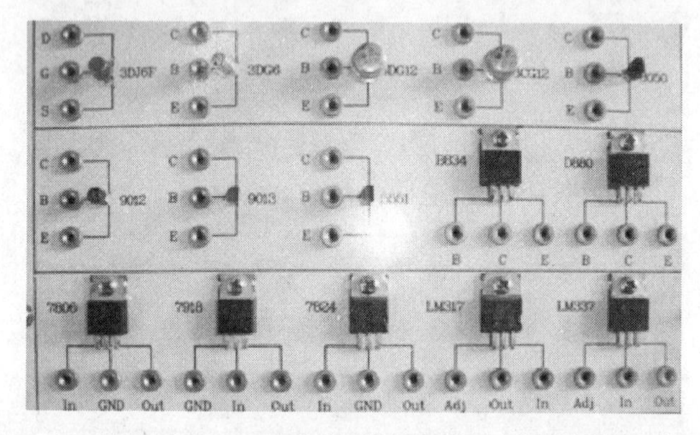

c) 晶体管、稳压二极管

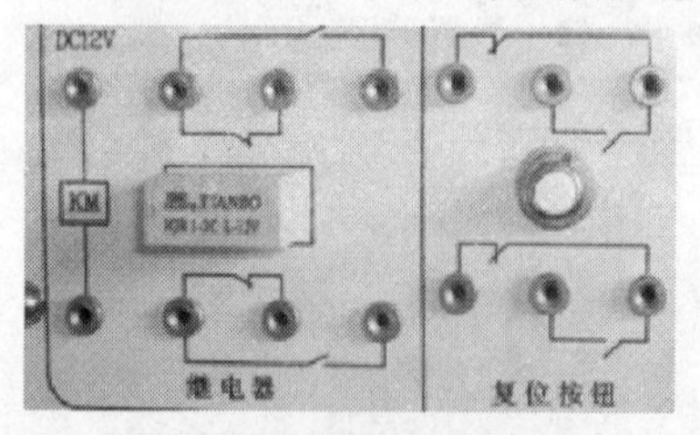

d) 继电器和复位按钮

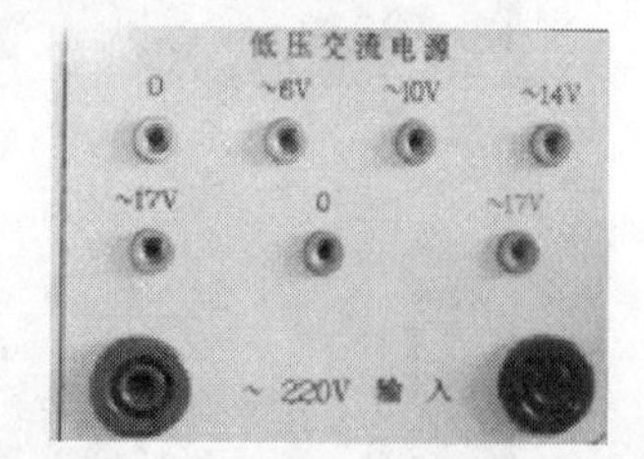

e) 变压器抽头即低压交流电源部分

图 1-15　DY-02 挂箱各部分元器件分立图

任务四　使用指示仪表

在该实训台的挂箱中还有一个提供了两块测量仪表的模块，即 DY-04 测量仪表单元。这两块测量仪表分别是交/直流数字电压表和直流数字电压/电流表。两块仪表装在同一挂箱中，由挂箱下方的专用接口从实训台面板上获得 220V 交流电，为两块仪表供电。两块仪表由独立开关控制，独立使用，如图 1-16 所示。

1. 交/直流数字电压表

该仪表的表头为三位半数字显示，准确度等级为 0.5 级，设有过载保护。表头下方的按键为交/直流（AC/DC）转换和量程选择。红色按键按下后为交流电压表，测量交流量，当作为交流电压表使用时，其（真有效值）频率范围为 10Hz ~ 1MHz；再按一次弹起，为直流电压表，测量直流量。后方三个白色按键为量程选择按键，按下后选择对应量程，分别为 200mV、2V、20V 三个挡位；左侧为电压输入接口，如图 1-17 所示。

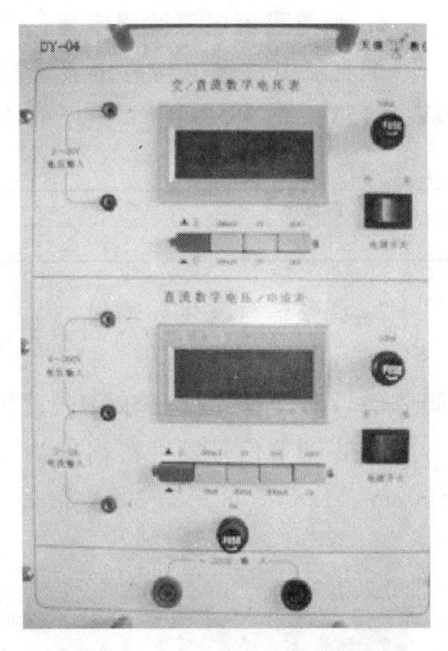

图 1-16　DY-04 仪表挂箱

注意：左侧的输入端口由红、黑两种颜色标注出正、负极性，当作为交流电压表使用时不予考虑，但作为直流电压表使用时一定要区分接入电压的极性，避免损坏仪表。

2. 直流数字电压/电流表

表头为三位半数字显示，准确度等级为 0.5 级，设有过载保护。表头下方的按键为电压/电流转换和量程选择。红色按键按下后为直流电流表，测量直流电流，其量程为 2mA、20mA、200mA、2A；再按一次弹起，为直流电压表，测量直流电压，输入阻抗为 10MΩ，量程为 200mV、2V、20V、200V。后方三个白色按键为量程选择按键，按下后选择对应量程。左侧为被测电信号输入接口，如图 1-18 所示。

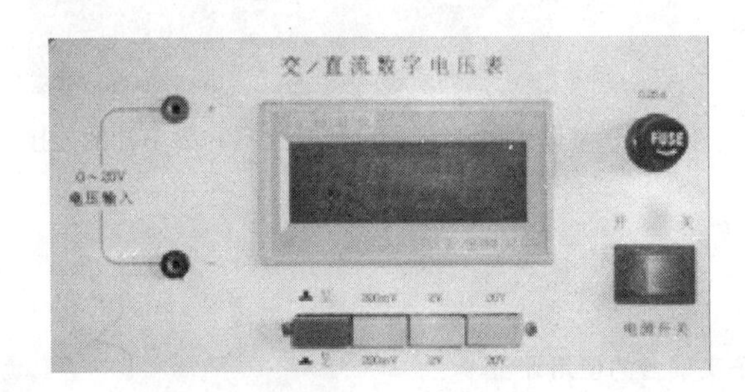

图 1-17　交/直流数字电压表

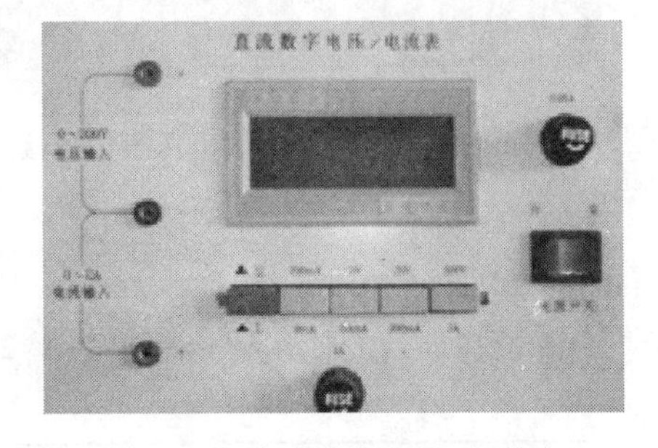

图 1-18　直流数字电压/电流表

注意：该表为直流表，在使用时一定要区分极性。另外，该表使用同一表头，切换选择电压表和电流表，在转换时一定要切断电路，更换接入插孔，避免因操作不当造成的仪表损坏。

任务五　技能训练

利用该实训台和挂箱可进行大量基础理论的验证性实验电路的搭接。同时，还自带可调和固定电源、信号源，可以方便地进行电路的实验验证。

在使用时，首先要根据测量对象确定指示仪表的交、直流状态以及是否要区分正、负极性，然后确定量程。整个过程要求操作规范，遵守安全规程。

1. 测量直流电源输出电压

把直流电源输出与电压表连接（见图 1-19），调整直流电源电压指示分别为 3V、6V、9V 、15V 、24V，观察并记录电压表测量数据，填入表 1-1 中。

表 1-1　直流电源输出电压

直流可调输出	3V	6V	9V	15V	24V
电压表读数					

2. 调整信号发生器输出

（1）如图 1-20 所示，打开信号发生器及频率计电源，频率计开关选择“内测”，分别调节信号发生器，输出 500Hz、1200Hz、5kHz、20kHz 信号。

（2）调节信号发生器输出为正弦波，频率为 1kHz，连接电压表，输出 24mV、180mV、500mV、1. 8V、6. 3V、8. 5V 信号。

图 1-19　电压源和电压表的连接

图 1-20　函数信号发生器和频率计的连接

【项目实训评价】

电子实训台的使用评价表见表 1-2。

表 1-2　电子实训台的使用评价

项目	考核要求	配分	评分标准	得分
可调电压源的使用	正确开关，调节电压	10 分	使用或操作不当，酌情扣除 3 ~ 5 分	
直流数字电压电流表的使用	正确切换电压、电流测量状态，正确选择量程，正确接入被测信号	30 分	不能正确切换状态扣除 5 ~ 8 分； 量程选择不正确扣除 5 ~ 8 分；被测信号接入极性不正确扣除 10 分	

（续）

项目	考核要求	配分	评分标准	得分
函数信号发生器的使用	正确选择波形,正确调整波形频率,正确调整波形幅值	25分	不能选择合适的波形或者无法正确调节信号频率均酌情扣除7~10分	
数字频率计的使用	正确选择测量方式,正确接入被测信号	25分	无法正确选择测量方式的扣除10分;被测信号接入不正确的扣5分	
安全文明操作	工作台面整齐,遵守安全操作规程	10分	不到之处酌情扣除3~7分	
合计		100分		

【复习与思考题】

1-1　简述DY-04挂箱中交直流电压表的使用步骤。

1-2　简述DY-04挂箱中直流数字电压/电流表的使用注意事项。

1-3　简述DY-05挂箱中函数信号发生器的操作方法。

项目二　学做 LED 电源指示器

任务一　认 识 电 路

1. 电路的工作原理

图 2-1 所示电路中使用了一个限流电阻器 R_1、一个电位器 RP 和两个不同颜色的 LED。当 A、B 两端导线接入电源时，会点亮电路中的一个或两个 LED，若旋动电位器 RP，则可以调节 LED 的发光亮度。通过观察 LED 的点亮状态，则可以判断出这个电源是直流电源还是交流电源，以及直流电源的正、负极性。

2. 电路实物

发光二极管指示电路实物如图 2-2 所示。

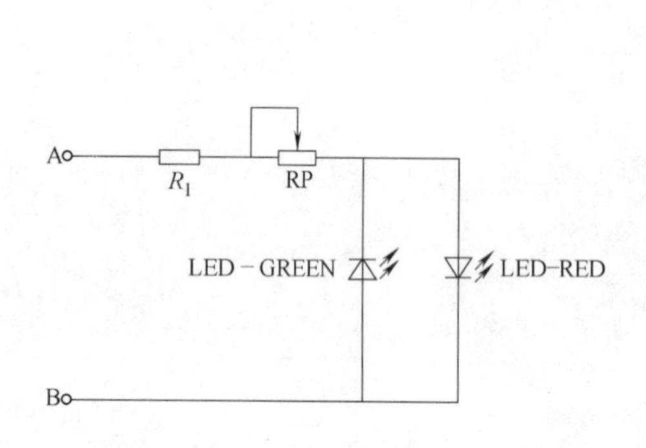

图 2-1　发光二极管指示电路原理图

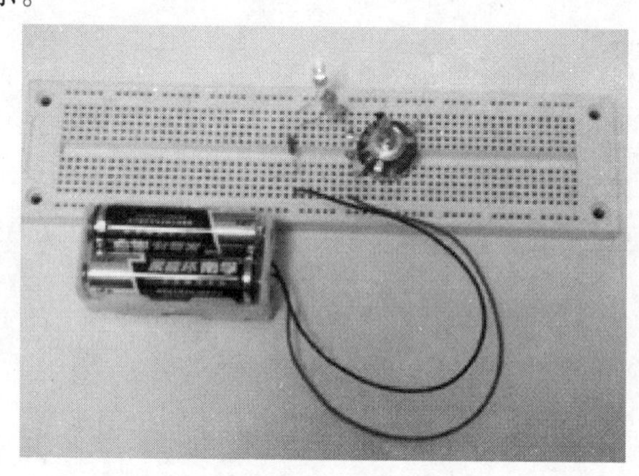

图 2-2　发光二极管指示电路实物

任务二　识别与检测元器件

检测表 2-1 中的元器件，同时把检测结果填入表 2-1 内。

表 2-1　元器件检测表

代号	名称	实物图	规格	检测结果
R_1	色环电阻器		2kΩ	
RP	电位器		47kΩ	
LED-GREEN	绿色发光二极管		ϕ5mm	
LED-RED	红色发光二极管		ϕ5mm	

（续）

代号	名称	实物图	规格	检测结果
U_{CC}	直流电源		6V	

1. 色环电阻器

识读其标称阻值，并用万用表测量其实际阻值。

2. 电位器

电位器检测分两步，只有每步测量均正常才能说明电位器正常。

（1）识读其标称阻值，将万用表调至 $R\times1\text{k}\Omega$ 挡，并用万用表测量两个固定端的实际阻值（图中电位器的标称阻值为 47kΩ），如图 2-3 所示。

1）若测得阻值与标称值相同或相近（在误差允许范围内），说明电位器正常。

2）若测得阻值为“∞”，说明电位器两个固定端开路。

3）若测得阻值为“0”，说明电位器两个固定端短路。

4）若测得阻值明显大于或小于标称值，说明电位器阻值标称有误。

（2）测量电位器的一个固定端与滑动端之间的阻值。万用表的红、黑表笔分别搭接在电位器的一个固定端和滑动端上，并用手转动转轴，如图 2-4 所示。

图 2-3　测量电位器的实际阻值

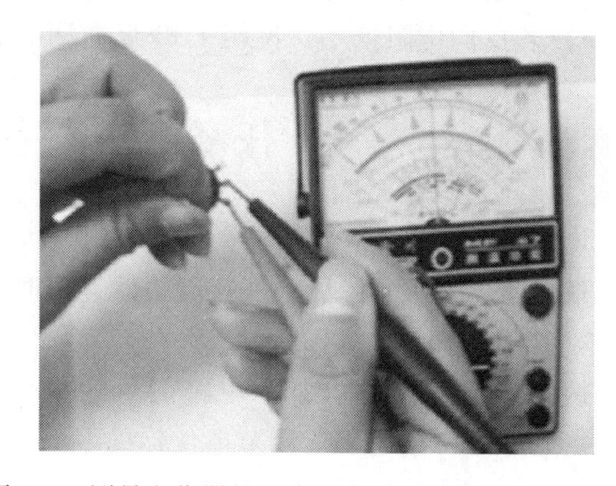

图 2-4　测量电位器的一个固定端与滑动端之间的阻值

1）若指示的阻值在 0 至标称值的范围内连续变化，说明电位器正常。

2）若测得阻值为“∞”，说明电位器固定端与滑动端之间开路。

3）若测得阻值为“0”，说明电位器固定端与滑动端之间短路。

4）若指示的阻值变化不连续、有跳变，说明电位器内部接触不良。

3. 发光二极管

对于未使用过的发光二极管（LED），一般引脚较长的一端为正极，引脚较短的一端为负极，如图 2-5 所示。

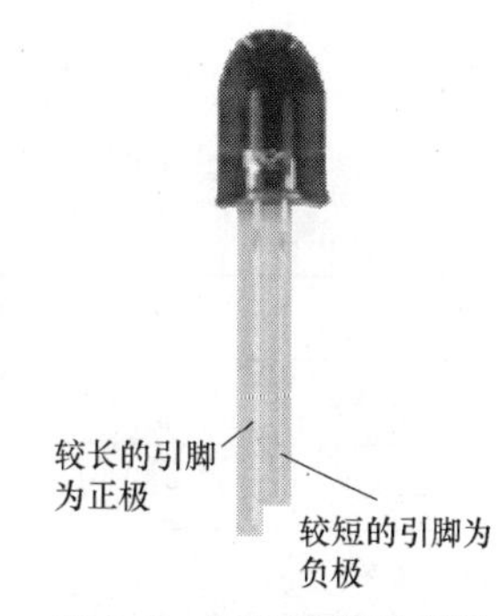

图 2-5　LED 引脚示意图

用万用表检测 LED 时，万用表应选择 $R\times10\text{k}\Omega$ 挡，红、黑表笔分别接 LED 的两个引脚，进行第一次测量并观察测量结果；然后调转 LED 引脚或万用表表笔再进行第二次测量，对两次测量结果进行比较，如图 2-6 所示。

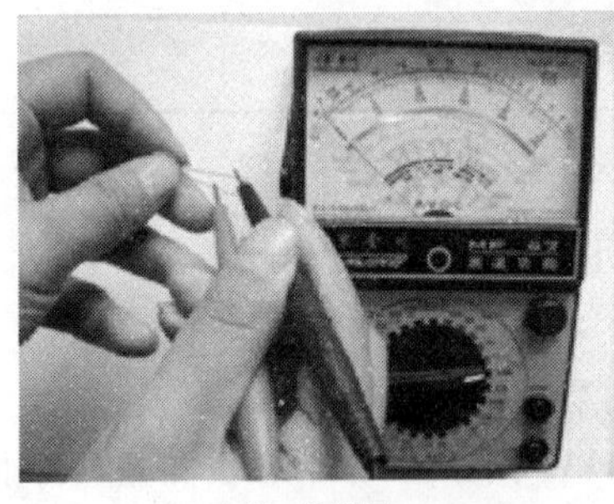

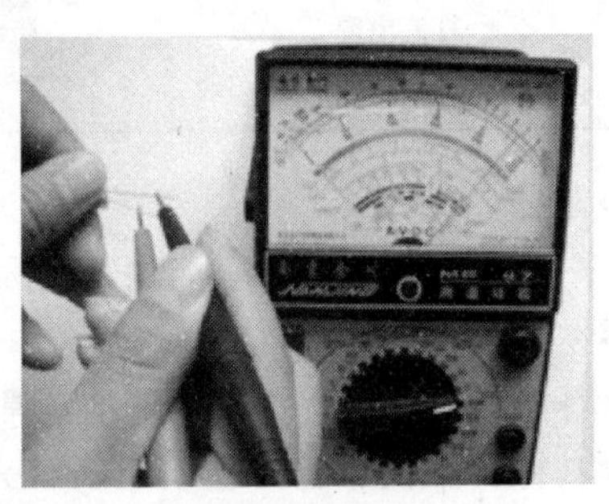

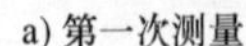

a) 第一次测量　　b) 第二次测量

图 2-6　用万用表检测 LED

1）若两次阻值出现一大（反向电阻）一小（正向电阻），且反向电阻接近“∞”，则 LED 正常。以正向电阻小的那次为准，黑表笔接的引脚为 LED 正极，红表笔接的引脚为 LED 负极。

2）若两次阻值均为“∞”，说明 LED 开路。

3）若两次阻值均为“0”，说明 LED 短路。

4）若反向电阻偏小，说明 LED 反向漏电。

任务三　搭接与调试电路

1. 搭接电路

根据图 2-1 在面包板上搭接电路。连接时，注意 LED 的正、负极性以及电位器的接法。

2. 调试电路

接入 6V 直流电源，如果电路正常工作，就会点亮两个 LED 中的一个；调换电源极性，则会点亮另外一个 LED。调节电位器的阻值大小，LED 的亮暗会发生变化。

任务四　电路测试与分析

测试 1：将电位器阻值由高向低调节，观察 LED 的状态，取电位器在两端及中部两处，用万用表分别测量 LED、电位器、限流电阻器及电源两端的电压，将结果记录于表 2-2 中。

表 2-2　测试电压记录表

测量项目	①	②	③	④
U_{LED}/V				
U_{RP}/V				
U_{R1}/V				
U_{CC}/V				

测试 2：调节电位器阻值，使 LED 的亮暗发生变化，并用万用表测量电路中的电流，将结果记录在表 2-3 中。

表 2-3　测试电流记录表

测量项目	RP 为最大值时	LED 可以正常发光时	RP 为最小值时
I/mA			

分析 1：电路中的 LED 的发光与电源的正、负极有什么关系？

当电路中的 LED 正极与电源的正极相连，负极与电源的负极相连时，称之为正接，此时，LED 会工作发光。而不发光的 LED 的正、负极则正好与电源的正、负极性相反，称之为反接。因此，通过观察不同颜色 LED 的状态，就可以准确判断出电源的极性方向，如果两个 LED 都发光，则说明电路此时接入的是交流电源。

分析 2：只要 LED 与电源正接，LED 就会发光吗？

在测试 1 中，会发现正接的 LED 也并不是任何时候都会工作发光，只有通过调节电位器的阻值，使得 U_{LED} 达到了某个数值后，正接的 LED 才会工作发光。这时的 U_{LED} 被称为 LED 的导通电压。不同颜色的 LED，其导通电压也不相同。

分析 3：为什么调节电位器的阻值，LED 的亮暗会发生变化？

在测试 2 中，会发现随着电位器阻值的减小，电路中的电流会随之增大，而 LED 的发光亮度也会逐渐提高。这说明 LED 的亮暗变化是受电路电流控制的，调节电位器的阻值，实际上就是在调节电路电流的大小，从而使 LED 的亮暗状态发生变化。

分析 4：电路中的限流电阻 R_1 有什么作用？

因为 LED 是在电流的作用下而发光工作的，而 LED 正常发光时所需的电流是有一定范围的，大约为 1 ~ 30mA。电流太小，LED 不能正常工作；电流太大，则会损坏 LED。电路中的限流电阻 R_1 的作用就是在电位器的阻值被调节到最小时，用来限制电路中电流的最大值，防止 LED 被损坏。

任务五　检测遥控器

现在的家用电器有很多都会使用到遥控器，如电视机、空调器等，这些电器所采用的遥控系统多为红外遥控系统。整个红外遥控系统又分为发射和接收两个部分，遥控器就是红外遥控系统的发射部分。

红外线发光二极管是遥控器的主要器件。它是一种特殊的发光二极管，其内部材料不同于普通发光二极管，因而在其两端施加一定电压时，它便发出红外线而不是可见光。这种红外光，我们的肉眼虽然看不见，但是照相机的“眼睛”却可以看得很清楚，因此可以利用带拍照功能的手机对手中的遥控器做一个简单的检测。

将手机设定在拍照状态下，使手机对准遥控器的发射窗口。然后。按动遥控器上的每一个按键。此时，就能凭肉眼在手机屏上看见遥控器的发射窗口内有光射出来，如图 2-7 所示。这种光就是肉眼不可见的红外光，若在环境光线较暗时检测遥控器，效果会更加明显。

在遥控器正常的前提下，此方法简单直观又可靠，且准确性高。适用于各种遥控器的

图 2-7　检测遥控器

检测。若按某按键无反应。则所按的那个按键有故障；若按任何一个按键均没有反应，则遥控器损坏，通常是石英晶体出了问题。

【项目实训评价】

发光二极管指示电路项目评价见表 2-4。

表 2-4　发光二极管指示电路项目评价

项目	考核要求	配分	评分标准	得分
元器件识别与检测	色环电阻器的识别与检测 电位器的识别与检测 LED 的识别与检测	30 分	不能识别与检测色环电阻器,扣 5 ~ 10 分 不能识别与检测电位器,扣 5 ~ 10 分 不能识别与检测 LED,扣 5 ~ 10 分	
电路搭接与调试	在面包板上正确搭接电路	20 分	不能正确搭接电路,扣 5 ~ 10 分	
电路测试	正确使用万用表测量各元器件两端电压 正确使用万用表测量电路中的电流	40 分	不能正确使用万用表测量电压,扣 5 ~ 20 分 不能正确使用万用表测量电流,扣 5 ~ 20 分	
安全文明操作	工作台面整齐,遵守安全操作规程	10 分	不到之处扣 3 ~ 10 分	
合计		100 分		

【知识链接一】　面包板

面包板是一种常用的实验用电路板，使用简单方便，不需要进行焊接，只要直接将元器件插入板上的小孔内，就可以完成电路的搭建和连接。面包板结构如图 2-8 所示。

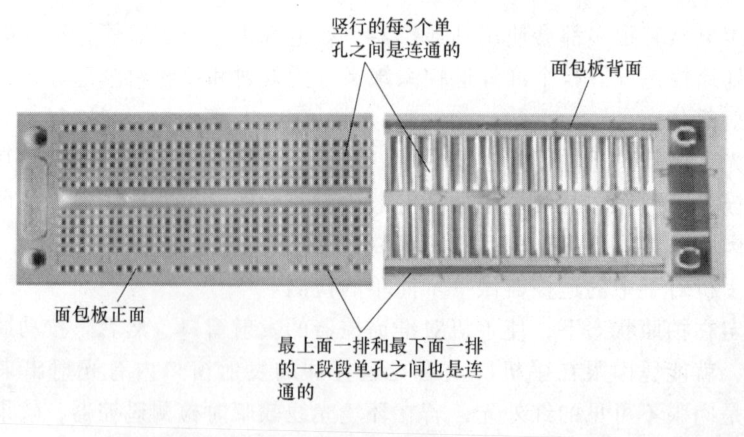

图 2-8　面包板

【知识链接二】　电位器

电位器是一种阻值可以通过调节而变化的电阻器，又称为可变电阻器，常见的电位器外形如图 2-9 所示。

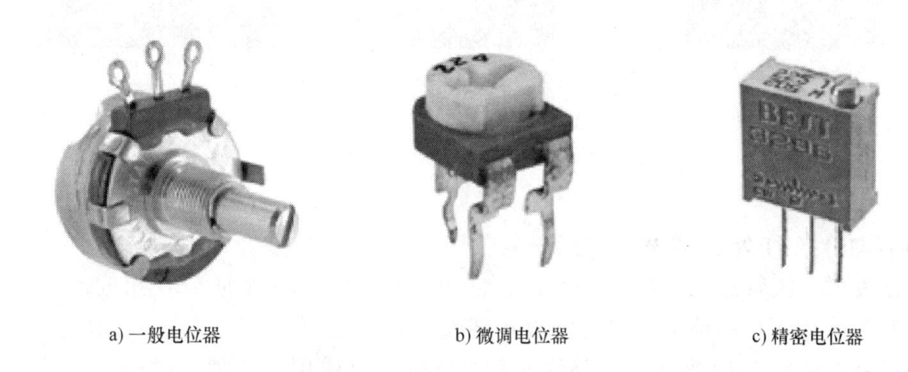

a) 一般电位器　　b) 微调电位器　　c) 精密电位器

图 2-9　常见的电位器外形

电位器种类很多，但结构基本相同，其内部结构与电路图形符号如图 2-10 所示。

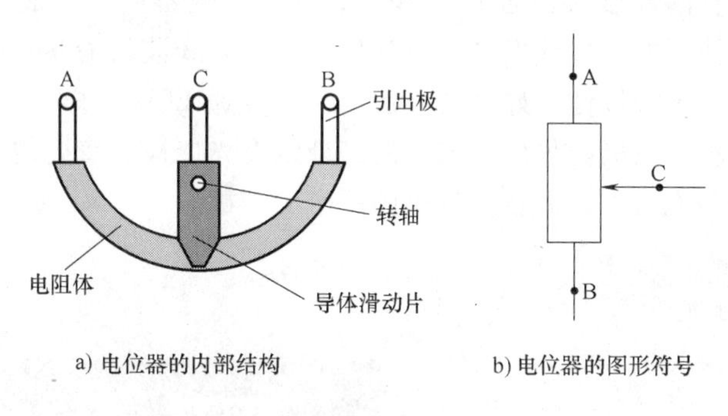

a) 电位器的内部结构　　b) 电位器的图形符号

图 2-10　电位器的内部结构与图形符号

电位器有 A、B、C 三个引出极，其中 A、B 是电位器的两个固定端，在它们之间连接着一段电阻体 R_{AB}，对于一个电位器，R_{AB}就是它的标称阻值。C 极是电位器的滑动端，连接了一个导体滑动片，该滑动片与电阻体接触，通过转轴的转动改变 R_{AC}与 R_{BC}的大小。

电位器与固定电阻器一样，都具有降压、限流和分流的功能，而且由于电位器的阻值可调，它可以随时改变降压、限流和分流的程度。

【知识链接三】　发光二极管

发光二极管（LED），是一种把电能变成光能的半导体器件，具有体积小、工作电压低、工作电流小、寿命长等优点。广泛用于各类电器及仪器仪表当中。常用的 LED 外形如图 2-11所示。

不同颜色的 LED，其导通电压会有所不同，红光 LED 为 1.5 ~ 2V，黄光 LED 为 2V 左右，绿光 LED 为 2.5 ~ 2.9V，高亮度蓝光、白光 LED 的导通电压在 3V 以上。

LED 正常工作时的电流较小，小功率 LED 的工作电流一般在 1 ~ 30mA，比较省电。

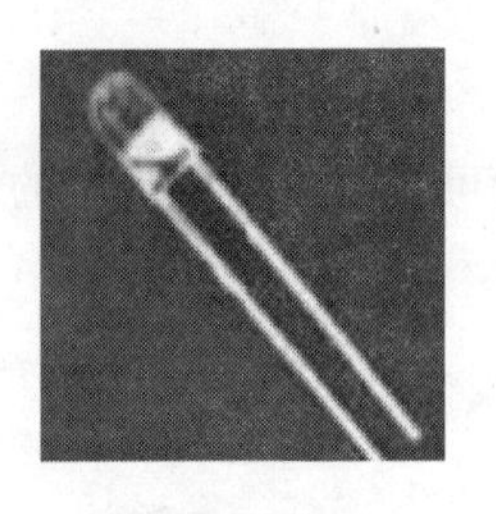
a) 单色LED

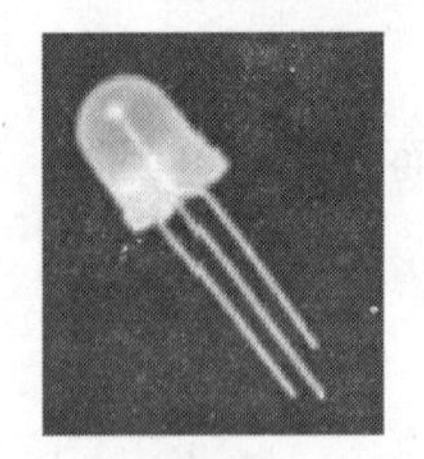
b) 三脚双色LED

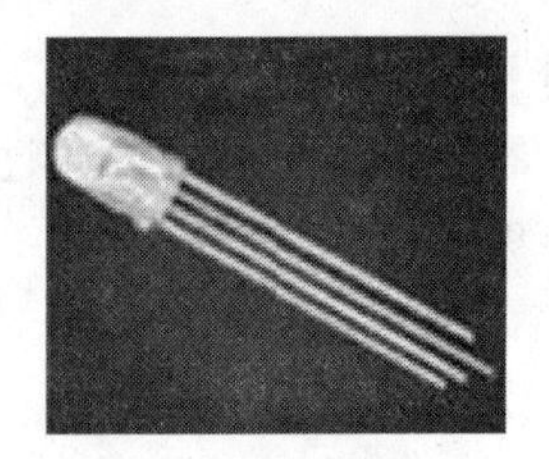
c) 四脚三色LED

图 2-11　常用的 LED 外形

【知识链接四】　红外线发光二极管

红外线发射二极管是一种特殊的 LED，它的结构、原理与普通 LED 相近，只是使用的半导体材料不同。它是一种可以将电能直接转换成红外光（不可见光）并能辐射出去的发光器件。其外形如图 2-12 所示。红外线发光二极管主要应用于各种光电开关及遥控发射电路中。红外发光二极管通常使用砷化镓（GaAs）、砷铝化镓（GaAlAs）等材料，采用全透明或浅蓝色、黑色的树脂封装。

红外线发光二极管的外形与普通 LED 相同，只是颜色不同，一般有黑色、深蓝、透明三种颜色。目前大量使用的红外线发光二极管发出的红外线波长为 940nm 左右。

判断红外线发光二极管极性与好坏的办法与判断普通 LED 一样。如图 2-13 所示，通常长引脚为正极，短引脚为负极。另外，透明的红外线发光二极管管壳内的电极清晰可见，内部电极较宽较大的一个为负极，而较窄且小的一个为正极。

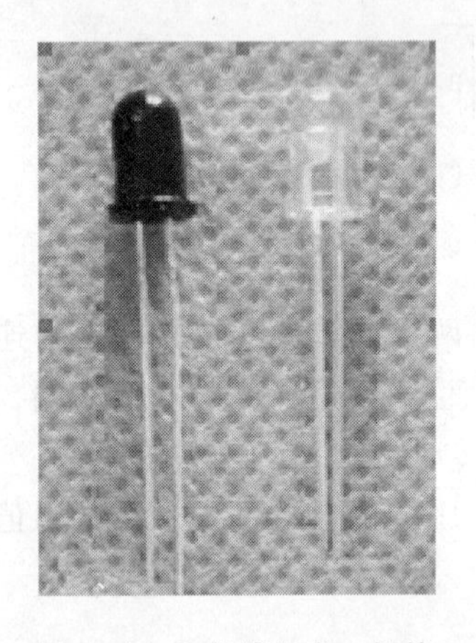
图 2-12　红外线发光二极管

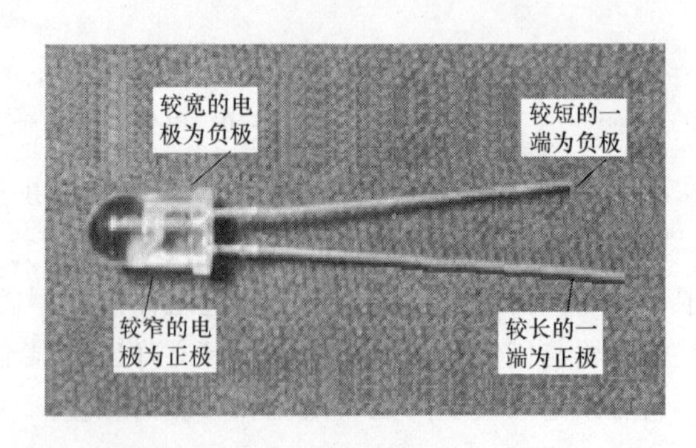

图 2-13　从外观判断红外发光二极管极性

如果用万用表测量，则选择 $R\times1\mathrm{k}\Omega$ 挡测量红外线发光二极管的正、反向电阻。通常，正向电阻应在 30kΩ 左右，反向电阻要在 500kΩ 以上，这样的管子才可正常使用，要求反向电阻越大越好。

【复习与思考题】

2-1　如何判断电位器的好坏？

2-2　如何判断 LED 的正、负极？

2-3　请列举你在生活中看见或使用过的 LED 产品，谈谈 LED 的主要特点。

2-4　有位同学在连接发光二极管指示电路时，漏接了限流电阻器 R_1，电路如图 2-14 所示。请问：此时电路如果接入电源，会有什么危险？

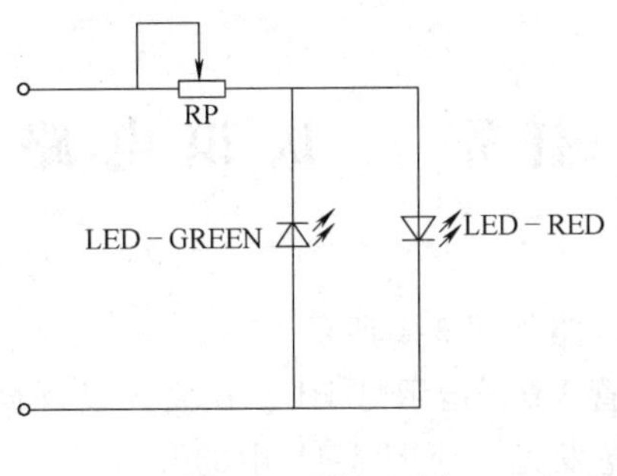

图 2-14　题 2-1 图

项目三　验证二极管单向导电性

任务一　认 识 电 路

1. 电路的工作原理

二极管单向导电性实验电路如图 3-1 所示。

图 3-1 所示电路由二极管 VD、指示灯 HL、开关 S 以及直流电源组成。图 3-1a 中的开关 S 闭合，指示灯 HL 会点亮发光，而图 3-1b 中的开关 S 闭合，指示灯 HL 则不会发光工作。这说明二极管具有单向导电特性。

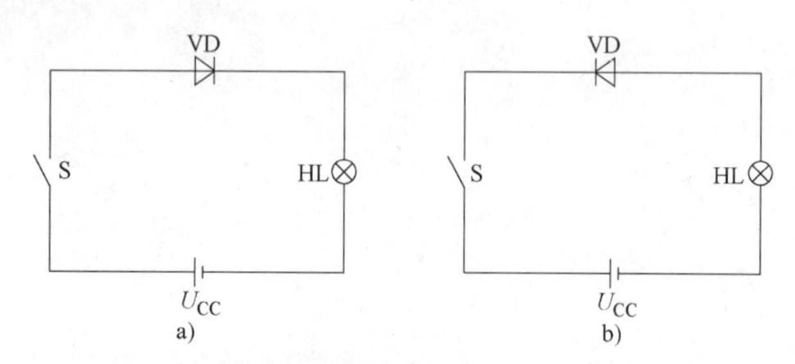

图 3-1　二极管单向导电性实验电路

2. 电路实物

二极管单向导电性实验电路实物如图 3-2 所示。

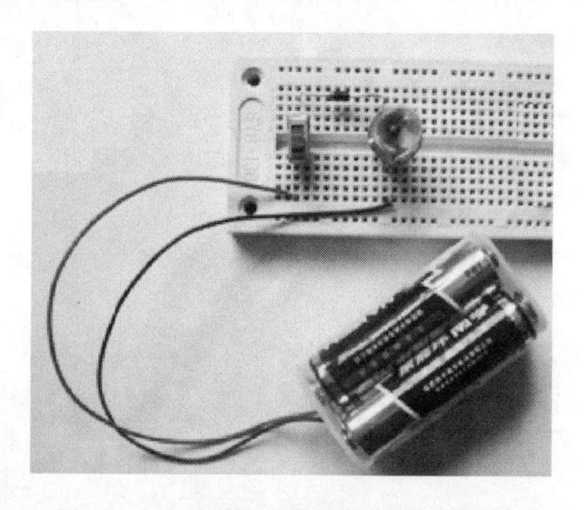

图 3-2　二极管单向导电性实验电路实物

任务二　识别与检测元器件

对应表 3-1 中的元器件进行检测，同时把检测结果填入表内。

表 3-1　元器件检测表

代号	名称	实物图	规格	检测结果
S	开关		普通	
VD	二极管		1N4007	
HL	指示灯		2. 5V/0. 3A	
U_{CC}	直流可调电源		12V/1A	

1. 开关

在使用开关之前，需用万用表进行检测，识别其动合端和动断端。

（1）动合端是指开关常态时开路的两个端点，电阻应为“∞”；用手拨动开关后，这两个端点应为通路，电阻应为“0”。

（2）动断端是指开关常态时通路的两个端点，电阻应为“0”；用手拨动开关后，这两个端点应为开路，电阻应为“∞”。

2. 二极管

二极管外壳上都有一条色带标志，一般有色带标志的一端为二极管的负极，无色带标志的一端为正极，如图 3-3 所示。

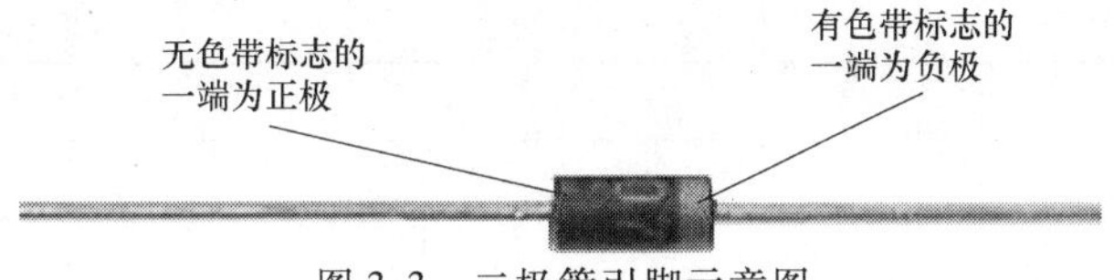

图 3-3　二极管引脚示意图

用万用表检测二极管时，万用表应选择 $R\times100\Omega$ 或 $R\times1\text{k}\Omega$ 挡，测量二极管的正向电阻和反向电阻，如图 3-4 所示。

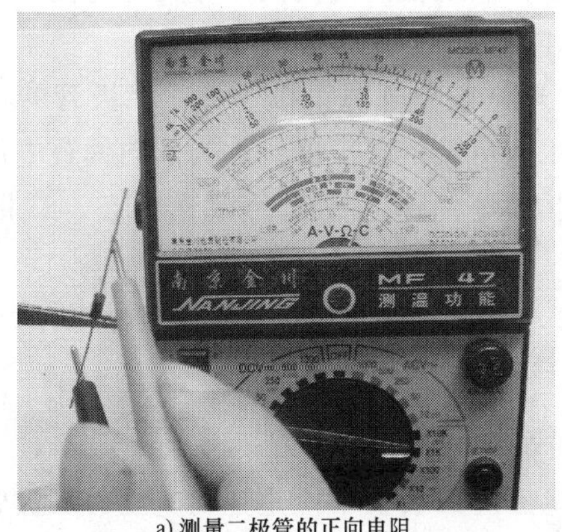

a) 测量二极管的正向电阻

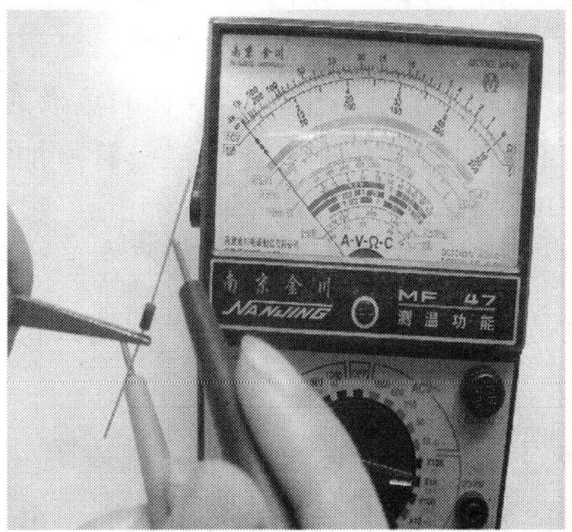

b) 测量二极管的反向电阻

图 3-4　用万用表检测二极管

任务三　搭接与调试电路

根据图 3-1 在面包板上搭接电路。接入电源后，闭合开关，如果电路如图 3-1a 所示连接，则指示灯应点亮发光；然后再断开开关，将二极管调转方向后，接入电路，与图 3-1b 所示相同，此时闭合开关，则指示灯不会点亮发光。

任务四　电路测试与分析

测试 1：电路如图 3-1a 所示连接时，将直流可调电源由 0V 开始逐渐上调，并用两块万用表同时测量二极管两端的电压以及流过二极管的电流，将测量值填入表 3-2 中。

表 3-2　测试 1 数据结果

U_{CC}/V	0	0.5	1	1.5	2	2.5	3	3.5
U_{HL}/V								
U_{VD}/V								
I_{VD}/mA								

测试 2：电路如图 3-1b 所示连接时，将直流可调电源由 0V 开始逐渐上调，并用两块万用表同时测量二极管两端的电压以及流过二极管的电流，将测量值填入表 3-3 中。

表 3-3　测试 2 数据结果

U_{CC}/V	0	5	10	12
U_{HL}/V				
U_{VD}/V				
I_{VD}/mA				

分析 1：为什么电路中的指示灯会因为二极管的连接方向不同而点亮或不亮？

在图 3-1a 所示电路中，二极管的正极通过开关 S 与电源正极连接，二极管的负极通过指示灯与电源的负极相连。此时二极管所加电压，从正极指向负极，称为正向偏置电压，二极管正偏。指示灯发光，说明有电流流过指示灯，称二极管为导通状态。

在图 3-1b 所示电路中，二极管的负极通过开关 S 与电源正极连接，二极管的正极通过指示灯与电源的负极相连。此时二极管所加电压从负极指向正极，称为反向偏置电压或二极管反偏。指示灯不发光，说明没有电流流过指示灯，称二极管为截止状态，二极管反偏截止。

也就是说，二极管正偏导通，反偏截止。二极管这种单方向导通的性质称为二极管的单向导电性。

分析 2：如何看待测试 1 的测量数据？

在测试 1 中，二极管为正接，此时，电源电压对二极管来说是正向电压，二极管表现出来的是正向特性。

将电源电压 U_{CC} 从 0V 开始慢慢调高，在 U_{CC} 很低时，电路中几乎没有电流，可认为二极管没有导通，只有当 U_{VD} 达到 0.5～0.7V 时，流过二极管的电流急剧增大，可认为二极管进入导通状态。此时的 U_{VD} 称为正向导通电压，又称为门电压。不同材料的二极管，其门电压是不同的，硅材料二极管的门电压为 0.5～0.7V，锗材料二极管的门电压为 0.2～0.3V。

可以说，二极管的正向特性是：当二极管加正向电压时不一定能导通，只有正向电压达到门电压时，二极管才能导通。而且二极管在导通之后，即使正向电压再提高，其两端的电压基本保持为门电压的数值，变化很小。二极管的正向特性曲线如图 3-5 所示。

分析 3：如何看待测试 2 的测量数据？

在测试 2 中，二极管为反接，此时，电源电压对二极管来说是反向电压，二极管表现出来的是反向特性。

将电源电压 U_{CC} 从 0V 开始慢慢调高，在整个测试过程中，电路中几乎没有电流，二极管一直处于反向截止状态。当二极管在反向电压达到一定程度时，流过二极管的电流会突然急剧增大，称二极管反向击穿导通。二极管在反向击穿后，如果不限制反向电流，就会烧坏。不同型号二极管的反向击穿电压不同，低的十几伏，高的几千伏。所以，使用二极管时要注意避免二极管的反向击穿。

可以说，二极管的反向特性是：当二极管加较低的反向电压时不能导通，但如果反向电压达到反向击穿电压时，二极管就会反向击穿导通。二极管的反向特性曲线如图 3-6 所示。

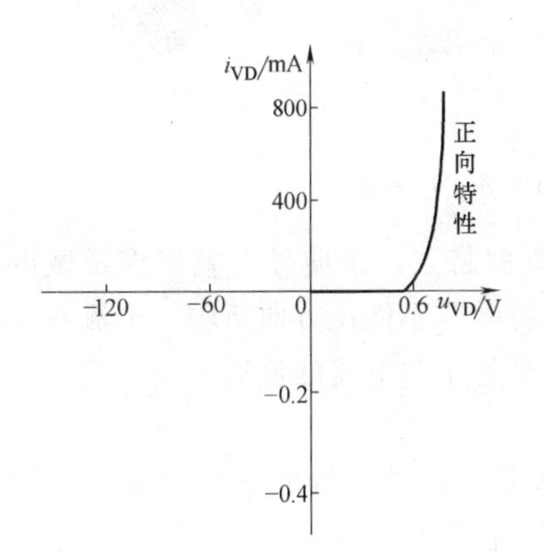

图 3-5 二极管的正向特性曲线

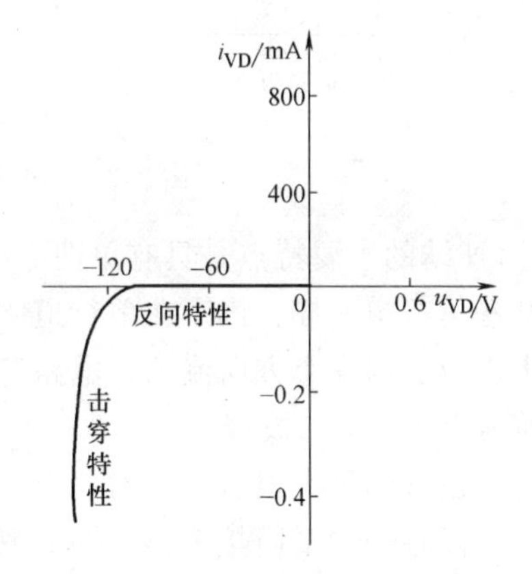

图 3-6 二极管的反向特性曲线

【项目实训评价】

二极管单向导电性实验项目评价见表 3-4。

表 3-4 二极管单向导电性实验项目评价

项目	考核要求	配分	评分标准	得分
元器件识别与检测	开关的识别与检测 二极管的识别与检测	30 分	不能正确识别与检测开关，扣 5-10 分 不能正确识别与检测二极管，扣 5～10 分	
电路搭接与调试	在面包板上正确搭接电路	30 分	不能正确搭接电路，扣 5～10 分	

（续）

项目	考核要求	配分	评分标准	得分
电路测试	正确使用万用表测量二极管电压 正确使用万用表测量电路中的电流	30分	不能正确测量电压，扣5～30分 不能正确测量电流，扣5～30分	
安全文明操作	工作台面整齐，遵守安全操作规程	10分	不到之处扣3～10分	
合计		100分		

【知识链接一】　二极管的种类与参数

1. 二极管的种类和特点

二极管是由一个半导体PN结做成管心，加上两条电极引线，并且用塑料、金属和玻璃等作为管壳封装而成。与P区连接的电极为正极（或阳极），用“+”或“A”表示，从N区引出的电极为负极（或阴极），用“-”或“K”表示。其结构、图形符号和实物外形如图3-7所示。

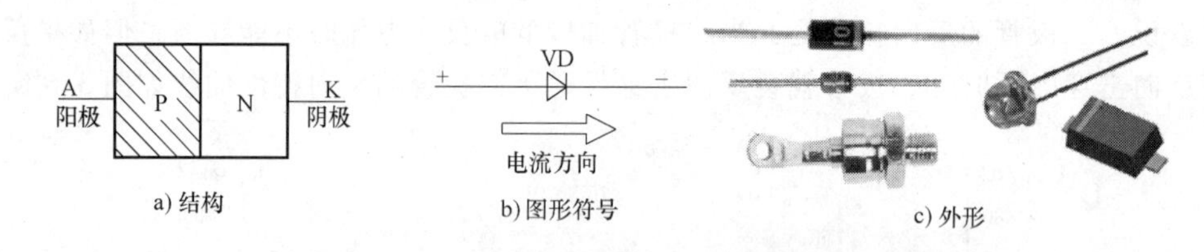

a) 结构　　b) 图形符号　　c) 外形

图3-7　二极管的结构、图形符号和部分实物外形

PN结的主要特点是具有单向导电性，也就是二极管的特点。单向导电就好像是城市里的某些单行道一样，汽车在单行道中只能向某一个方向行驶，不能反方向行驶。电流在二极管中也只能向一个方向流动，电路符号形象地表示了二极管正向电流的流通方向，通常用文字符号VD表示二极管。

二极管的种类很多，按材料分有硅二极管、锗二极管；按其结构的不同可分为点接触型、面接触型和平面接触型三种；按用途不同可分为整流二极管、稳压二极管、发光二极管、光敏二极管等。表3-1为部分二极管特性示例。

表3-5　部分二极管特性示例

名称	封装		电路符号	主要特性	一般用途
整流二极管	塑封			工作电流大，把交流变成直流	整流电路
稳压二极管	塑封			工作在反向击穿状态，两端电压基本不变	直流稳压电路
发光二极管	透明塑封			正接工作，亮度随电流大小变化	电器和仪表信号指示

（续）

名称	封装		电路符号	主要特性	一般用途
光敏二极管	金属封装，顶端开窗口			将光信号转换成电信号，反接才能工作	用于光电耦合、控制电路中
开关二极管	塑封			通断反应快	逻辑开关电路
检波二极管	玻璃封装			信号检波	通信

2. 二极管的主要特性和参数

二极管的单向导电性表现为正偏导通，反偏截止。

（1）正向特性：二极管加正向电压时，存在一个门电压，只有正向电压达到门电压时，二极管才能导通。

（2）反向特性：二极管加反向电压时，反向电流很小，二极管反向截止，但如果反向电压达到反向击穿电压时，二极管会反向击穿。

二极管的主要参数见表3-6。

表3-6　二极管的主要参数表

参数	符号	说　明
最大整流电流	I_F	二极管长时间使用时，允许流过的最大正向平均电流，或称为二极管的额定工作电流。使用时，二极管电流不允许超过此值，否则容易烧坏二极管
最高反向工作电压	U_{RM}	二极管正常工作时两端能承受的最高反向电压。对于普通二极管，使用时不允许超过此值
最高工作频率	f_M	二极管在正常工作条件下的最高频率。如果加给二极管的信号频率高于此值，二极管则不能正常工作

【知识链接二】　二极管的识别与检测

二极管引脚有正、负之分，如果在电路中乱接，轻则不能工作，重则损坏二极管。二极管的识别与检测可采用以下一些方法。

1. 根据外形或标注判断极性

为了让使用者更好地区分出二极管的正、负极，有些二极管会在表面标注一定的标志来指示正、负极，有些特殊的二极管，从外形也可看出正、负极，如图3-8所示。

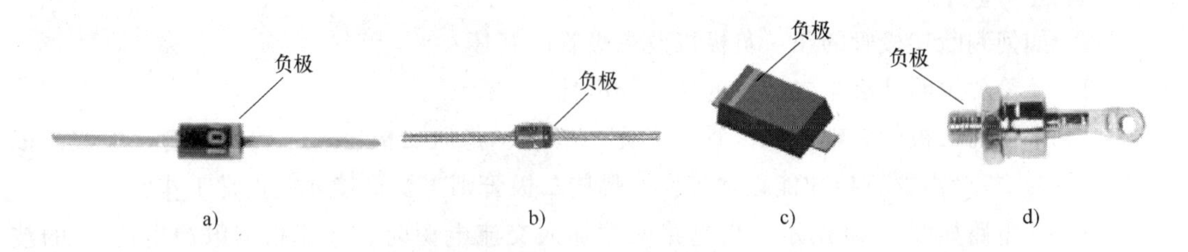

图3-8　根据外形或标注判断二极管极性

2. 用万用表判断极性

对于没有标注极性或无明显特征的二极管，可用指针式万用表的电阻挡来判断极性。将万用表拨至 $R\times100\Omega$ 或 $R\times1\text{k}\Omega$ 挡，测量二极管两个引脚之间的阻值，正、反各测一次，会得到一大一小两个阻值，如图 3-9 所示。阻值小的那次，黑表笔接的为二极管正极，红表笔接的为二极管负极。因为在模拟式万用表的电阻挡，黑表笔接内部电池的正极，所以二极管在正极接黑表笔时加正偏电压导通，电阻小；二极管在正极接红表笔时加反偏电压截止，呈很大电阻。

a) 测量阻值大

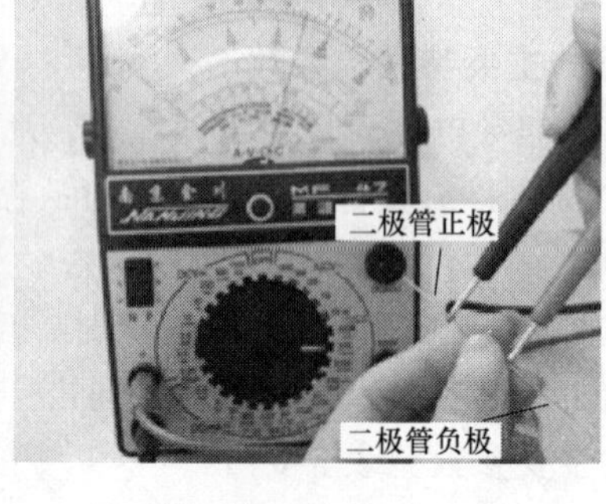

b) 测量阻值小

图 3-9　用万用表判断二极管极性

3. 二极管常见故障与检测

二极管常见故障有开路、短路和性能不良。

在检测二极管时，万用表拨至 $R\times1\text{k}\Omega$ 挡，测量方法与极性判断相同，观察阻值大小。正常硅材料二极管的正向电阻为 1～10kΩ，反向电阻近似为“∞”。正常锗材料二极管的正向电阻为 1kΩ 左右，反向电阻在 500kΩ 以上。

（1）若测得正、反阻值均为“∞”，说明二极管开路。

（2）若测得正、反阻值均为“0”，说明二极管短路。

（3）若测得正、反阻值差距小（正向电阻偏大，反向电阻偏小），说明二极管性能不良。

【复习与思考题】

3-1　如何判断二极管的正、负极以及二极管的好坏？

3-2　请简要说明什么是二极管的单向导电性。

3-3　常用的二极管有整流二极管、发光二极管、稳压二极管、光敏二极管、检波二极管等，哪些二极管需要正接才能正常工作？哪些二极管则需要反接才能正常工作？

3-4　某电路如图 3-10 所示，当电路两端加入交流电源时，你能根据电源电压 u_i 的波形画出指示灯两端电压 U_o 的波形吗？

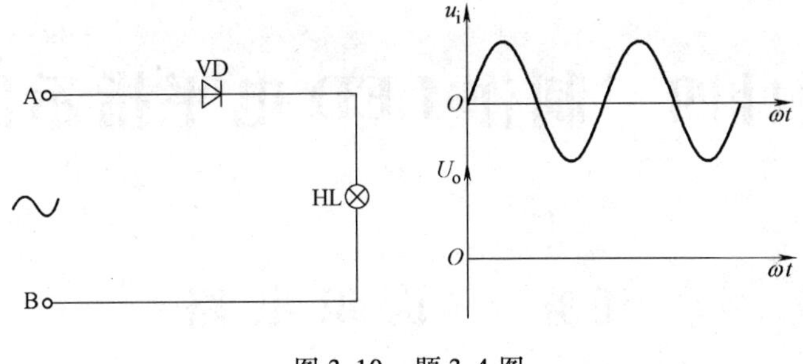

图 3-10　题 3-4 图

项目四　制作 LED 电平指示器

任务一　认 识 电 路

1. 电路的工作原理

图 4-1 为发光二极管（LED）电平指示器电路的原理图。

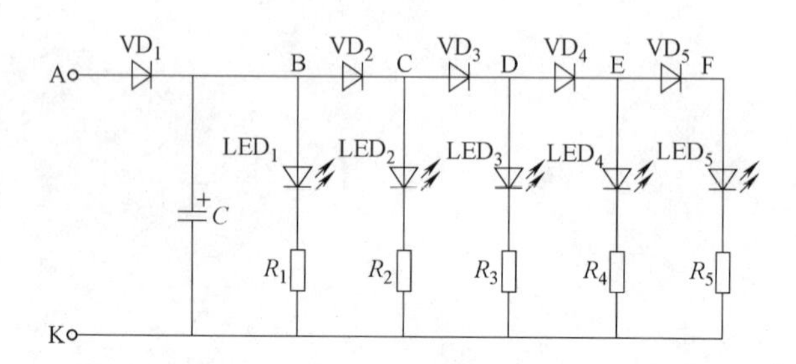

图 4-1　发光二极管（LED）电平指示器电路的原理图

电路由二极管 VD_1 ~ VD_5、发光二极管 LED_1 ~ LED_5、限流电阻 R_1 ~ R_5 以及电解电容器 C 组成。在 A、K 端加上的音频电压，经二极管 VD_1 整流后在电容器 C 上得到直流电压，使发光二极管点亮。输入电压的高低决定点亮的发光二极管的个数，从而直观显示音频电压的大小。

2. 电路实物

图 4-2 为发光二极管电平指示电路的实物。

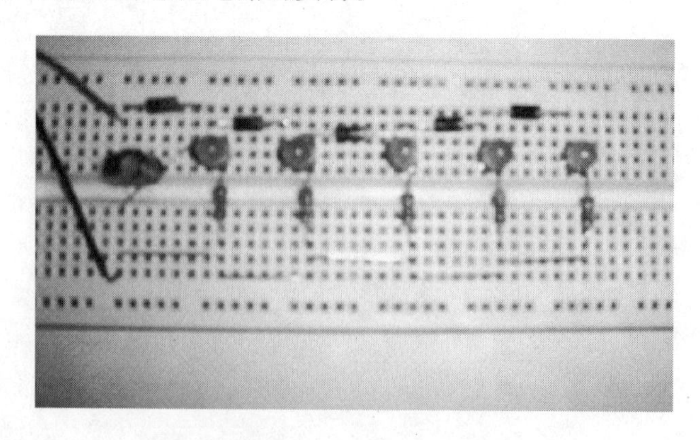

图 4-2　发光二极管电平指示电路实物

任务二　识别与检测元器件

对应表 4-1 中的元器件进行检测，同时将检测结果填入表内。

表 4-1　元器件检测表

代号	名称	实物图	规格	检测结果
R_1	色环电阻器		430Ω	
R_2	色环电阻器		300Ω	
R_3	色环电阻器		200Ω	
R_4	色环电阻器		100Ω	
R_5	色环电阻器		51Ω	
$VD_1 \sim VD_5$	二极管		1N4001	
$LED_1 \sim LED_5$	发光二极管		ϕ5mm	
C	电解电容器		100μF/16V	

电解电容器有正、负极性，使用前需判别出其正、负极。对于未使用过的新电容器，引脚较长的为正极，引脚较短的为负极。此外，电解电容器的外壳上一般会有一条色带，标有“ - ”即为负极，如图 4-3 所示。

用万用表检测电解电容器时，需要将万用表置于 $R\times100\Omega$ 或 $R\times1k\Omega$ 挡，测量电容两引脚之间的阻值，正、反各测一次，每次测量时指针都会先向右大幅度摆动（电容充电），然后慢慢往左返回，待指针稳定后，观察阻值大小，两次测量会出现一大（正向电阻）一小（反向电阻）两个阻值，以阻值大的那次为准，黑表笔接的是正极，红表笔接的是负极。如图 4-4 所示。

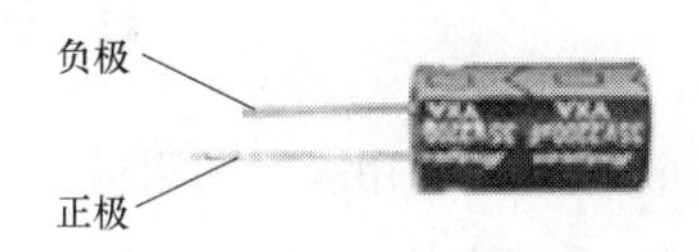

图 4-3　从外观判别电解电容器的极性

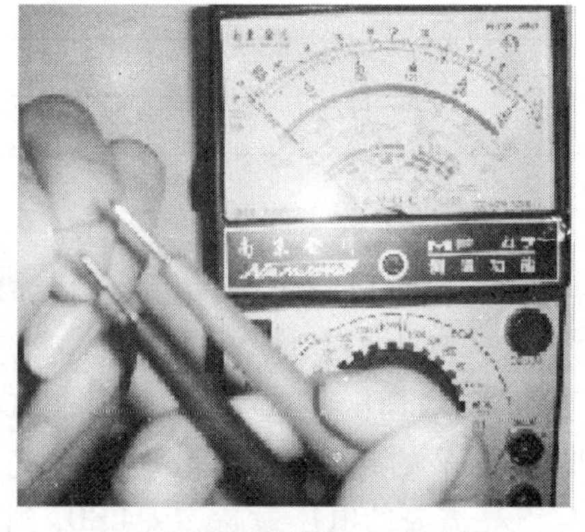

a) 反向电阻测量阻值略小于“∞”

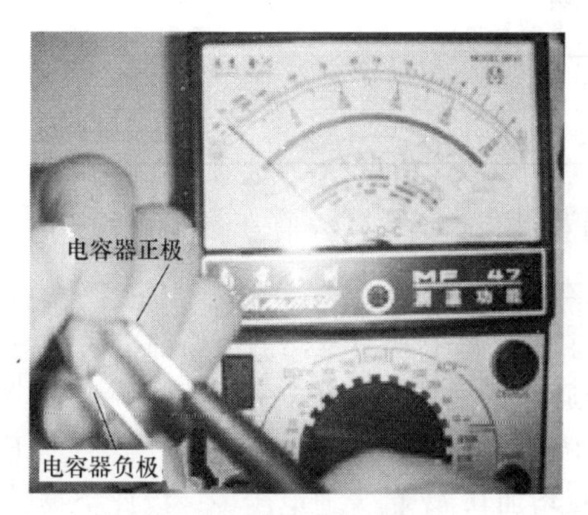

b) 正向电阻测量阻值为“∞”

图 4-4　用万用表检测电解电容器

如果电解电容器正常，则测正向电阻时，阻值会显示为“∞”或接近于“∞”；测反向电阻时，阻值会显示略小于“∞”。即正向电阻大，反向电阻略小于正向电阻。

若测得正、反阻值均为“∞”，说明电容器开路；若测得正、反阻值均为“0”，说明电容器短路；若测得正、反阻值都很小，说明电容器漏电。

正、反向电阻测量交替时，应该先用表笔短路电容器两个电极放电后再进行测量。

任务三　搭接与调试电路

1. 搭接电路

根据图 4-1 在面包板上搭接电路。连接时，注意二极管、LED 和电解电容器的正、负极性。

2. 调试电路

检查电路连接无误，接入连续可调的直流或交流电压，或音频信号，从低往高调，可以看见 LED 发光的个数逐渐增加。

若电路工作不正常：

(1) 如果个别 LED 不亮。检查该 LED 的正、负极是否接错；该支路连接是否可靠；该 LED 是否损坏。

(2) 如果后半部分 LED 不亮。检查不亮的电路之前的二极管的正、负极是否接错；电路是否连接可靠。

任务四　电路测试与分析

测试：用万用表分别测量当一个、三个、五个 LED 正常发光时，输入信号 U_{AK}、二极管 VD_1 两端电压 U_{VD1}、LED 正常发光时的 U_{LED} 以及电压 U_{BK}、U_{CK}、U_{DK}、U_{EK}、U_{FK}，并将测量数据填入表 4-2 中。

表 4-2　电路测量数据

测试项目	U_{AK}	U_{VD1}	U_{LED}	U_{BK}	U_{CK}	U_{DK}	U_{EK}	U_{FK}
一个 LED 正常发光								
三个 LED 正常发光								
五个 LED 正常发光								

分析：为什么当输入信号 U_{AK} 发生变化时，LED 点亮的个数会跟随发生变化？

在本电路里，电压 U_{BK}、U_{CK}、U_{DK}、U_{EK}、U_{FK} 大于相应的 LED 导通电压 U_{LED} 时，LED 才会发光。由于每个 LED 支路的前面都串联了一个二极管，要让 LED 能够点亮，除了需要满足 LED 导通电压之外，LED 支路前的每个二极管都要导通。LED_2 要点亮，就要比 LED_1 增加 0.7V 的导通电压；而 LED_3 要点亮，需要比 LED_2 增加 0.7V 的导通电压；LED_4 要点亮，需要比 LED_3 增加 0.7V 的导通电压……以此类推，LED_5 点亮需要的电压最高。从 LED_1 到 LED_5，需要的点亮电压由低到高。当输入电压 U_{AK} 从低到高变化时，就会依次点亮 LED_1 ~ LED_5。由于 $U_{BK} > U_{CK} > U_{DK} > U_{EK} > U_{FK}$，若五个 LED 串联的限流电阻 R_1 ~ R_5 大小一样，通过 LED_1 的电流最大，LED_1 的光最亮，然后依次是 LED_2、LED_3、LED_4 和 LED_5，就有可能会出现 LED_1 因为电流过大而烧坏或者 LED_5 因为电流太小而不能正常发光的现象。因此，为了使通过五个 LED 的电流大小基本相同，发光亮度一致，就需要 $R_1 > R_2 > R_3 > R_4 > R_5$。

【项目实训评价】

发光二极管电平指示电路项目评价见表 4-3。

表 4-3　发光二极管电平指示电路项目评价

项目	考核要求	配分	评分标准	得分
元器件识别与检测	按要求对所有元器件进行识别与检测	20 分	元器件识别或检测错误，一个扣 1 ~ 2 分	
电路搭接与调试	在面包板上正确搭接电路 按要求对电路进行调试	30 分	不能正确搭接电路，扣 5 ~ 10 分 LED 没有按要求点亮，扣 10 ~ 20 分	
电路测试	正确使用万用表测量各元器件电压	40 分	不能正确测量各元器件电压，扣 5 ~ 40 分	
安全文明操作	工作台面整齐，遵守安全操作规程	10 分	不到之处扣 3 ~ 10 分	
合计		100 分		

【复习与思考题】

4-1　如何判断电解电容器的正、负极以及电容器好坏？

4-2　发光二极管电平指示电路中的二极管 $VD_1 \sim VD_5$ 起什么作用？

4-3　发光二极管电平指示电路中的电阻器 $R_1 \sim R_5$ 起什么作用？

4-4　有位同学连接的发光二极管电平指示器电路如图 4-5 所示，请指出他的电路中有哪些错误，并为他改正。

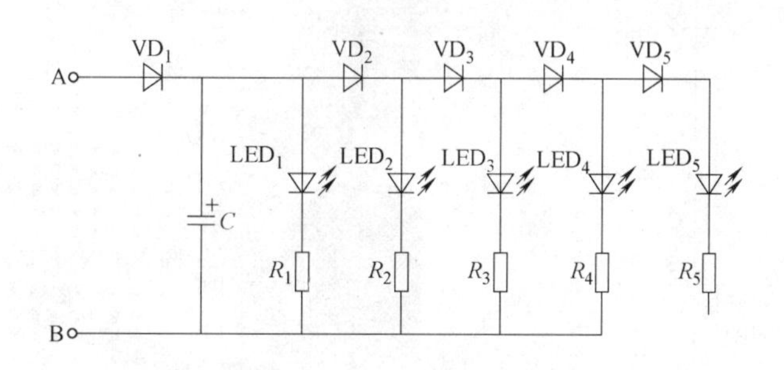

图 4-5　题 4-4 图

项目五　验证晶体管直流放大作用

任务一　认识电路

1. 电路工作原理

晶体管直流放大电路如图 5-1 所示。

VT：晶体管，放大电路核心元器件。

RP、R_B：基极偏置电阻器。改变偏置电阻器的阻值可以调节基极电流 I_B的大小。

R_C：集电极负载电阻器。通过外加电压 U_{CC}而产生集电极电流 I_C。

LED：发光二极管。

U_{CC}：直流 5V 电源。

当 I_B达到一定数值时，晶体管处于放大工作状态，调节基极偏置电阻，通过观察基极、集电极电流变化，理解基极电流 I_B控制集电极电流 I_C变化的晶体管放大原理。

2. 电路实物

按照图 5-1 在面包板上搭接电路，如图 5-2 所示，检查无误后，通电并调节可调电阻器 RP，同时观察发光二极管 LED 亮度的变化情况。

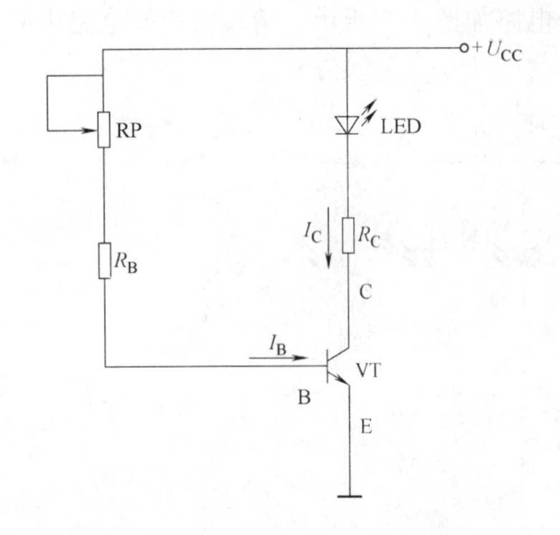

图 5-1　晶体管直流放大电路

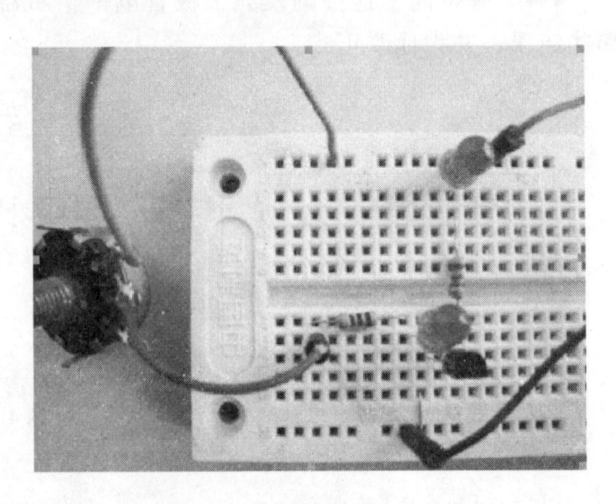

图 5-2　晶体管直流放大电路实物

任务二　识别与检测元器件

1. 电路元器件的识别

识别表 5-1 中的元器件。

表 5-1　元器件表

代号	名称	实物图	规格	检测结果
R_B	色环电阻器		10kΩ	
R_C	色环电阻器		300Ω	
RP	可调电阻器		1MΩ	
VT	晶体管		S9013	
LED	发光二极管		红色，ϕ5mm	
U_{CC}	直流电源	略	5V	
—	面包板		一块	
—	连接导线		若干	

2. 电路元器件的检测

（1）色环电阻器：用万用表测量色环电阻器，如图 5-3 与图 5-4 所示。

图 5-3　万用表电阻挡调零

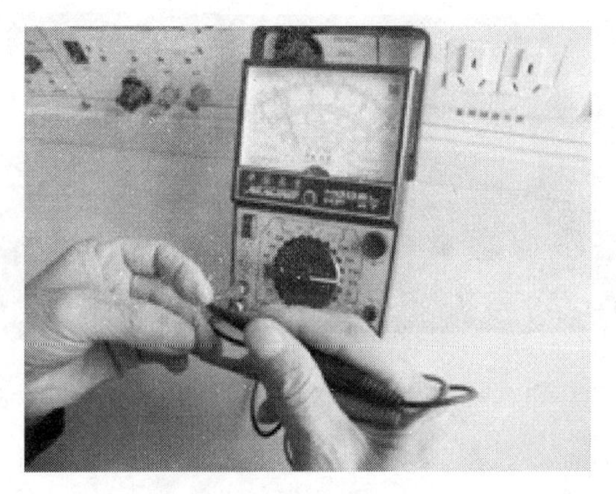

图 5-4　测量色环电阻器

（2）可调电阻器：用万用表检测该元器件三个引脚（两个固定端引脚和可调端引脚），分别测最大电阻（测两头的端子）、可调电阻，如图 5-5 与图 5-6 所示。

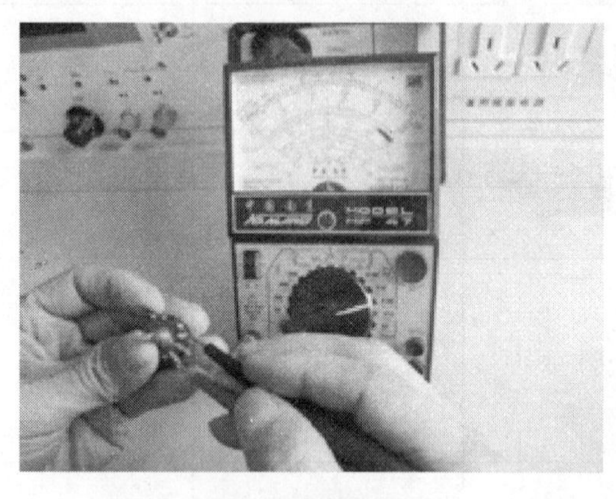

图 5-5　测最大电阻

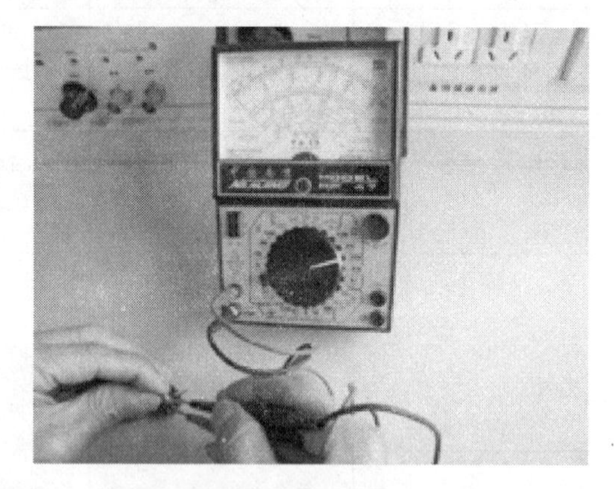

图 5-6　测可调电阻

（3）S9013 晶体管：该器件的实物如图 5-7 所示，电路图形符号如图 5-8 所示。

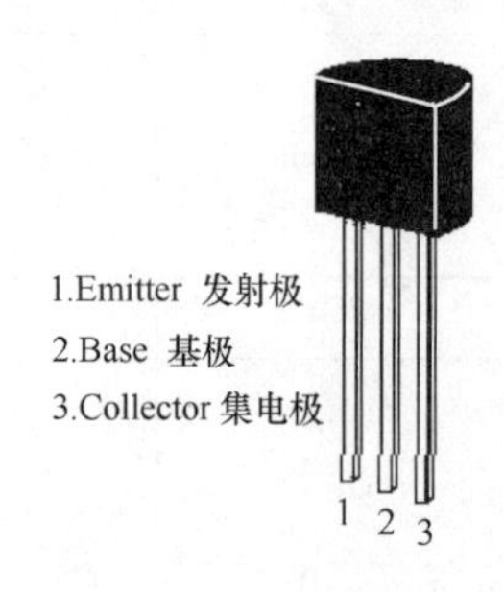

图 5-7　S9013 晶体管实物

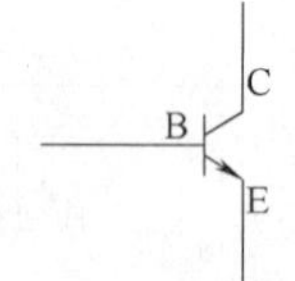

图 5-8　晶体管的电路图形符号

对 S9013 晶体管，可以根据图 5-7 所示引脚排列判断引脚 E、B、C。晶体管的好坏可以通过测量其两个 PN 结及 CE 间电阻粗略判断，如图 5-9、图 5-10 与图 5-11 所示。晶体管的两个 PN 结单向导电性能良好，C、E 间电阻接近无穷大，一般可判断该晶体管正常。晶体管的具体测量方法参见本项目知识链接二。

图 5-9　测 B、E 引脚

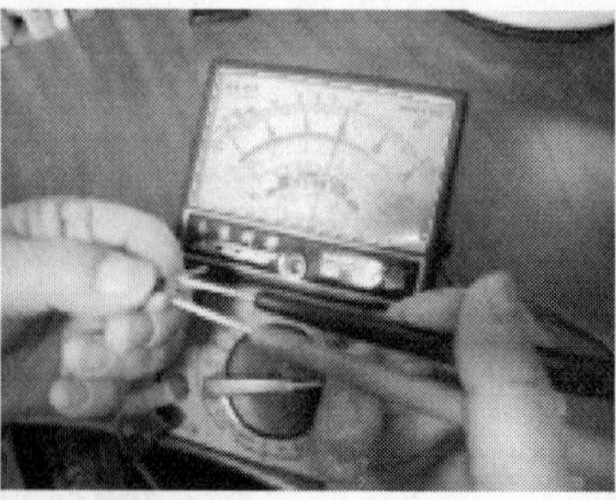

图 5-10　测 B、C 引脚

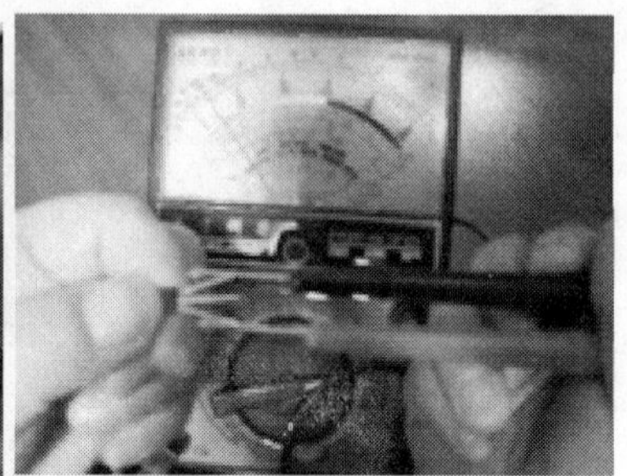

图 5-11　测 C、E 引脚

对表 5-1 中的元器件进行检测，同时把检测结果填入表内。

任务三　搭接与调试电路

1. 搭接电路

以晶体管 VT 为核心元器件，依次将色环电阻 R_B，R_C，发光二极管 LED，电位器 RP，根据电路原理图（见图 5-1）插接到面包板中。

在搭接电路时，要注意：晶体管三个引脚 E、B、C 不要插错；发光二极管是分正、负极性的，引脚不要插错；电位器的三个端，其中两个为固定端，一个为可调端，不要连接错误；面包板上有的插孔是短路，有的是断开的，不要连接错误。

2. 调试电路

电路搭接完毕并检查无误后，接通电源，当电位器 RP 的阻值调到最大时，发光二极管 LED 不亮；慢慢减小 RP 的阻值，发光二极管 LED 从不亮变为微亮；继续减小 RP 阻值，LED 继续变亮；当继续减小 RP 阻值到一定值时，LED 亮度达到最亮不再变化。通过调节 RP 阻值来改变基极电流大小，可以观察到基极电流对集电极电流在一定范围有控制作用，集电极电流会随着基极电流变化而变化，即 LED 亮度也随之变化，该电路功能正常。

任务四　电路测试与分析

完成上述电路调试后，就可以在原电路基础上串接好三个电流表，测试电路如图 5-12 所示，实物电路如图 5-13 所示。微安表用来观测基极电流 I_B，两个毫安表分别用来观测集电极电流 I_C和发射极电流 I_E，调节电位器 RP，将测得的基极电流 I_B、集电极电流 I_C、发射极电流 I_E的大小填入表 5-2 中。

表 5-2　晶体管各极电流测量表

$I_B/\mu A$	0	20	40	60	80	100
I_E/mA						
I_C/mA						

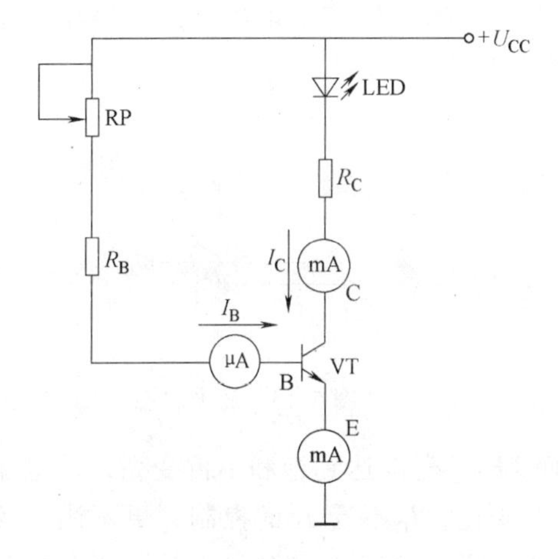

图 5-12　晶管放大电路测试图

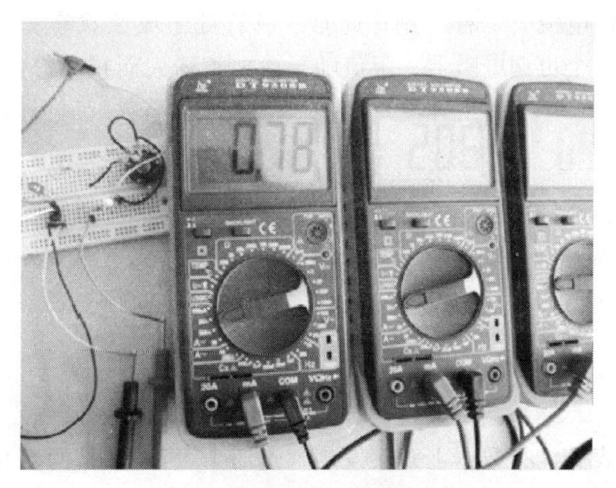

图 5-13　晶管放大电路测试实物图

为了更精确地读取测试数据，用数字式万用表代替各电流表串入测试电路中，（由于 I_B 和 I_C 都是 mA 级别的，数字式万用表均采用 mA 挡测量）。

分析 1：

（1）从几组测试电流数据中可发现 I_E、I_B、I_C 满足如下关系：

$$I_E = I_C + I_B$$

即发射极电流等于集电极电流与基极电流之和。但由于基极电流 I_B 很小（可忽略不计），因而 $I_E \approx I_C$。

（2）在测试中发现，当 I_B 有一微小变化，就能引起 I_C 较大变化，称这种现象为晶体管的电流放大作用。一般用直流电流放大系数 $\overline{\beta}$、交流电流放大系数 β 作为电流放大的参数。

1）直流电流放大系数 $\overline{\beta}$：输出电流 I_C 与输入电流 I_B 之比，定义式为

$$\overline{\beta} = I_C / I_B$$

由多组实验数据计算可得（$\overline{\beta}$ 值因管子不同而有所差异）

$$I_{C1}/I_{B1} \approx I_{C2}/I_{B2} \approx I_{C3}/I_{B3} \approx I_{C4}/I_{B4} \approx \overline{\beta}$$

2）交流电流放大系数 β：输出电流变化量 ΔI_C 与输入电流变化量 ΔI_B 之比，定义为（也可根据测得的数据进行验证）

$$\beta = \frac{\Delta I_C}{\Delta I_B}$$

同一管子的 $\overline{\beta}$ 值与 β 接近，近似认为相等，则有

$$I_C = \beta I_B$$

分析 2：

在实验中可观测到：一开始电位器 RP 的阻值最大时，微安表读数接近于零，毫安表读数也接近于零，发光二极管 LED 不亮，从测得的电流数据看出此时 $I_B = 0$，$I_C \approx 0$，就好像电路中晶体管集电极、发射极断开了一样，称此时晶体处于截止状态，如图 5-14 所示。

慢慢减小电位器 RP 的阻值时，发光二极管 LED 由不亮慢慢变亮，微安表（I_B）和毫安表（I_C）读数也增大，由测得的数据分析发现 I_C 随 I_B 的变化而变化，I_C 受 I_B 控制，对几组数据进一步计算得知 I_B、I_C 数值满足关系 $I_C = \beta I_B$，好像基极电流 I_B 是被晶体管放大成集电极电流 I_C 一样，则称此时三极管处于放大状态。放大状态的晶体管集电极—发射极相当于一个可调电阻器，阻值随导通电流增大而减小，如图 5-15 所示。

图 5-14　截止状态　　　　图 5-15　放大状态

继续减小电位器 RP 阻值时，LED_1 继续变亮，而 LED_2 亮度达到饱和不再变亮，从电流表和测得数据上观察发现，这时 I_C 不再随 I_B 的变化而变化，I_C 不受 I_B 的控制，更不满足关系 $I_C = \beta I_B$，晶体管内部集电极与发射极之间好像短路一样，此时 I_C 达到最大值，称此时晶

体管处于饱和状态。饱和状态的晶体管集电极—发射极相当于一个很小的电阻，理想情况可以把集电极—发射极看做一个闭合的开关，如图 5-16 所示。

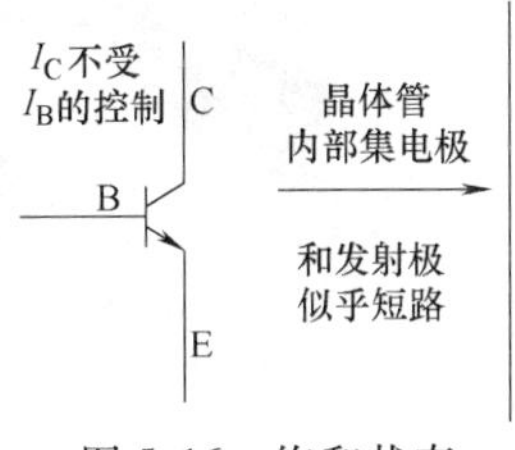

图 5-16　饱和状态

从测试电路中分析总结得出：晶体管有截止、放大、饱和三种工作状态，而截止和饱和状态具有开关特性，放大状态具有放大特性。

【项目实训评价】

晶体管直流放大电路项目评价见表 5-3。

表 5-3　晶体管直流放大电路项目评价

项目	考核要求	配分	评分标准	得分
元器件识别与检测	按要求对所有元器件进行识别与检测	30 分	元器件识别错一个扣 2 分 检测错一个扣 3 分	
电路调试	能正确搭接电路;完成的电路能正常工作	20 分	电路不正确,扣 5～10 分 电路不正常工作,扣 5～10 分	
电路测试	按图正确搭接测试电路,能用万用表正确测得各极电流数据	20 分	不会正确使用万用表测量各极电流,扣 5～20 分	
分析验证	用测得的数据验证 I_B、I_C 的关系,并得出正确结论	20 分	验证不出电流关系,扣 5～10 分 不能得出正确结论,扣 5～10 分	
安全文明操作	工作台面整齐,遵守安全操作规程	10 分	不到之处扣 3～10 分	
合计		100 分		

【知识链接一】　晶体管的外形、分类命名及选用

半导体晶体管又称为双极型晶体管，简称晶体管。晶体管种类很多，按照频率分，有高频晶体管、低频晶体管；按照功率分，有大、中、小功率晶体管；按半导体材料分，有硅晶体管、锗晶体管等。根据结构的不同，晶体管一般可分为两种类型：NPN 型和 PNP 型。但是从它的外形来看，晶体管都有三个电极。

1. 晶体管的外形

常见晶体管的外形如图 5-17 所示。

2. 国内晶体管的型号命名方法

半导体器件型号由五部分组成，五个部分意义如下。

第一部分：用数字 3 表示晶体管有效电极数目。

第二部分：用汉语拼音字母表示半导体器件的材料和极性，见表 5-4。

表 5-4　国内晶体管的型号命名方法（第二部分）

字　母	A	B	C	D
晶体管(材料)	PNP 型锗材料	NPN 型锗材料	PNP 型硅材料	NPN 型硅材料

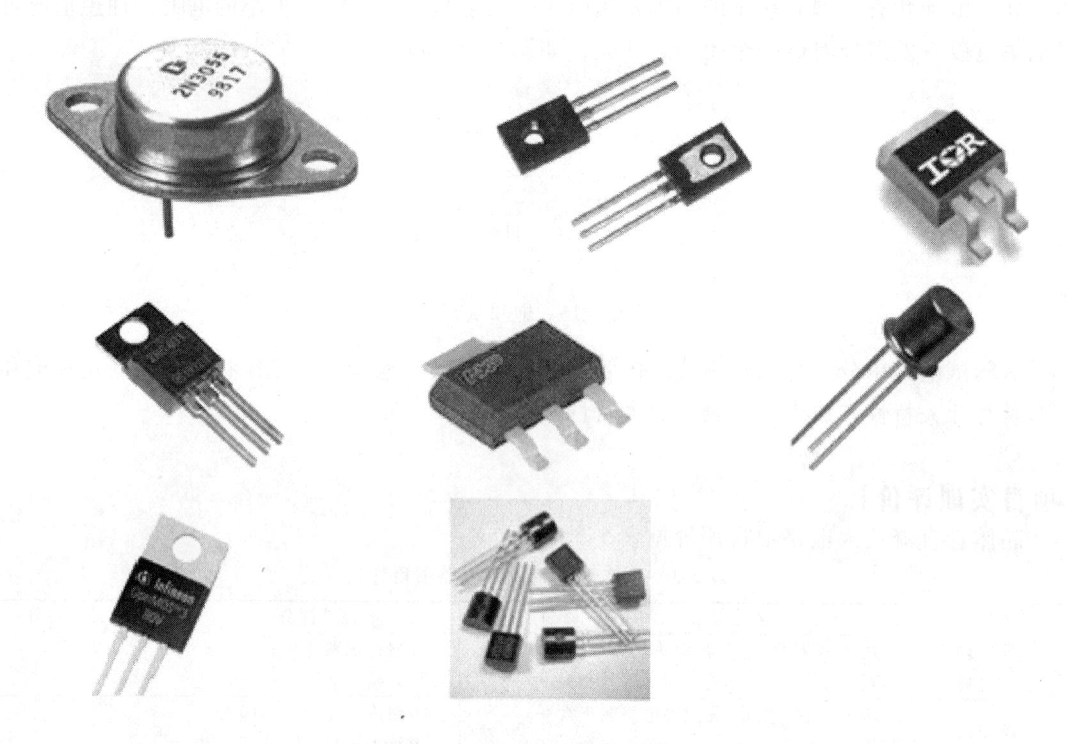

图 5-17　常见晶体管的外形

第三部分：用汉语拼音字母表示半导体器件的类型，见表 5-5。

表 5-5　国内晶体管的型号命名方法（第三部分）

字母	类　型	字母	类　型
A	高频大功率晶体管($f>3\text{MHz}, P_C>1\text{W}$)	U	光电器件
B	雪崩晶体管	V	微波晶体管
C	参量晶体管	W	稳压晶体管
D	低频大功率晶体管($f<3\text{MHz}, P_C>1\text{W}$)	X	低频小功率晶体管($f<3\text{MHz}, P_C<1\text{W}$)
G	高频小功率晶体管($f>3\text{MHz}, P_C<1\text{W}$)	Y	体效应器件
J	阶跃恢复晶体管	Z	整流晶体管
K	开关晶体管	CS	场效应晶体管
L	整流堆	BT	半导体特殊器件
N	阻尼晶体管	FH	复合晶体管
P	普通晶体管	PIN	PIN 型晶体管
S	隧道晶体管	JG	激光器件
T	半导体晶闸管(可控整流器)		

第四部分：用数字表示序号，无实际意义。

第五部分：用汉语拼音字母表示规格号。

例如：3DG6 表示 NPN 型硅材料高频晶体管；3DD15 表示 NPN 型硅低频大功率晶体管。

注意：场效应器件、半导体特殊器件、复合晶体管、PIN 型晶体管、激光器件的型号命名只有第三、四、五部分。

3. 晶体管的选择

在确定要使用的晶体管的材料、管型及频率后，选择时还要看下面几个极限参数。

（1）集电极最大允许电流 I_{CM}：当集电极电流 I_C 增加到某一数值，引起 β 值下降到额定值的2/3，这时的 I_C 值称为 I_{CM}。所以当 I_C 超过 I_{CM} 时，虽然不致使管子损坏，但 β 值显著下降，影响放大质量。

（2）集电极—发射极击穿电压 U_{CEO}：当基极开路时，加在集电极和发射极之间的最大允许电压，使用时如果 $U_{CE} > U_{CEO}$，管子就会被击穿而损坏。

（3）电极最大允许耗散功率 P_{CM}：集电极流过 I_C，温度要升高，管子因受热而引起参数的变化不超过允许值时的最大集电极耗散功率称为 P_{CM}。管子实际的耗散功率为集电极直流电压和电流的乘积，即 $P_C = U_{CE}I_C$，使用时 P_C 要小于 P_{CM}，而且大功率晶体管必须加散热片散热。

【知识链接二】　晶体管的识别与检测

晶体管基极检测：判断晶体管的基极，可将发射极与基极间PN结看做一个二极管，基极与集电极间另一个PN结看做一个二极管，这两个二极管串联连接如图5-18示。因此，E、B间及B、C间像二极管一样具有正向导通、反向截止的特性，而E、C间在基极悬空时只能截止。

1. 用指针式万用表测量晶体管

（1）找基极：用指针式万用表的的 $R\times1\text{k}\Omega$ 或 $R\times100$ 挡测量。（用指针式万用表测量时黑表笔接万用表内部电池的正极）

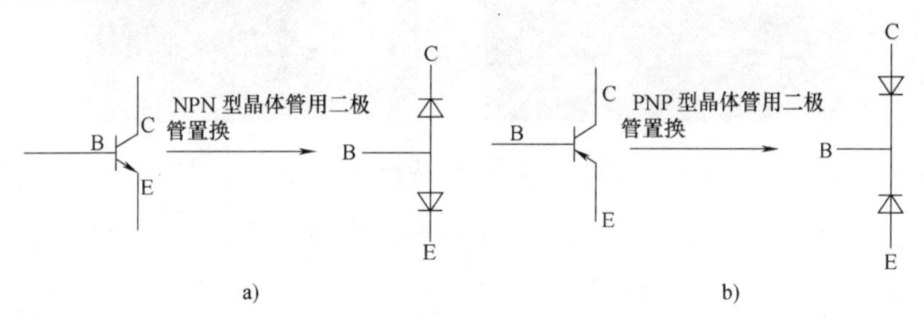

图5-18　晶体管与二极管的置换

用黑表笔接触某一管脚，红表笔分别接触另两个管脚，若表头读数都很小，则与黑表笔接触的那一管脚是基极，同时也判断此晶体管为NPN型，如图5-19所示。如果两次测得的电阻相差很大，说明该管脚不是基极。

若用红表笔接触某一管脚，而黑表笔分别接触另两个管脚，表头读数同样都很小时，则与红表笔接触的那一管脚是基极，同时也判断此晶体管为PNP型，如图5-20所示。

（2）判别晶体管发射极和集电极。以NPN晶体管为例，确定基极后，假定其余的两只脚中的一只是集电极，将黑表笔接到此脚上，红表笔则接到假定的发射极上。用手指把假设的集电极和已测出的基极捏起来（但不要相碰），看指针指示，并记下此阻值的读数，如图5-21所示。然后再做相反假设，即把原来假设为集电极的管脚假设为发射极，做同样的测试并记下此阻值的读数。

图 5-19　以 S9013 为例进行测试

图 5-20　以 A1015 为例进行测试

比较两次读数的大小，若前者阻值较小，说明前者的假设是对的，黑表笔接的管脚就是集电极，剩下的一只管脚便是发射极。

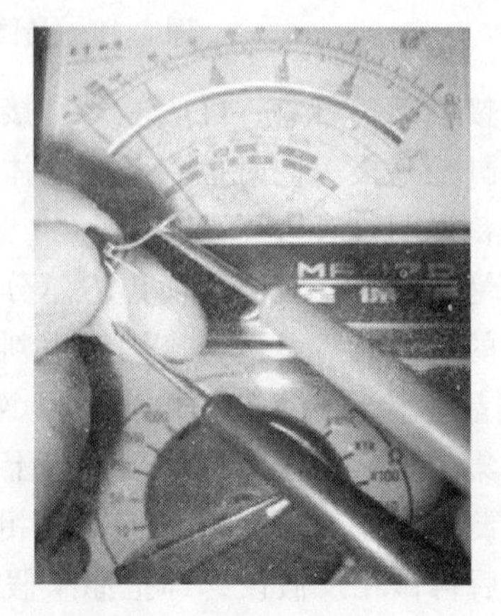

图 5-21　晶体管发射极、集电极的测试

用上述方法判别 PNP 型晶体管的发射极和集电极时，红、黑表笔对调即可。

2. 用数字式万用表测量晶体管

数字式万用表置于二极管挡时，红表笔为正极（这点与指针式万用表相反），用红表笔接假设的基极，黑表笔接另外两个管脚，如果表液晶屏两次都显示零点几的数字（锗管 0.3V 左右，硅管为 0.7V 左右），则管子是 NPN 管，且红表笔所接的管脚是基极。显示数值较大的一次，黑表笔所接的电极为发射极。如果两次数字显示的都是“OL”，则红表笔所接的那个管脚是 PNP 管的基极。

如果两次测得的正向反向电压都为零，说明管子短路；正、反向电压都为“OL”溢出，管子断路。

无论是模拟式万用表还是数字式万用表，都可以测量晶体管的直流电流放大倍数 h_{FE}。在确定晶体管基极的基础上判断集电极与发射极时，都可以把万用表置于 h_{FE} 挡，先假定一个管脚是集电极，把晶体管插入插座测量放大倍数；然后再假定另一只管脚是集电极，测量晶体管的放大倍数。比较两次测量结果，放大倍数高的那次，假定的集电极是正确的。

【知识拓展】　晶体管工作状态的判定及参数

1. 晶体管工作电压

在电路中一般都利用晶体管的放大状态进行工作，晶体管要处于正常放大状态，必须给管子的发射结加正向电压，集电结加反向电压，由于晶体管分 NPN 和 PNP 两种，外加工作电压也分两种情况讨论。

NPN 型晶体管的工作状态供电如图 5-22 所示。

R_C阻值小于 R_B阻值，则集电极电位高于基极电位，电源 U_{CC}通过偏置电阻 R_B为发射结提供正向偏压，集电结处于反向偏置状态。

PNP 型晶体管的工作状态供电如图 5-23 所示。

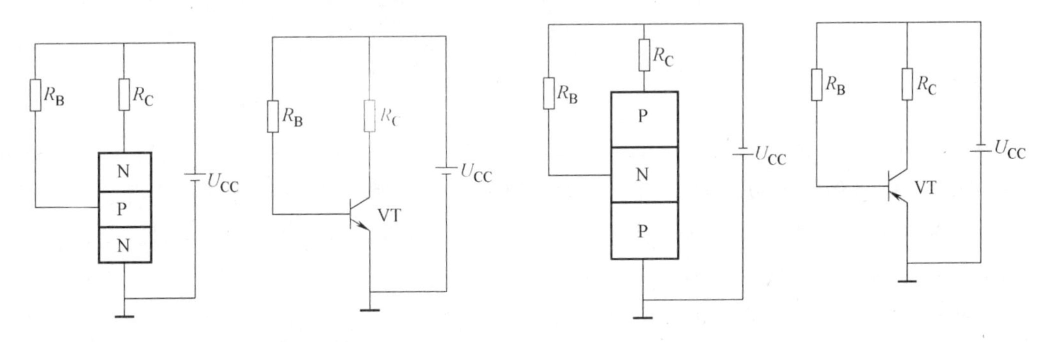

图 5-22　NPN 型晶体管的工作状态供电　　图 5-23　PNP 型晶体管的工作状态供电

PNP 型晶体管要求发射结加正向偏压，集电结加反向偏压，但因它的半导体电极性不同，所以 PNP 型晶体管接电源时极性与 NPN 型晶体管相反。

2. 晶体管工作状态的判定

晶体管的三种工作状态与其工作电压的关系见表 5-6。

晶体管要处于正常放大状态，就要保证晶体管的发射结正偏，集电结反偏。对于 NPN 型晶体管的发射结电压 $U_{BE}>0$，集电压结电压 $U_{BC}<0$，也就是 $V_C>V_B>V_E$ 才处于放大工作状态。对于 PNP 型晶体管，发射结电压 $U_{EB}>0$，集电结电压 $U_{CB}<0$，也就是 $V_E>V_B>V_C$ 才处于放大工作状态。

表 5-6　晶体管工作状态与工作电压的关系

晶体管状态	特征描述		
截止状态	发射结零偏或反偏	$I_B=0, I_C\approx0$, $U_C\approx U_{CC}$	晶体管各极之间呈高阻状态
放大状态	发射结正偏，集电结反偏	$I_C\approx\beta I_B$	具有电流放大作用，集电极电流 I_C 受 I_B 的控制
饱和状态	发射结与集电结都处于正偏	I_C 达到最大值，不受 I_B 控制，$U_C\approx0$	晶体管饱和时，集射极之间电压很小，呈现低阻状态，可近似看成短路。$I_C\approx E_C/R_C$

【复习与思考题】

5-1　晶体管有什么用？

5-2　晶体管在各工作状态下各管脚电流之间有什么关系？

5-3　测得电路中几个晶体管的各极对地电压如图 5-24 所示，试判断它们各处于放大、截止或饱和状态中的哪一种？或是否已经损坏？

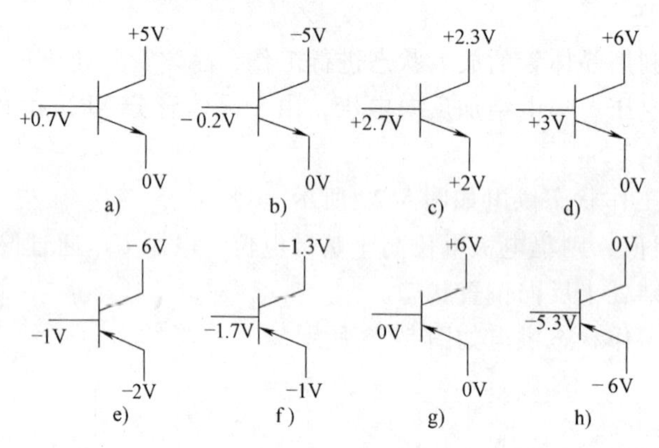

图 5-24　题 5-3 图

5-4　有两只半导体晶体管，一只管子的 $\beta=200$，$I_{CEO}=200\mu A$，另一只管子的 $\beta=60$，$I_{CEO}=10\mu A$，其他参数大致相同，用于放大电路时，选择哪只管子较合适，为什么？

5-5　某晶体管工作在放大区，当它的基极电流 I_B 由 20μA 增大到 40μA 时，集电极电流 I_C 由 1mA 增大到 2mA，它的 β 为（　　）。

A. 40　　　　B. 50　　　　C. 60

项目六　使用低频信号发生器和毫伏表

任务一　认识操作面板

1. 低频信号发生器的操作面板

低频信号发生器是一种高精度低频电压信号源，其输出电压幅值及频率连续可调，如图6-1所示。

低频信号发生器操作面板上各部分的功能如下：

（1）整机电源开关（POWER）。按下此键接通电源，同时面板显示器亮，如图6-2所示。

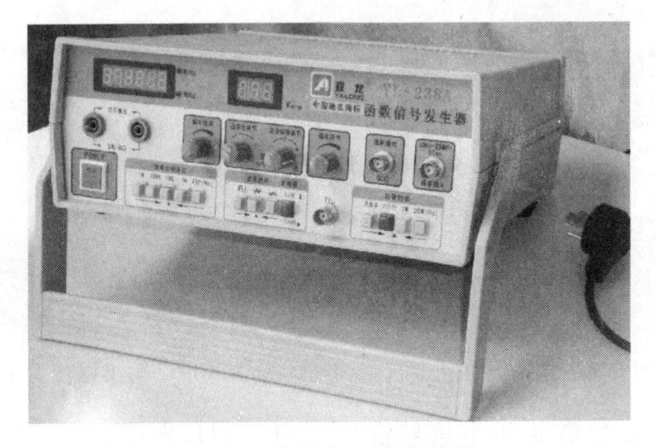

图6-1　信号发生器的外形

图6-2　整机电源开关

（2）波形选择。正弦波、方波、三角波和锯齿波任意选择，如图6-3所示。

（3）衰减器。开关按入时衰减30dB，如图6-4所示。

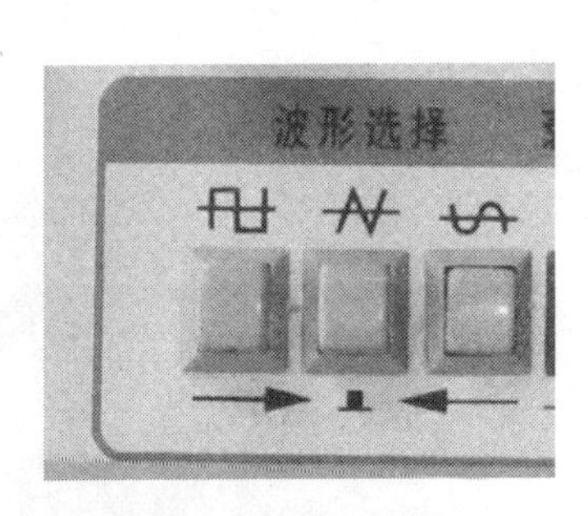

图6-3　波形选择

图6-4　衰减器

（4）频率选择。共分为5挡，即100挡（100～100Hz）、1K挡（100～1000Hz）、10K挡（1000Hz～10kHz）、100K挡（10～100kHz）、1M挡（100kHz～1MHz），按下为选择该挡位，如图6-5所示。

（5）频率微调旋钮。可调节频率覆盖范围为 10 倍，如图 6-6 所示。

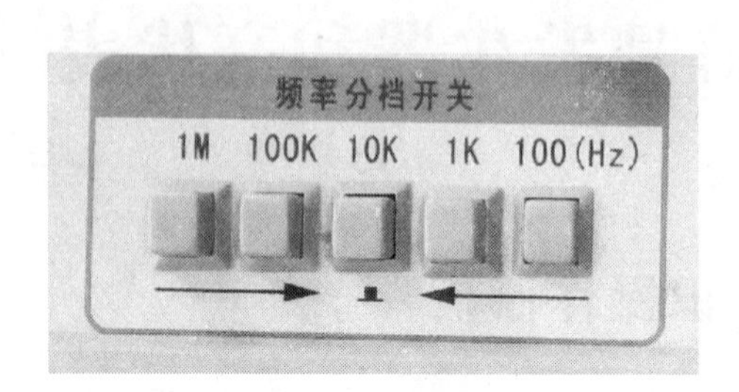

图 6-5　频率选择

图 6-6　频率微调旋钮

（6）方波占空比调节。调节方波占空比，当开关拉出时，占空比为在 10% ~90% 内连续可调，频率为原来的 1/10，如图 6-7 所示。

（7）直流偏移调节。当开关拉出时直流电平为 -10 ~ +10V 连续可调，当开关按入时，直流电平为 0，如图 6-8 所示。

（8）输出幅度调节。0 ~20V（峰峰值）任意可调，如图 6-9 所示。

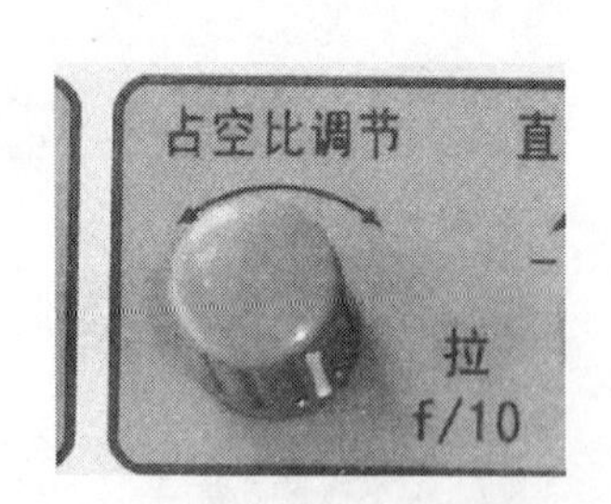

图 6-7　方波占空比调节旋钮

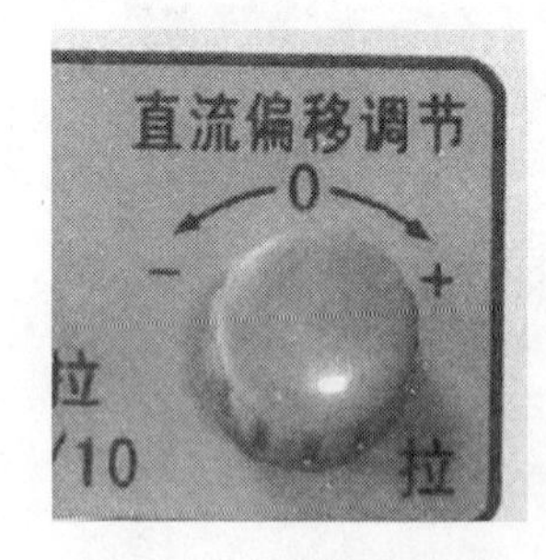

图 6-8　直流偏移调节

图 6-9　输出幅度调节

（9）波形输出端口。本型号信号发生器共两个信号输出端口，TTL 为逻辑电平输出端即单独的逻辑电平、方波输出端，波形输出端口为产生波形信号输出端，输出电抗为 50Ω，如图 6-10 所示。

（10）频率输入端口。测量外输入信号的频率，测量范围在 10Hz ~25MHz，如图 6-11 所示。

a) TTL逻辑电平输出端

b) 波形输出端

图 6-10　输出端

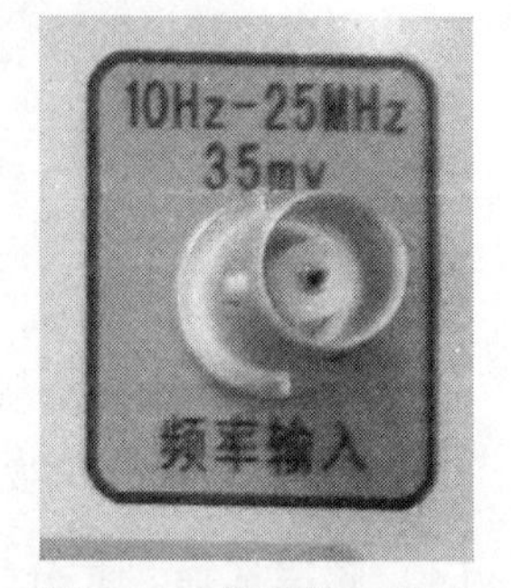

图 6-11　频率输入端口

（11）输入端功能切换按钮。实现测量外信号时的各种功能切换，如图 6-12 所示。

（12）输出信号峰峰值显示。三位数码管显示输出信号峰峰值，单位为 V，如图 6-13 所示。

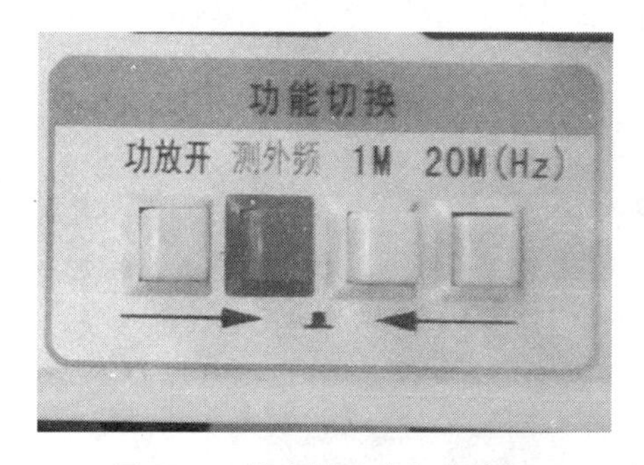

图 6-12　输入端功能切换按钮

图 6-13　输出信号峰峰值显示

（13）输出频率显示。六位数码显示频率有效数字；右侧的指示灯为频率单位显示（MHz 或 kHz），如图 6-14 所示。

（14）功率输出端口。当调节完对应的信号后，将作为功率放大器驱动外接扬声器，外接负载为 3W/8Ω，如图 6-15 所示。

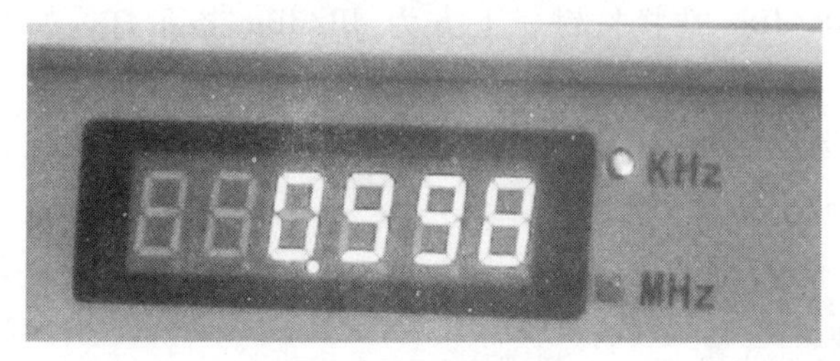

图 6-14　输出频率显示

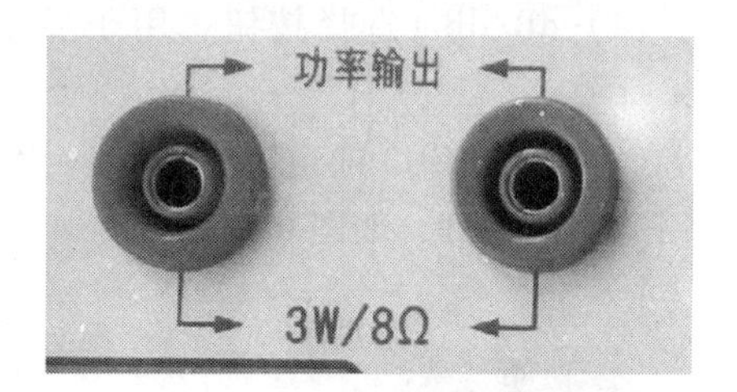

图 6-15　功率输出端口

2. 毫伏表的操作面板

毫伏表是一种用来测量正弦电压的交流电压表。主要用于测量毫伏级以下的毫伏、微伏交流电压，如图 6-16 所示。

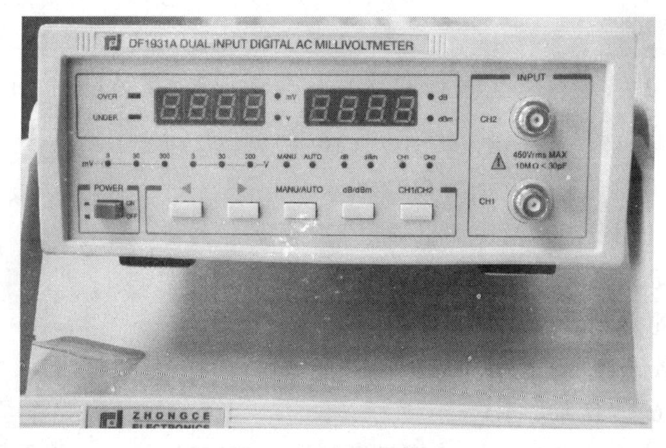

图 6-16　交流毫伏表

交流毫伏表面板上各部分的功能如下：

（1）整机电源开关（POWER）。按下该键整机通电，并且相关位置点亮指示；再按一次该键弹起，设备断电，如图 6-17 所示。

（2）量程切换开关。用于手动测量时量程的切换，按下左侧箭头为量程减小，按下右侧箭头为量程增加，上方为量程指示灯，如图 6-18 所示。

图 6-17　整机电源开关

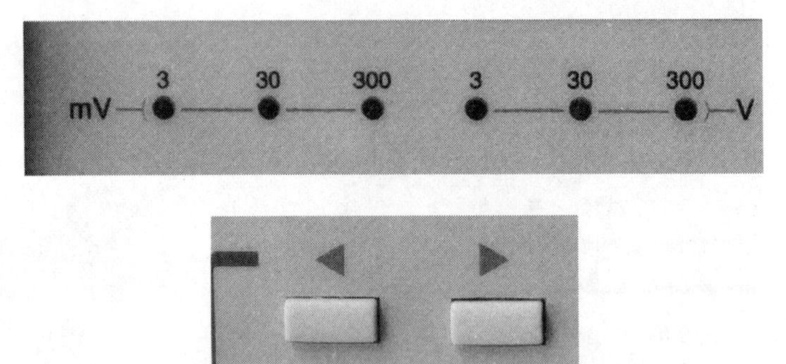

图 6-18　量程切换开关和量程指示灯

（3）手动/自动测量选择按键（AUTO/MANU）。用于调节测量方式为手动或自动方式，上方为工作方式指示灯，如图 6-19 所示。

（4）dB/dBm 选择按钮。用于显示 dB/dBm 选择按键，上方为 dB/dBm 指示灯，如图 6-20所示。

（5）CH1/CH2 通道选择按键。用于选择使用 CH1/CH2 通道来进行信号测量，上方为使用通道指示灯，如图 6-21 所示。

图 6-19　手动/自动测量选择按键

图 6-20　dB/dBm 选择按钮

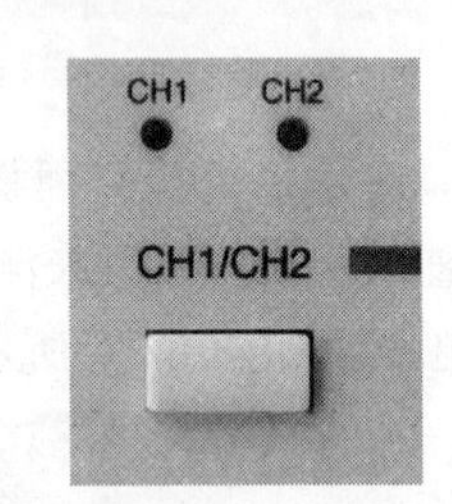

图 6-21　CH1/CH2 通道选择按键

（6）CH1/CH2 信号接入通道。上方为 CH2 信号接入通道，下方为 CH1 信号接入通道，如图 6-22 所示。

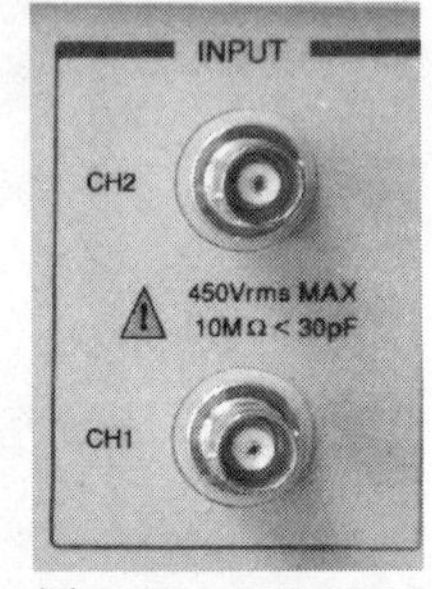

图 6-22　CH1/CH2 信号接入通道

（7）测量显示。用于显示当前测量通道实测输入信号电压值、dB 或 dBm 值。由两组 4 位数码管构成，第一组数码管用于显示被测信号电压值，后方两个指示灯为信号电压的单位 mV/V；第二组数码管用于显示 dB 或 dBm 值，后方同样有区分指示灯，如图 6-23 所示。

（8）欠量程指示灯（UNDER）/过量程指示灯（OVER）。当手动或自动测量时，读数低于 300 时，UNDER 指示灯闪烁；当手动或自动测量时，读数高于 3999 时，OVER 指示灯闪烁，如图 6-24 所示。

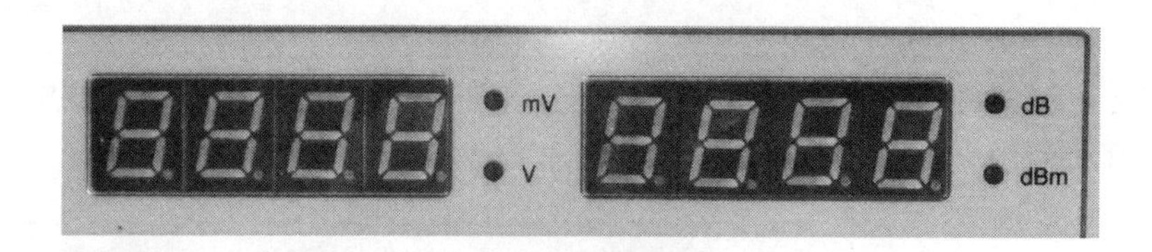

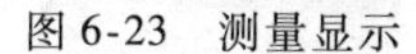
图6-23　测量显示

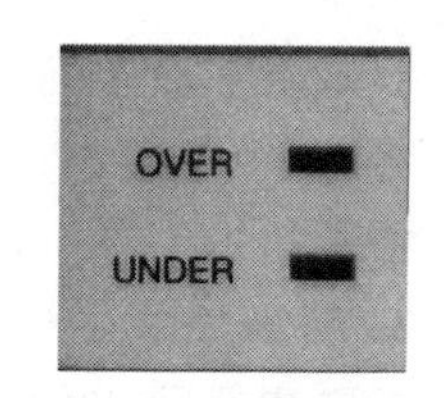

图6-24　欠量程指示灯（UNDER）/过量程指示灯（OVER）

任务二　测量前的准备

为保证实验仪器的正常工作和测量数据的准确，在使用前都需要提前进行相关准备工作。

1. 低频信号发生器的测量前准备

将电源线接入200V/50Hz电源，接通电源，指示灯亮，本机进入工作状态。

2. 低频信号发生器的使用

（1）在“波形选择”中选择所需的波形。

（2）在“频率选择”中选择所需频率。

（3）适当调节“频率微调”和“幅度调节”旋钮，即可得到所需的频率和幅度（在两个窗口中均有指示）。

（4）需要输出脉冲波时，按下“占空比调节”旋钮，可获得占空比为50%的波形。当这个调节旋钮拉出时，输出信号频率为原来的1/10，占空比在10%～90%内连续可调；如果此时输出波形为三角波，调节旋钮则可改变其形状。

（5）需要小信号输出时，按下“衰减器”按键。

（6）需要直流电平时拉出“直流偏移调节”旋钮，调节直流电平偏移至需要设置的电平值，其他状态时按入“直流偏移调节”旋钮，直流电平将为零。

测量外频和功率输出不在本书中介绍，读者可自行查阅相关书籍。

3. 其他注意事项

（1）使用前，应先仔细阅读使用说明。

（2）仪器接入电源之前，应检查电源电压和频率是否符合要求。

（3）开机预热10min，方能进入稳定工作状态。

（4）不得将大于10V（DC或AC）的电压加至输出端。

（5）波形输出端口和功率输出端口严禁短路。

（6）使用时，应避免剧烈振动、高温和强磁场。

任务三　测量信号值

应用毫伏表可正确测量毫伏级以下的交流电压。毫伏表测量的是正弦信号的有效值，所以对非正弦信号的测量需要另外的处理。毫伏表的量范围是3mV～300V、5Hz～2MHz，共分为3mV、30mV、300mV和3V、30V、300V六挡。具体使用方法如下。

1. 使用前的准备

接通 220V 电源，按下电源开关，电源指示灯亮，仪器立刻工作。为了保证仪器的稳定性，需预热 15 ~ 30min，开机后 10s 内数值无规则跳动属正常现象。

2. 测量数据

数字式毫伏表使用起来相对简单，只需要把信号发生器与毫伏表相连接，直接从显示位置便可读出相应数值，如图 6-25 所示。这里只需要注意几个特别事项即可。若在自动测量方式时 OVER 灯亮时，表示超过量程，电压显示为“HHHHV”，dB 显示为“HHHHdB”，表示输入信号过大，超过了仪器的使用范围。在手动测量时出现上述情况则表明测量信号已经超出选定的量程，需要手动调节量程。

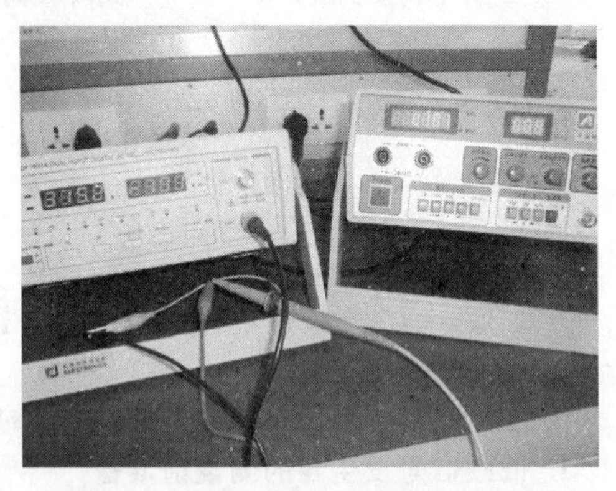

图 6-25　信号发生器与毫伏表相连接

对正弦波而言，测量值就是其有效值；对方波、三角波，利用交流毫伏表得到的测量值并不是其有效值，但是可以根据该值换算得到其有效值。

有效值换算公式：

$$有效值 = 测量值 \times 0.9 \times 波形系数$$

式中，方波波形系数为 1，三角波波形系数为 1.15。

3. 注意事项

（1）若要测量高电压，输入端黑夹子必须接在“地”端。

（2）交流毫伏表接入被测电路时，其地端（黑夹子）应始终接在电路的地上（成为公共接地），以防干扰。

（3）交流毫伏表只能用来测量正弦交流信号的有效值，若测量非正弦交流信号要经过换算。

任务四　测试与分析

下面来看一下使用万用表和毫伏表来测量一组固定电压和固定频率信号时所出现的对比情况（见图 6-26）。请将实际测量值填入下列表格。

图 6-26　万用表与毫伏表的对比

测试1：频率固定为正弦波100Hz，电压值调节为若干组数据后，分别用毫伏表和万用表测量数据，填入表6-1中，并尝试分析出现的结果。

表6-1　频率为100Hz时的测量数据

毫伏表数据	5mV	50mV	500mV	1V	2V	5V
万用表数据						

测试2：信号频率输出正弦波调节为若干组数据后，毫伏表测量电压输出为3V，用万用表测量数据，填入表6-2，并尝试分析出现的结果。

表6-2　电压固定时万用表测量数据记录表

毫伏表电压(3V)	50Hz	200Hz	500Hz	1kHz	2kHz	5kHz
万用表数据						

分析：从测试1的数据可以发现，在小信号测量时，万用表无法测量数据，而大信号时测量数据与毫伏表基本相近。从测试2可以看出，对于很多频率的信号，万用表无法测量到准确的测量值。这主要是因为万用表是针对工频设计的，准确测量范围一般在40～200Hz，对于工频以外的信号，还是采用毫伏表来测量更合适。

【项目实训评价】

低频信号发生器和毫伏表使用项目实训评价见表6-3。

表6-3　低频信号发生器和毫伏表使用项目实训评价

项目	考核要求	配分	评分标准	得分
正弦信号设定	按设备使用步骤设定信号	20分	设备操作不正确或使用不当，扣5～20分	
毫伏表测量	使用毫伏表测量信号	30分	设备操作不正确或使用不当，扣10～20分 未得到正确测量结果，扣10分	
万用表测量	使用万用表正确测量	30分	设备操作不正确或使用不当，扣5～15分 未得到正确测量结果，扣10分 未对数值进行正确处理，扣5分	
测试结果分析	对两组测试结果进行分析	20分	视分析情况，酌情扣5～10分	
合计		100分		

【知识链接】　电平与增益

1. 电平

电平就是指电路中两点或几点在相同阻抗下电量的相对比值。这里的电量一般指电功率、电压、电流，其单位可以用相当于标准值比值的对数形式表示，即用“分贝”表示，记做“dB”。电功率、电压、电流分别记做：$10\lg(P_2/P_1)$、$20\lg(U_2/U_1)$、$20\lg(I_2/I_1)$。上式中P、U、I分别是电功率、电压、电流。使用“dB”的好处就是读写、计算方便。如多级放大器的总放大倍数为各级放大倍数相乘，用分贝方式表示则总放大倍数为各级放大倍数相加，这样可以很方便地算出某级需要的增益，使用起来更方便。

2. 增益

对元器件、电路、设备或系统，其电流、电压或功率增加的程度。通常以分贝（dB）数来规定。简单地理解就是对信号的放大程度。本书中所指的增益通常表示放大器电压放大倍数，以输出电压同输入电压比值的 20 倍常用对数表示，单位为分贝。如果增益值为负值，说明不是正向的增益，而是表示系统衰减。例如，－20dB 表示信号衰减为原来的 1/10 倍，而－40dB 则表示信号衰减为原来的 1/100 倍。

【复习与思考题】

6-1　简述低频信号发生器的使用步骤。

6-2　简述低频信号发生器使用中的注意事项。

6-3　简述毫伏表的使用步骤。

6-4　简述毫伏表使用中的注意事项。

6-5　为什么不能用万用表代替毫伏表测量电压？

项目七　使用示波器

任务一　认识操作面板

1. 认识示波器

电子示波器（简称示波器）是一种可以显示信号波形的测量仪器。它对电信号的分析是按时域法进行的，即研究信号的瞬时幅度与时间的函数关系。

电子示波器不仅能定性观察电路的动态过程，如电压、电流或经过转换的非电量等的变化过程；还可以定量测量各种电参数，如测量脉冲幅度、上升时间等；测量被测信号的电压、频率、周期、相位等。利用传感器技术，示波器还可以测量各种非电量甚至人体的某些生理现象。所以，在科学研究、工农业生产、医疗卫生等方面，示波器已成为被广泛使用的电子仪器。

现在除了原有的以阴极射线管为显示器的模拟示波器外，还有具有记忆存储功能的数字存储式示波器，其外形如图 7-1 所示。本书主要以模拟示波器为例，讲解其使用方法。

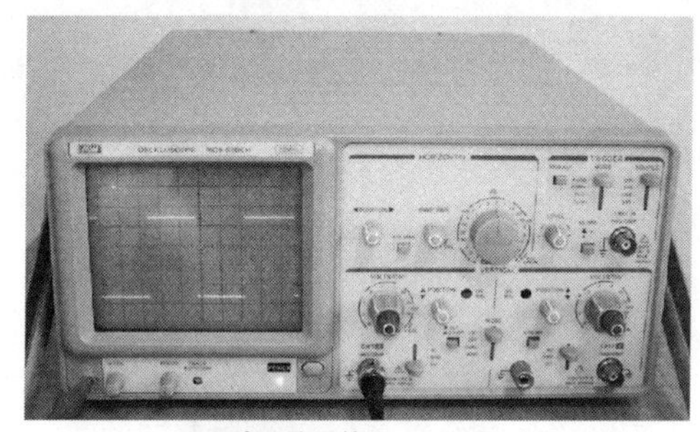

a) 双踪示波器外形

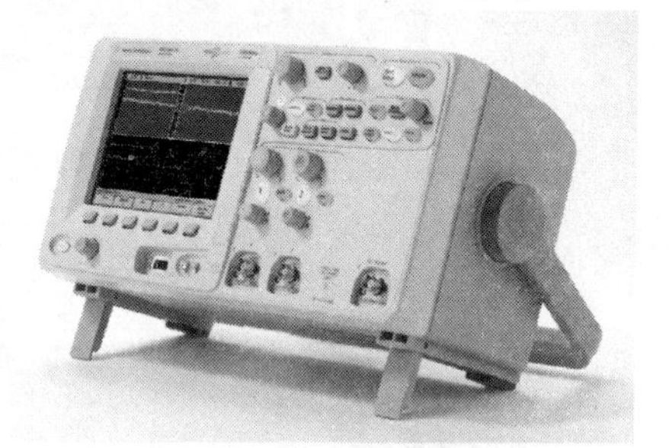

b) 数字存储式示波器外形

图 7-1　示波器外形

2. 面板结构

示波器的面板结构如图 7-2 所示。

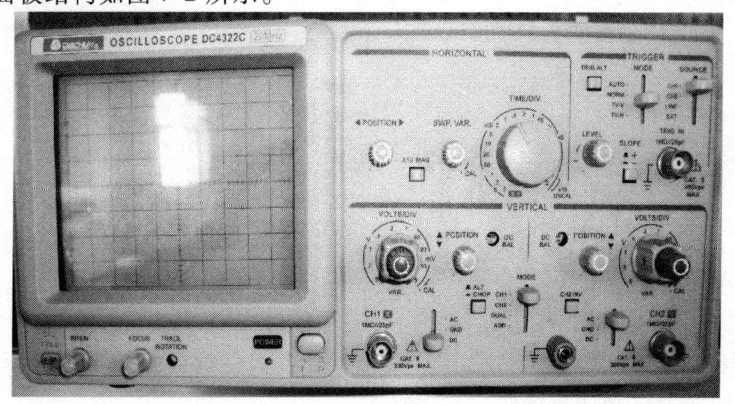

图 7-2　示波器的面板结构

（1）显示屏（见图 7-3）。示波器显示屏中心有两条中心线垂直交叉，水平中心线上、下两侧各有 4 条水平刻度线，垂直中心线左、右两侧各有 5 条垂直刻度线，将这个屏幕分成 80 个区域。两条中心线上每个小格内被分成均匀的 5 份。

图 7-3　显示屏

（2）控制面板（见图 7-4）。图 7-4 从右向左依次为电源按钮、电源指示灯、径向偏转调节（TRACE ROTATION）、聚焦调节（FOCUS）、亮度调节（INTEN）和示波器自带标准 2V（峰峰值）、1kHz 方波输出。

（3）垂直系统（见图 7-5）。这里使用的是双踪示波器，在垂直系统中有两组信号输入通道，分别是 CH1 和 CH2。各自有一套调节系统，垂直灵敏度调节旋钮（VOLTS/DIV）、垂直移动调节（POSITION）、水平亮线重心调整（DC BAL）、耦合方式选择（三挡分别是 AC、GND 和 DC）和双通道显示选择（MODE）。

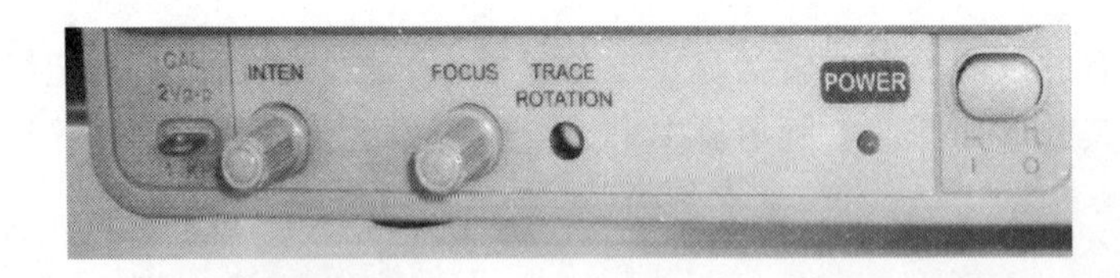

图 7-4　控制面板

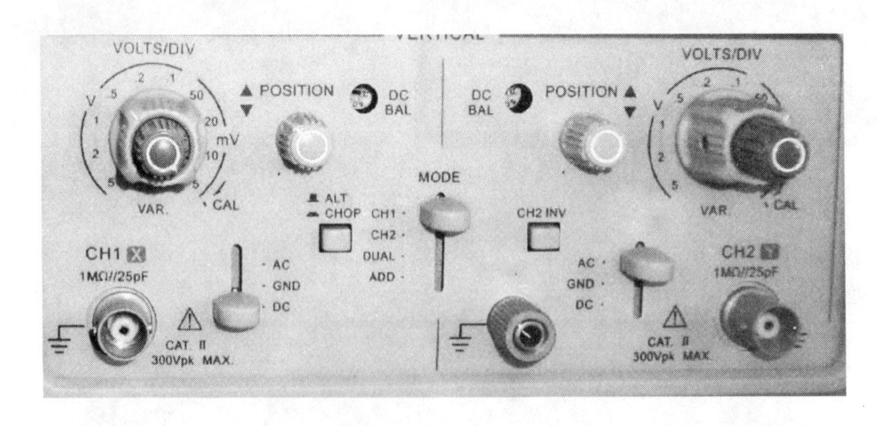

图 7-5　垂直系统

（4）水平系统（见图 7-6）。由图 7-6 可见，水平系统中包含水平扫描调节旋钮（TIME/DIV）、水平微调旋钮（SWP. VAR.）、水平移动调节（POSITION）和周期 10 倍放大按键（×10 MAG）。

（5）触发系统（见图 7-7）。由图 7-7 可见，触发系统中包含触发源选择开关（SOURCE）、触发耦合方式选择开关（MODE）、触发极性选择按钮（SLOPE）、交替扩展键（TRIG. ALT）和触发电平调节旋钮（LEVEL）。

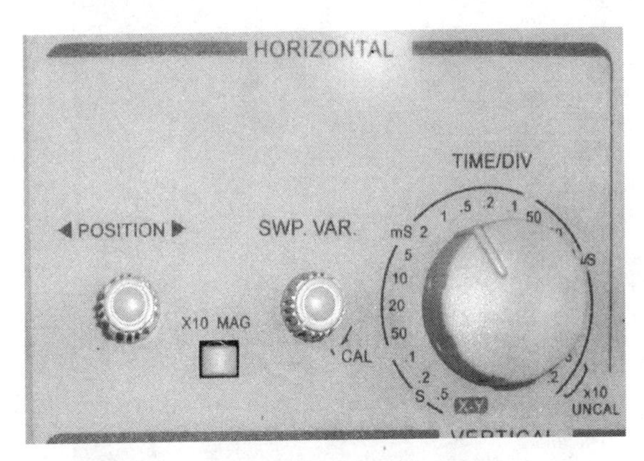

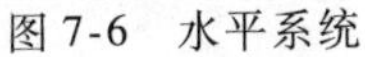

图 7-6　水平系统

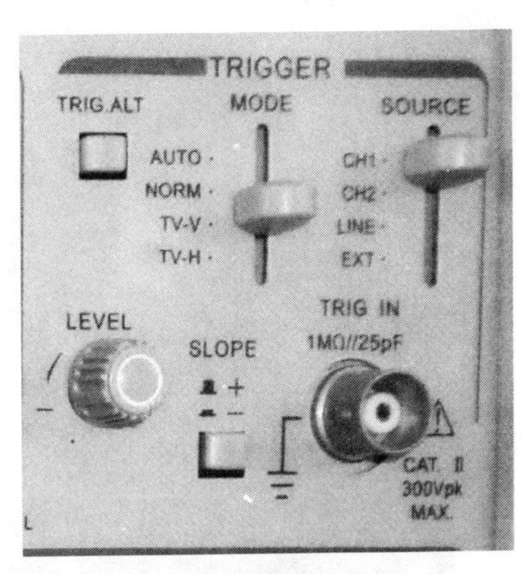

图 7-7　触发系统

任务二　测量前的准备

1. 安全注意事项

(1) 电子示波器通电前，需确保供电电源电压符合电子示波器的规定［220V(±10%)，50Hz(±5%)］。

(2) 电子示波器的电源插头只能插入带有保护接地的电源插座中，绝对不能因使用没有保护的加长软线而取消保护作用。

2. 操作注意事项

(1) 为防止对示波管的损坏，不要使示波管的扫描线过亮或光点长时间静止不动。

(2) 电子示波器的输入端和探头输入端的最大电压值见表 7-1，不要施加高于这些极限值的电压。

表 7-1　电子示波器的输入端和探头输入端的最大电压值

输入端	最大允许输入电压 U(峰峰值)/V
Y_1，Y_2 轴输入	400(DC+AC)
外触发输入	100(DC+AC)
探头输入	400(DC+AC)
Z 轴输入	50(DC+AC)

3. 示波器校正

在校正波形的过程中，为了方便观察波形，应首先将波形的中心位置微调好，这就要将输入之间的连接模态信号开关拨到 GND 位置上。这时，若正常接通电源，应该能够显出一条水平亮线；要是没有显示，那就要上、下微调 POSITION、DC BAL 和 INTEN 了。其中，POSITION 是波形上、下微调按钮，DC BAL 是水平亮线的中心调整，INTEN 是亮度调整。如果出现亮线不平衡的现象，则要用无感螺钉旋具微调在 FOCUS 附近的 TRACE ROTATION，之后通过 FOCUS 的微调把会聚调至最佳状态（见图 7-8）。

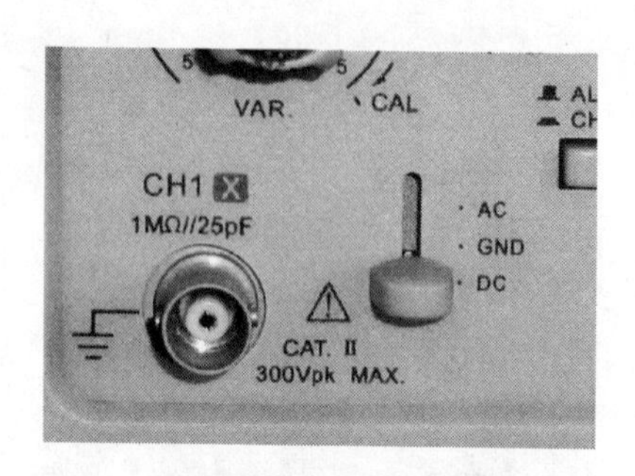

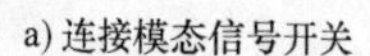
a) 连接模态信号开关

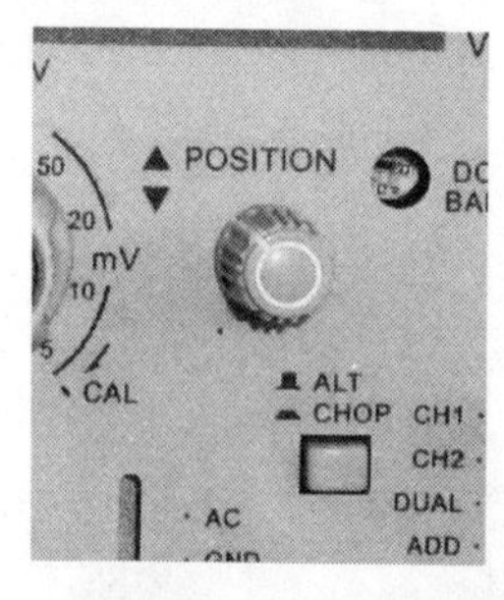

b) 上、下微调

c) 中心调节

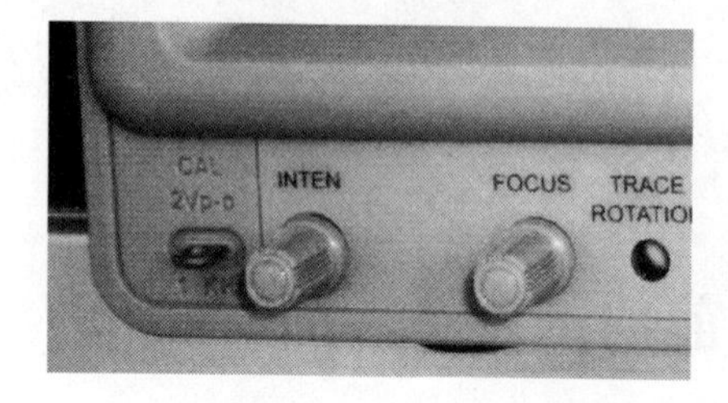

d) 亮度调节

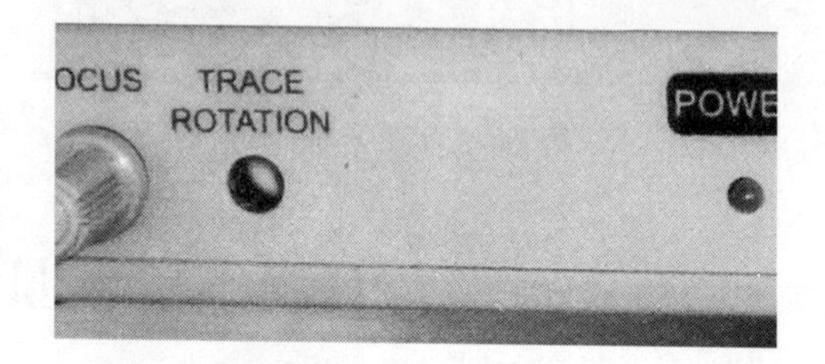

e) 聚焦微调

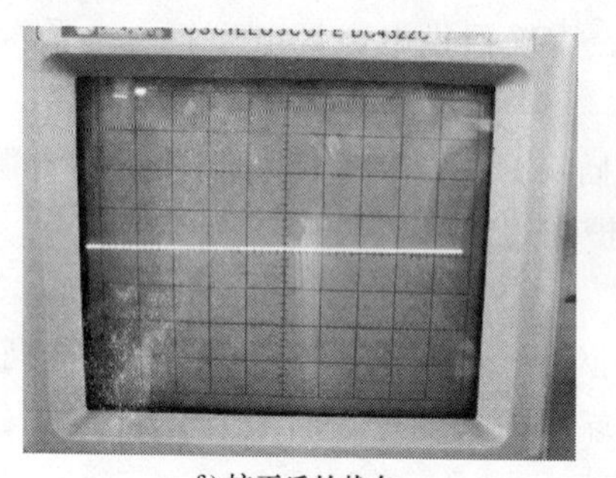

f) 校正后的状态

图 7-8　示波器校正过程

任务三　测量信号幅值和频率

在这里简单地以示波器自带标准 2V（峰-峰值）、1kHz 方波信号的测量来说明信号的测量方法。

（1）将示波器探头插入 CH1 插孔，并将探头上的衰减置于“1”挡（见图 7-9）。

（2）将通道选择置于 CH1，耦合方式置于 DC 挡，如图 7-10 所示。

（3）将探头或探针与校准信号源相连接，此时示波器屏幕出现光迹。

（4）调节垂直旋钮使屏幕上出现的波形大小合适，便于在屏幕内读取（见图 7-11）。图 7-11a 为垂直调节旋钮置于 0.2V 位置，图 7-11b 为置于 2V 的位置，从图 7-11a、b 可明显看出，同一个信号在屏幕内显示的大小不同。

（5）调节水平旋钮，使屏幕中显示合适的、便于读取信号信息的波形个数（见图

7-12）。图 7-12a 为水平调节旋钮置于 2ms 位置，图 7-12b 为置于 0.2ms 的位置，从图中可明显看出，同一个信号在屏幕内显示的周期个数不同。

a) 探头信号输入

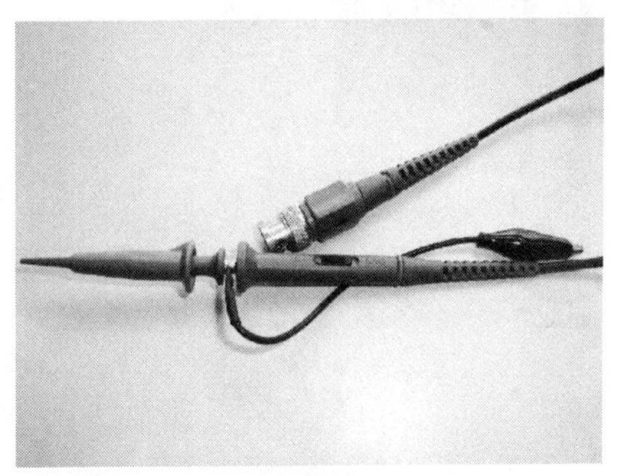

b) 探头衰减调节

图 7-9　探头及接口

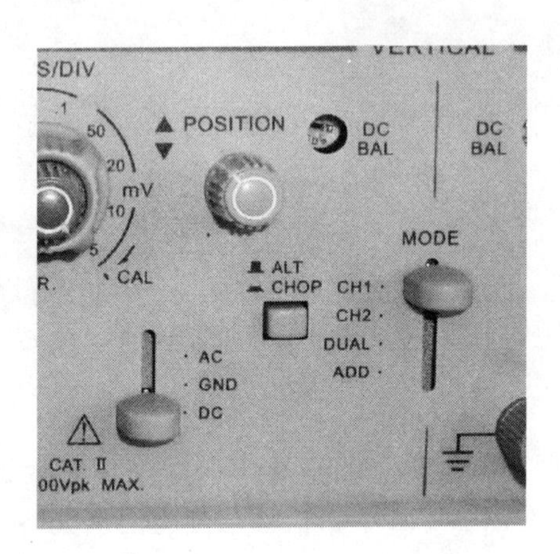

图 7-10　通道和耦合方式选择

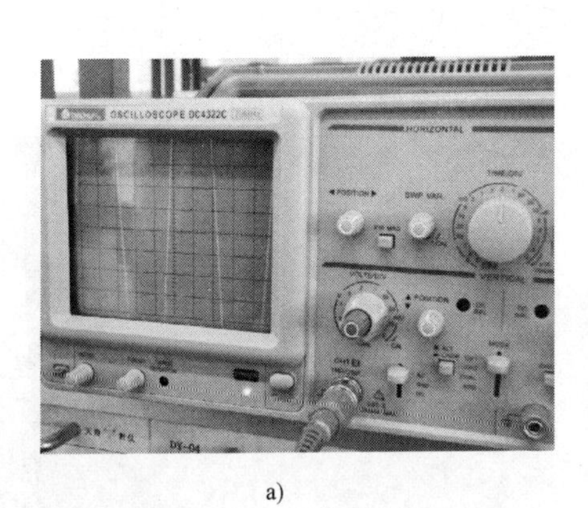

a)

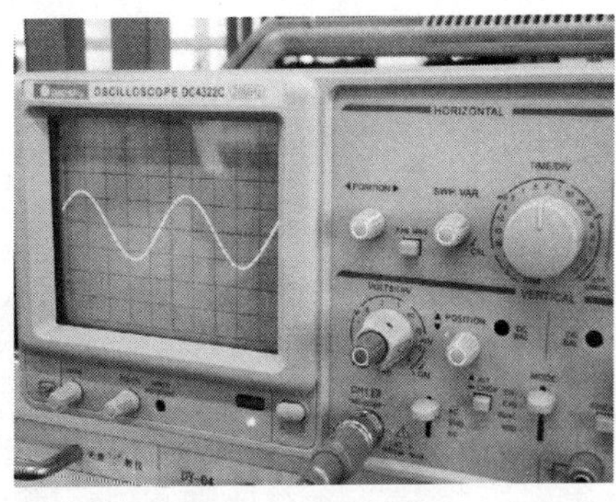

b)

图 7-11　垂直旋钮调节

注意：在进行调节时，应将垂直微调和水平微调均置于校准位置。如果波形仍不稳定，则可以通过调节同步旋钮，使波形稳定（见图 7-13）。

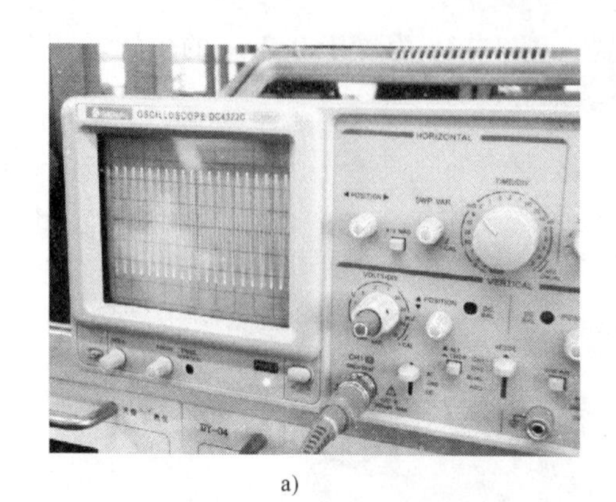

a)

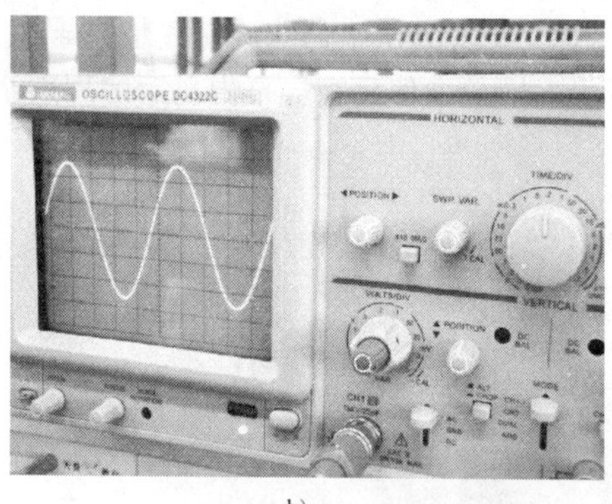

b)

图 7-12　水平旋钮调节

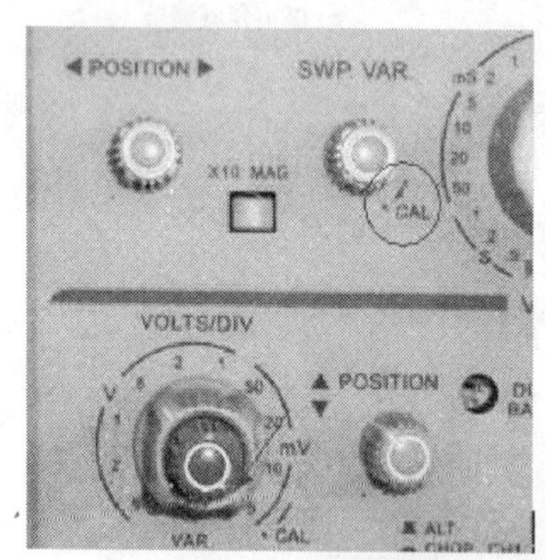

a) 水平和垂直微调校准位置

b) 同步调节旋钮

图 7-13

（6）读出波形图在垂直方向上所占的格数，乘以垂直衰减旋钮的指示数值，得到校准信号的幅度（见图 7-14）。在图 7-14b 中，信号幅度为两个大格，垂直衰减旋钮指示数值在 1V 位置，则可以得到信号的峰-峰值和信号幅值最大值：

$$U_{\text{P-P}} = 1\text{V} \times 2\text{格} = 2\text{V}$$

$$U_{\text{M}} = 1/2\ U_{\text{P-P}} = 1\text{V}$$

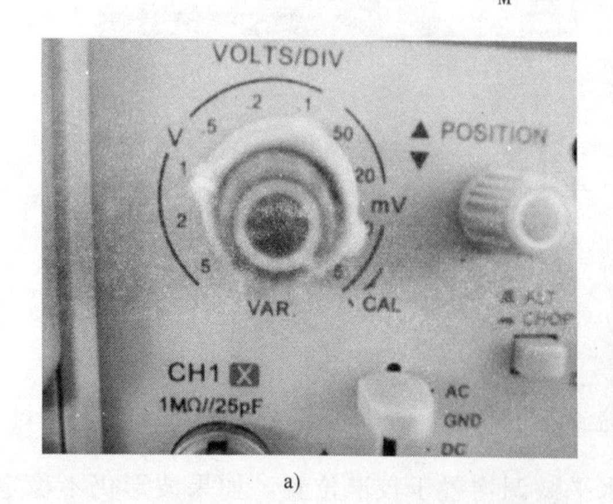

a)

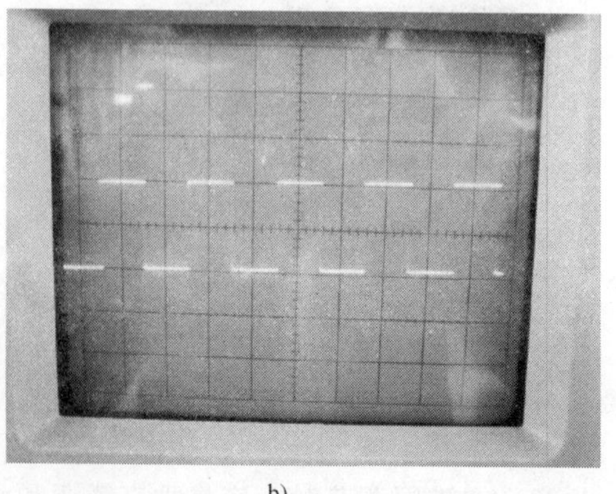

b)

图 7-14　幅值计算

（7）读出波形每个周期在水平方向上所占的格数，乘以水平扫描旋钮的指示数值，得到校准信号的周期（周期的倒数为频率）（见图7-15）。图中，信号周期为两个大格，水平衰减旋钮指示数值在0.5ms位置，则可以得到信号的周期和频率：

$$T = 0.5\text{ms} \times 2\text{格} = 1\text{ms}$$

$$f = 1/T = 1\text{kHz}$$

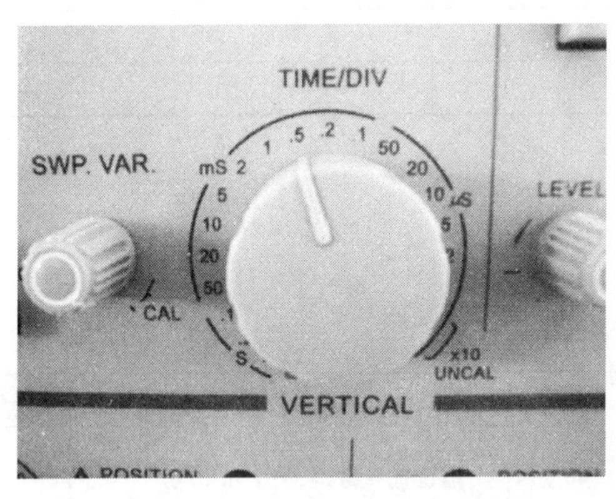

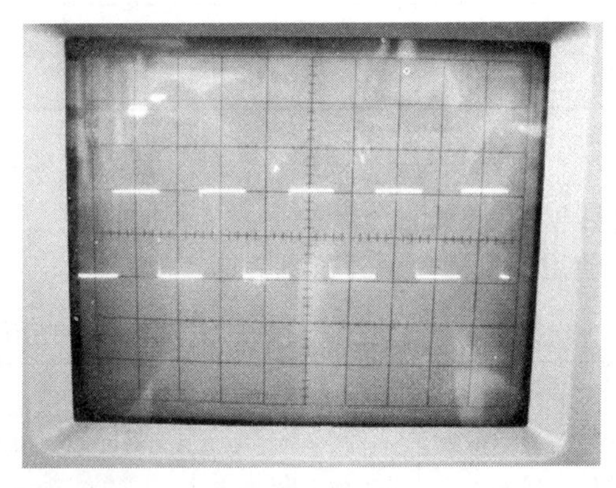

图7-15　频率计算

（8）校准信号用于校准示波器内部扫描振荡器频率，如果不正常，应调节示波器（内部）相应电位器，直至相符为止。

任务四　技能训练

1. 观察示波器的“标准信号”波形

将CH1或CH2测试线（红色夹子）接到示波器“CAL”输出端。改变触发源或调节触发电平数值，观察波形稳定情况。波形稳定后，用示波器测出该“标准信号”的峰-峰值与周期（折算成频率），并与给定的标准值进行比较。

测试值记录：　f = ________Hz　　　$U_{P\text{-}P}$ = ________V

2. 信号发生器输出电压幅值的测量

将信号发生器输出频率调为$f = 1\text{kHz}$，波形选择正弦波。由小到大调节输出幅值。（分别为20mV、500mV、5V），用示波器分别测量3个不同电压的峰峰值记入表7-2，由示波器测量结果计算出有效值，并与交流毫伏表的测量结果进行比较。

表7-2　测量信号发生器输出电压幅值记录

交流毫伏表读数	20mV	500mV	5V
示波器测量 $U_{P\text{-}P}$			
有效值计算结果			

3. 用示波器测量信号频率

将示波器接入信号发生器输出端，信号发生器输出调为$U_{P\text{-}P} = 4\text{V}$，波形选择方波，频率分别调为200Hz、1kHz、5kHz（由信号发生器频率计读出），用示波器测出该信号的频率，结果记入表7-3。

测试时，注意观察垂直耦合方式（DC/AC）的改变对波形的影响。

表 7-3　用示波器测量信号频率记录

信号发生器输出频率		200Hz	1kHz	5kHz
数据读取	“TIME/DIV”挡位			
	一个周期占有的格数			
	信号周期			
	计算所得频率			

【项目实训评价】

使用示波器项目评价见表 7-4。

表 7-4　使用示波器项目评价

项目	考核要求	配分	评分标准	得分
正确选择示波器的挡位	正确选择示波器各挡位开关，显示合适的波形	40 分	挡位选择错误，一个扣 10 分	
正确读取相关数据	根据选择的挡位开关，正确读取示波器显示屏上的波形数据	30 分	各数据读取过程中，错一处扣 2 分	
根据数据计算相关数值	根据读取的数据计算相关数值	20 分	计算有误的酌情扣除 5～20 分	
安全文明操作	工作台面整齐，遵守安全操作规程	10 分	不到之处扣 3～10 分	
合计		100 分		

【知识链接一】　垂直系统的输入选择

垂直系统的作用是调整波形垂直的位置和标度。通过控制 VOLTS/DIV（伏特/格），可以把信号的幅度调整到期望的测量范围内。垂直控制还能设置耦合方式和其他的信号条件。波形垂直的位置和标度的调节控制在使用方法中已经讲过，接下来介绍一下垂直系统输入的选择。

1. 垂直方式的选择

当只需观察一路信号时，将“MODE”开关置于“CH1”或“CH2”，此时被选中的通道有效，被测信号可从通道端口输入。当需要同时观察两路信号时，将“MODE”开关置“ALT”（交替），该方式使两个通道的信号交替显示，交替显示的频率受扫描周期控制。当扫描速度低于一定频率时，交替方式显示会出现闪烁，此时应将开关置“CHOP”（断续）位置。当需要观察两路信号代数和时，将“MODE”开关置于“ADD”位置，在选择这种方式时，两个通道的衰减设置必须一致。

2. 输入耦合的选择

直流（DC）耦合，用于观察包含直流成分的被测信号，或者频率很低的被测信号；交流（AC）耦合，信号中的直流分量被隔断，用于观察信号的交流分量；接地（GND），输入端接地（没有输入信号），用于确定光迹原点的位置。

【知识链接二】　触发源的选择

正确的触发方式直接影响到示波器的有效操作。为了在荧光屏上得到稳定、清晰的信号波形，掌握基本的触发功能及其操作方法是十分重要的。

要使屏幕上显示稳定的波形，则需将被测信号本身或者与被测信号有一定时间关系的触发信号加到触发电路。触发源的选择确定了触发信号由何处供给，通常有三种触发源：内触发（INT）、电源触发（LINE）、外触发（EXT）。

内触发使用被测信号作为触发信号，是经常使用的一种触发方式。由于触发信号本身是被测信号的一部分，在屏幕上可以显示出非常稳定的波形。双踪示波器中 CH1 或者 CH2 都可以被选作触发信号。

电源触发使用交流电源频率信号作为触发信号。这种方法在测量与交流电源频率有关的信号时是有效的，特别在测量音频电路、闸流管的低电平交流噪声时更为有效。

外触发使用外加信号作为触发信号，外加信号从外触发输入端输入。外触发信号与被测信号间应具有周期性的关系。由于被测信号没有用做触发信号，所以何时开始扫描与被测信号无关。

正确选择触发信号对波形显示的稳定、清晰有很大关系。例如，在数字电路的测量中，对于一个简单的周期信号而言，选择内触发可能好一些；而对于一个具有复杂周期的信号，且存在一个与它有周期关系的信号时，选用外触发可能更好。

【知识链接三】　水平系统的操作

示波器的水平系统与输入信号有更多的直接联系，采样速率和记录长度等需要在此设定。

1. 扫描速度的设定

扫描范围从 0.2μs/DIV ~ 0.5s/DIV 按 1-2-5 进位分 20 挡，微调提供至少 2.5 倍的连续调节，根据被测信号频率的高低选择合适挡级，配合微调旋钮可以得到需要的波形周期个数。在微调旋钮顺时针旋至校正位置时，可根据扫描周期和水平轴方向上波形的距离算出被测信号的周期。

2. 扫描扩展

当需要观察波形某一个细节时，可以按下扫描扩展（×10）按键，此时扫描速度提高，原波形在水平轴方向上被扩展 10 倍。

【复习与思考题】

7-1　简要说明示波器的使用要点。

7-2　简述使用示波器的基本步骤。

7-3　在图 7-14 中，如果“VOLTS/DIV”挡位置于 2V/DIV，屏幕上显示被测信号峰-峰之间的高度为 4 格，如图 7-16所示，计算该信号交流电压。

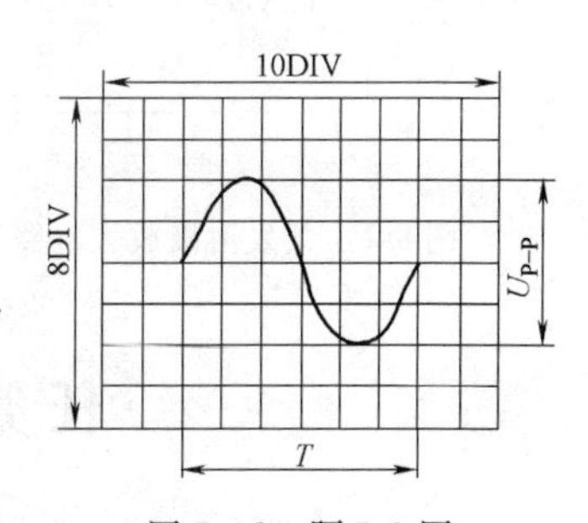

图 7-16　题 7-3 图

7-4　如图 7-16 所示，如果扫描时间“TIME/DIV”的挡位在 0.5ms/DIV，则该信号的周期和频率分别是多少？

项目八　测试基本放大电路

任务一　认 识 电 路

1. 电路工作原理

常见的基本放大电路就是共发射极放大电路，如图 8-1 所示。

(1) VT：晶体管，放大电流作用，是整个放大电路的核心元件。

(2) U_{CC}：整个放大电路正常工作的直流电源，通过电阻 R_B 向发射结提供正偏电压；通过电阻 R_C 向集电结提供反偏电压。

(3) R_B、RP：基极偏置电阻，由 R_B 决定基极直流电流 I_B，通过调节 RP 可调节基极电流 I_B 的大小（R_B 必须取适当的值，从而保证晶体管处于放大工作状态）。

(4) R_C：集电极负载电阻，将集电极电流 i_C 的变化转换成集射极间电压 u_{CE} 的变化。

(5) C_1 和 C_2：输入、输出耦合电容，起隔直流、耦合交流的作用。

(6) R_L：输出负载电阻，将输出电流转化为输出电压。

2. 电路实物

共发射极基本放大电路的实物如图 8-2 所示。

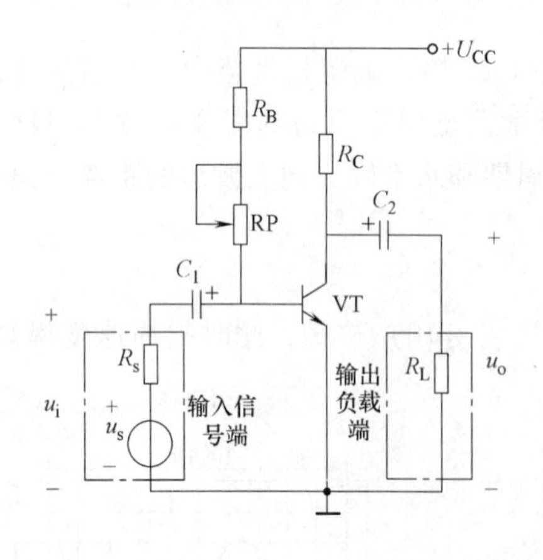

图 8-1　共发射极放大电路原理图

图 8-2　共发射极基本放大电路实物图

任务二　识别与检测元器件

对应表 8-1 识别该放大电路的元器件，并根据前面所学的知识用万用表检测，把检测结果填入表内。

表 8-1　元器件表

代号	名称	实物图	规格	检测结果
R_B	色环电阻器		47kΩ	
R_C	色环电阻器		2kΩ	
R_L	色环电阻器		1kΩ	
RP	电位器		2.2MΩ	
C_1	电解电容器		10μF	
C_2	电解电容器		10μF	
VT	晶体管		S9013	
U_{CC}	直流电源		6V	
	连接导线			
	面包板			

任务三　搭接与调试电路

1. 搭接电路

根据图 8-1（可以参照图 8-2）在面包板上搭接电路。以 S9013 晶体管为中心，在面包板上安排连线。

注意：电解电容器是有极性的，其正极应接直流高电位。

2. 调试电路

安装完后，对照原理图进行检查，确认连接无误才能通电测试。

任务四　电路测试与分析

调整放大电路的静态工作点：按照测试连接图 8-3 所示，放大电路输入端不输入信号，调节 RP，使晶体管的 $U_{CE}\approx 4V$，利用信号发生器调节出 $f=1kHz$、$U=20mV$ 的正弦信号，放大电路接通电源，将信号发生器输出的信号从放大电路输入端输入，调节电位器 RP，直到放大电路输出端输出完整放大的正弦信号，用示波器分别测试出此时放大电路输入/输出端的信号波形，用万用表测量出晶体管各引脚电位及 U_{CE}、U_{BE} 的值，并记录于测试表 8-2中。

表 8-2　测试记录表

U_B	U_C	U_E	U_{CE}	U_{BE}	输出波形	输入波形

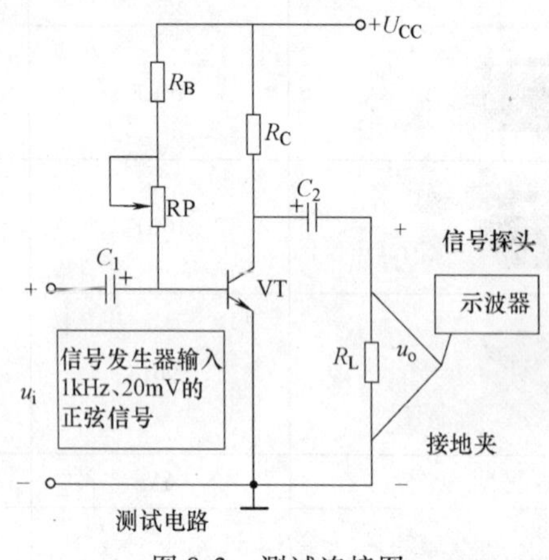

图 8-3　测试连接图

这时，放大电路处于正常放大工作状态，可在放大电路输出端用示波器测出完整并放大的正弦信号波形。

任务五　观察静态电流对失真的影响

放大电路输入端未加交流信号的工作状态称为直流状态，简称静态。静态时，当 U_{CC}、R_C、R_B确定后，I_B、I_C、U_{BE}和 U_{CE}也就定下来了。通过 I_B、I_C、U_{BE}和 U_{CE}四个数值可在晶体管输入/输出特性曲线上确定 Q 点，即放大电路的静态工作点，如图 8-4 所示。

放大电路输入端加载输入信号 u_i，如图 8-5 示，u_i通过基极产生基极电流 i_b，与静态基极电流 I_B叠加成 i_B，i_B的变化则引起集电极电流 i_C的变化，i_C通过集电极偏置电阻 R_C产生变化的 u_{CE}（晶体管发射极接地），最后通过电容器输出放大的交流信号 u_o。

减小 RP（减小基极偏置电阻），使基极电流 I_B增大到一定值，直到示波器显示出上半周期失真的正弦波信号波形，这时晶体管处于饱和失真工作状态，如图 8-6 所示。

增大 RP（增大基极偏置电阻），使基极电流 I_B减小到一定值，直到示波器显示出下半周期失真的正弦波信号波形，这时晶体管处于截止失真工作状态，如图 8-7 所示。

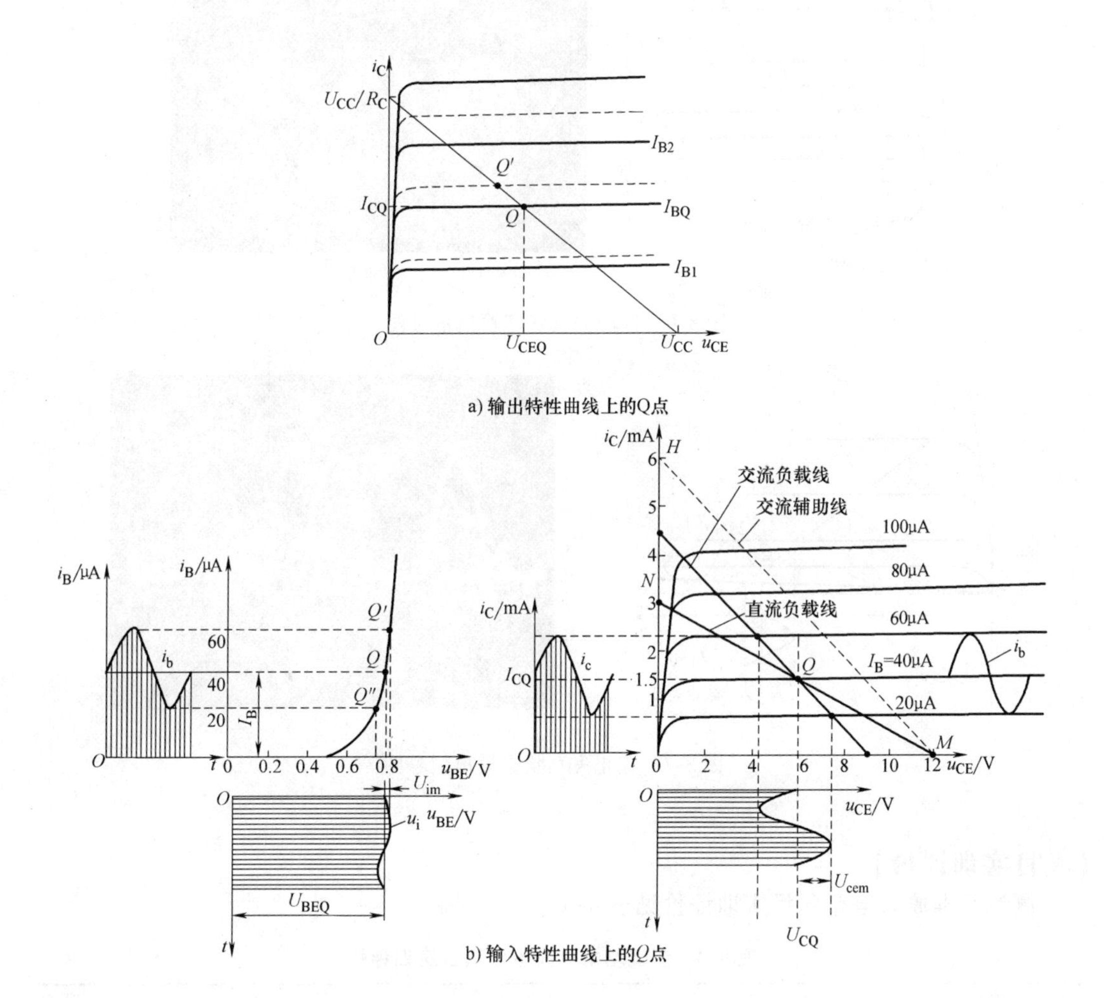

图 8-4　静态工作点（Q 点）

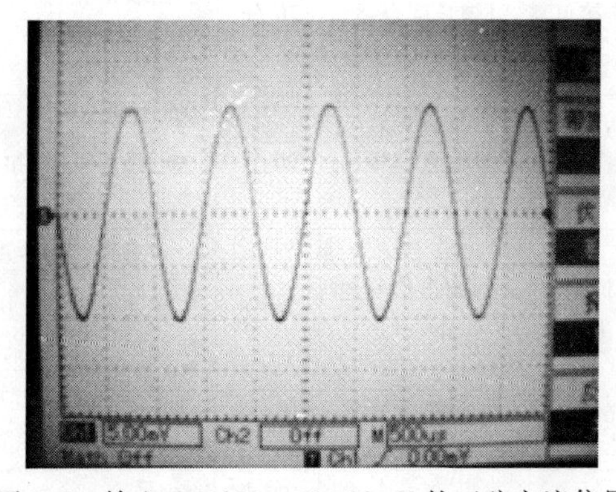

图 8-5　输入 $f=1\text{kHz}$、$U=20\text{mV}$ 的正弦交流信号

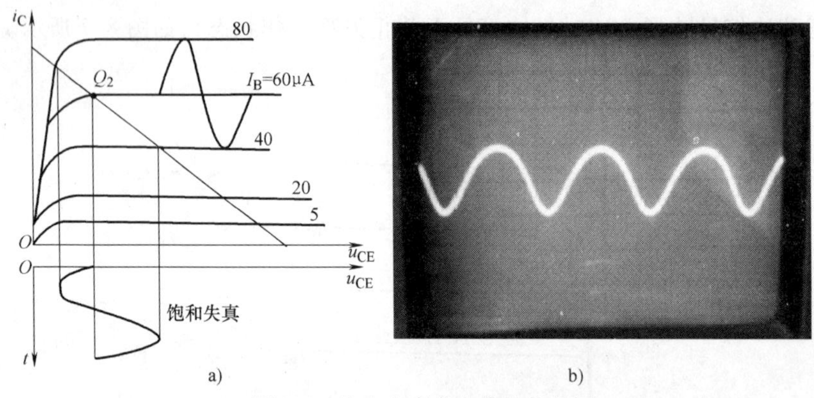

图 8-6　饱和失真状态输出信号图

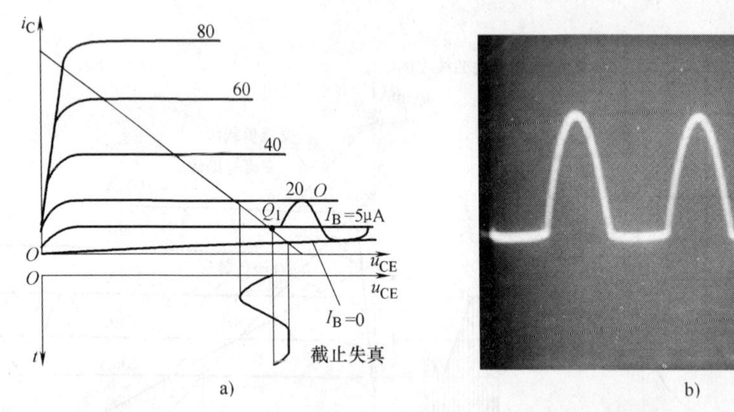

图 8-7　截止失真状态输出信号图

【项目实训评价】

测试基本放大电路项目实训评价见表 8-3。

表 8-3　测试基本放大电路项目实训评价

项目	考核要求	配分	评分标准	得分
元器件识别与检测	按要求对所有元器件进行识别与检测	20 分	元器件识别错一个扣 2 分,检测错一个扣 2 分	
元器件成型、插装、导线连接	元器件按工艺要求成型布局合理、插装连接可靠、引脚长度合适、标记方向一致,导线连接简洁清楚	20 分	元器件成型不合要求,每处扣 2 分 插装位置、极性错误,每处扣 2 分 排列不齐、标记方向乱、布局不合理扣 3 ~ 10 分	
实现正常放大	通电后,电路输出信号会得到一定的放大,并且会随着输入信号的改变而改变	20 分	电路不正确,扣 5 ~ 15 分	
观察失真	输入交流信号,分别调出信号饱和、截止、失真状态	30 分	不会通过调节电路得到三个状态,扣 5 ~ 15 分 不会使用示波器观察波形,扣 5 ~ 15分	
安全文明操作	工作台面整齐,遵守安全操作规程	10 分	不到之处扣 3 ~ 10 分	
合计		100 分		

【知识链接一】　静态工作点的估算

对于静态工作情况，可以利用电路中的已知参数，通过公式近似计算分析放大电路，估算放大电路的静态工作点、放大倍数、输入电阻及输出电阻等。

以下面的共发射极放大电路为例进行介绍，如图 8-8 所示。

1. 画直流通路

直流通路是指静态时放大电路直流电流通过的路径，由于电容器对直流电相当于开路，因此在画直流通路时，可直接去掉电容支路，如图 8-9 所示。

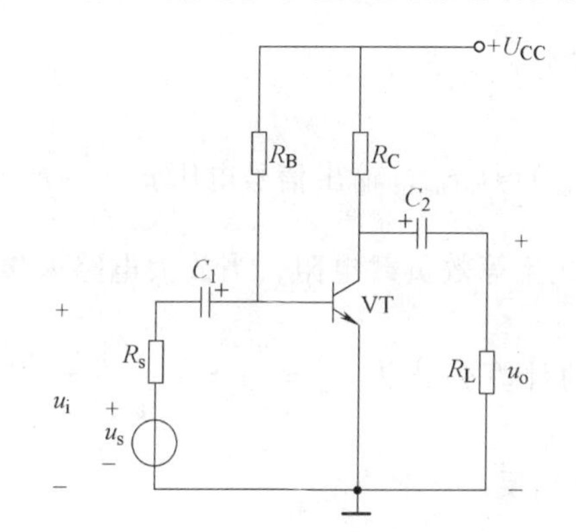

图 8-8　共发射极放大电路

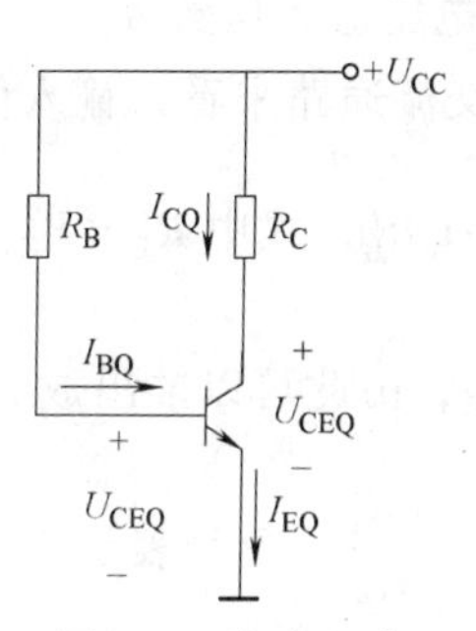

图 8-9　直流通路

2. 根据分析直流通路得出估算公式

估算公式如下：

$$I_{BQ}=\frac{U_{CC}-U_{BEQ}}{R_B}\approx\frac{U_{CC}}{R_B}\qquad(U_{CC}\gg U_{BEQ},\text{则忽略 }U_{BEQ})$$

由晶体管对电流的放大特性得

$$I_{CQ}=\beta I_{BQ}$$

$$U_{CEQ}=V_{CC}-I_{CQ}R_C$$

【知识链接二】　动态参数的估算

放大电路输入端加入交流信号的工作状态称为动态。据此可以画出放大电路这一状态的交流通路，并根据交流通路分析得出计算公式，估算出晶体管基极与发射极间输入电阻 r_{be}、放大电路输入电阻 R_i、放大电路输出电阻 R_o、电压放大倍数 A_u 等。

1. 画交流通路

交流通路是指输入交流信号时，放大电路交流信号流通的路径（由于阻抗小的电容及内阻较小的直流电源可看做交流短路，因此画交流通路时，大容量电容及直流电源可看做直流短路，直接用一条短线替代），如图 8-10 所示。

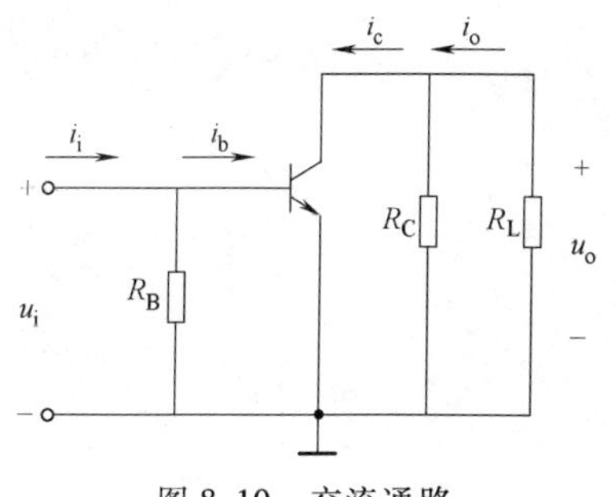

图 8-10　交流通路

2. 晶体管输入电阻 r_{be}

晶体管 E、B 极间的等效电阻，称为晶体管输入电

阻 r_{be}。对于在共发射极放大电路中的小功率晶体管，常用以下公式近似计算：

$$r_{be} \approx 300 + (1+\beta)\frac{26}{I_E}$$

3. 放大电路输入电阻 R_i

从交流通路中可看出，放大电路输入电阻 R_i 等效为 r_{be} 与 R_B 的并联，则有

$$R_i = r_{be} /\!/ R_B \approx r_{be} (\text{因为 } R_B \gg r_{be})$$

4. 放大电路输出电阻 R_o

将交流通路外接负载 R_L 断开，从放大电路输出端看进去的等效电阻为 R_C 与晶体管输出电阻 r_{ce} 并联，则有

$$R_o = R_C /\!/ r_{ce} \approx R_C (\text{因为 } r_{ce} \gg R_C)$$

5. 电压放大倍数 A_u

从交流通路来看，输入信号电压 $u_i = i_i(R_B /\!/ r_{be}) \approx i_b r_{be}$，输出信号电压 $u_o = -i_c\ (R_C /\!/ R_L) = -i_c R'_L$，式中 $R'_L = R_C /\!/ R_L = \frac{R_C R_L}{R_C + R_L}$，称为交流等效负载电阻，当放大电路未接 R_L 时 $R'_L = R_C$，由此可以推出放大电路电压放大倍数的计算公式为 $A_u = \frac{u_o}{u_i} = -\frac{i_c R'_L}{i_b r_{be}} = -\frac{\beta i_b R'_L}{i_b r_{be}}$，即 $A_u = -\frac{\beta R'_L}{r_{be}}$。负号表示输出信号与输入信号相位相反。

【复习与思考题】

8-1 什么是放大电路的静态工作点？为什么要设置静态工作点？

8-2 在放大电路中，静态工作点不稳定对放大电路的工作有何影响？

8-3 如图 8-1 所示，放大电路在工作时用示波器观察发现波形失真严重，当用直流电压表测量时，若测得 $U_{CE} \approx U_{CC}$，试分析管子工作在什么状态？怎样调节 R_B 才能使电路正常工作？若测得 $U_{CE} < U_{BE}$，这时管子又工作在什么状态？怎样调节 R_B 才能使电路正常工作？

8-4 简述静态电流 I_B、I_C 对输出波形有哪些影响？

8-5 如图 8-11 所示，$R_B = 510\text{k}\Omega$，$R_C = 5.1\text{k}\Omega$，$\beta = 50$，求 U_{CEQ}；若 $U_{CEQ} = 3\text{V}$，$I_{CQ} = 0.5\text{mA}$，求 R_B、R_C。

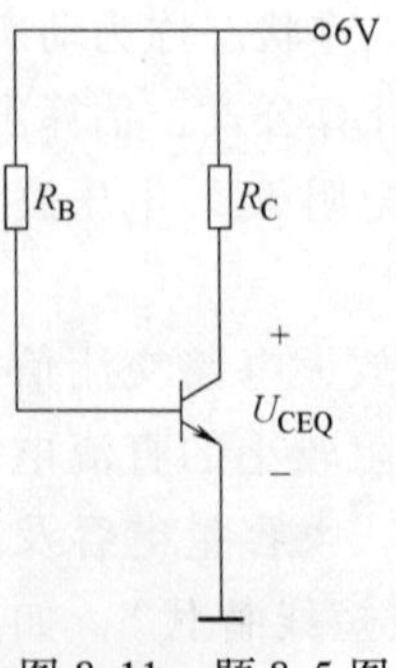

图 8-11 题 8-5 图

项目九　制作声控闪光灯

任务一　认 识 电 路

1. 电路工作原理

声控闪光灯电路原理图如图 9-1 所示。

静态时，VT 处于放大状态，集电极电位较低，不能使 LED 发光。R_1 给驻极体传声器 BM 提供偏置电流，有声响时，传声器拾取声波信号后转为相应的电信号，经电容器 C 送到 VT 的基极进行放大，其信号的负半周使 VT 的集电极电压上升，LED 发光。LED 能随着声音信号的强弱起伏而闪烁发光。

2. 实物图

按照图 9-1 搭建声控闪光灯电路，如图 9-2 所示。

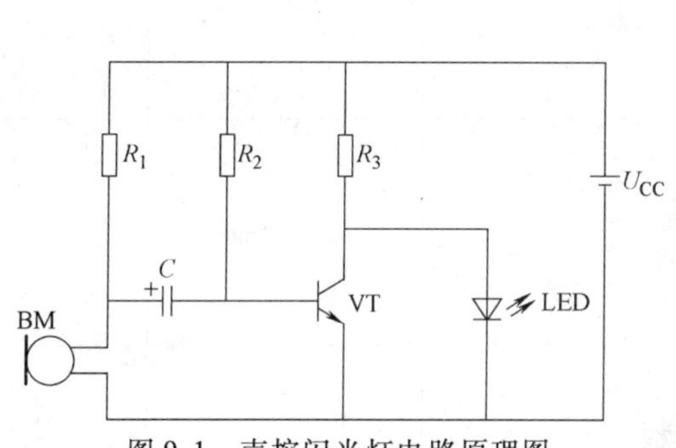

图 9-1　声控闪光灯电路原理图

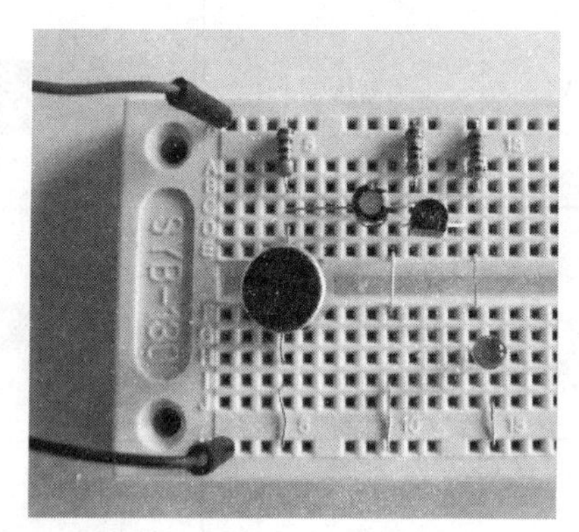

图 9-2　声控闪光灯电路实物

任务二　识别与检测元器件

识别并检测电路中的元器件。

（1）色环电阻器：识读电阻器的标称值，用万用表测量其实际阻值，将检测结果填入表 9-1。

（2）电解电容器：识别电解电容器的正、负极，并使用万用表检测，将检测结果填入表 9-1。

（3）发光二极管：识别发光二极管的正、负极，使用万用表检测，将检测结果填入表 9-1。

（4）晶体管：识别晶体管的类型及引脚排列，并使用万用表检测，将检测结果填入表 9-1。

（5）驻极体传声器：识别驻级体传声器的正、负极性，使用万用表测量其质量好坏，将检测结果填入表 9-1。

表 9-1　声控闪光灯电路元器件表

代号	名称	实物图	规格	检测结果
R_1	色环电阻器	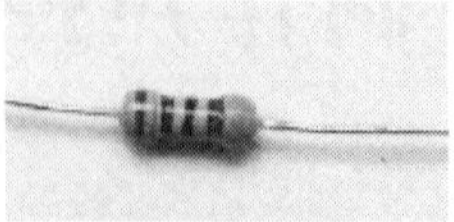	4.7kΩ	
R_2	色环电阻器	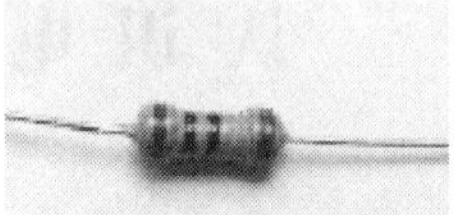	1MΩ	
R_3	色环电阻器	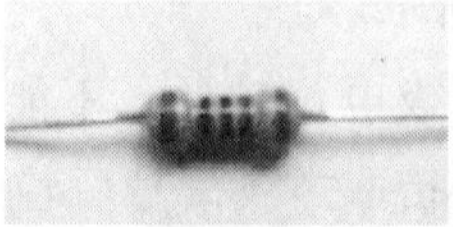	10kΩ	
C	电解电容器	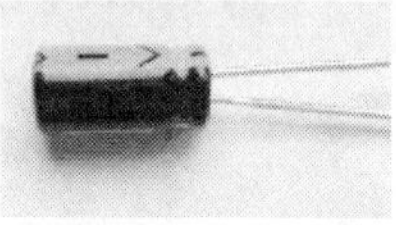	10μF/16V	
VT_1	晶体管	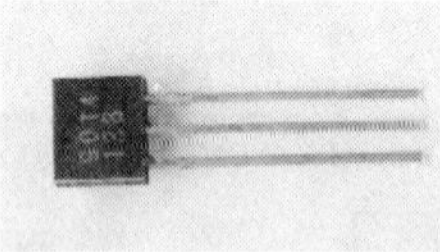	9014	
LED	发光二极管	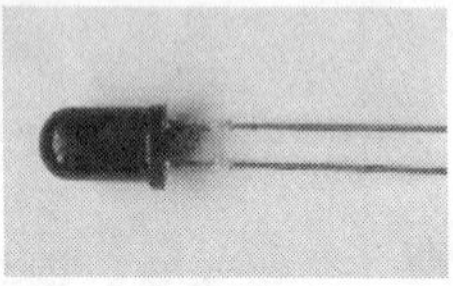	红色 ϕ5mm	
BM	驻极体传声器		MIC	
U_{CC}	直流电源		3V	

任务三　搭接与调试电路

1. 搭接电路

参考图 9-2 进行电路搭接，元器件的排列与布局以合理、美观为标准。在插装过程中，应注意驻极体传声器的正、负极性，同时要能正确识别晶体管的三个管脚。

2. 调试电路

安装完毕，就要开始对电路进行调试，调试过程可按图 9-3 所示流程进行。

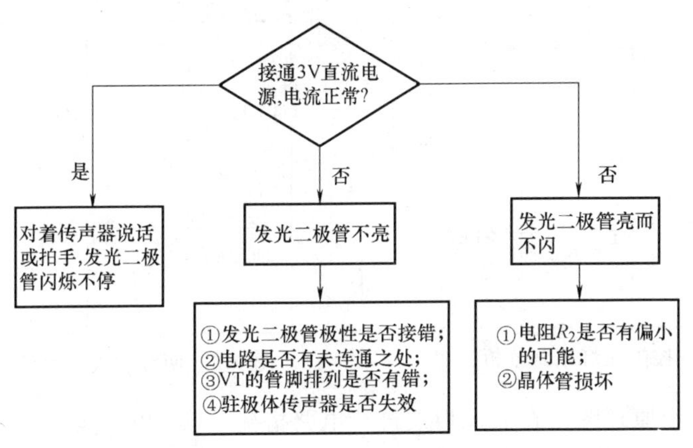

图 9-3　声控闪光灯电路调试流程

任务四　电路测试与分析

测试 1：驻极体传声器无信号输入时，测量晶体管 VT 的基极和集电极电位。

测试 2：给驻极体传声器送入声音信号，观察晶体管 VT 基极和集电极的电位变化情况并记录，将测试结果填入表 9-2。

表 9-2　声控闪光灯电路测量记录表

测试项目	U_B	U_C
驻极体传声器中无信号输入时		
给驻极体传声器送入声音信号时		

分析 1：在测试 1 中，驻极体传声器没有接收到声音时，电路中的 LED 不亮，为什么？

如图 9-4 所示，当驻极体传声器没有接收到声音时，就没有电信号输出，对晶体管的工作状态就没有影响。电路工作在静态，因为 R_3 的阻值比较大，此时晶体管处于接近饱和的放大状态，集电极-发射极间电压比较低，LED 因电压太低而不发光。

分析 2：通过测试 2，会发现给驻极体传声器送入信号时，LED 会发光，同时 LED 的亮度会随着声音的大小而改变，如何解释这个现象呢？

当对着驻极体传声器吹气或拍手时，传声器把声音转换为电信号输出，通过电容器 C 耦合到晶体管 VT 的基极，基极输入变化的音频信号经晶体管放大，在集电极得到变化的集电极电流，使集电极电压在原来的基础上上下波动，当波动的电压超过 LED 导通电压时，LED 被点亮。

分析 3：若想提高电路中发光二极管的亮度，对电路应做怎样的改进？

由于集电极电阻为 10kΩ，比较大，发光二极管点亮时电流很小，亮度比较暗。想要让发光二极管更亮一些，加一级放大电路即可实现。如图 9-5 所示，发光二极管接在 VT_2 的集电极，原来的 VT_1 集电极信号经过再次放大，就足够推动发光二极管，这样就可以达到提高发光二极管亮度的目的了。提高亮度的声控闪光灯电路如图 9-5 所示。

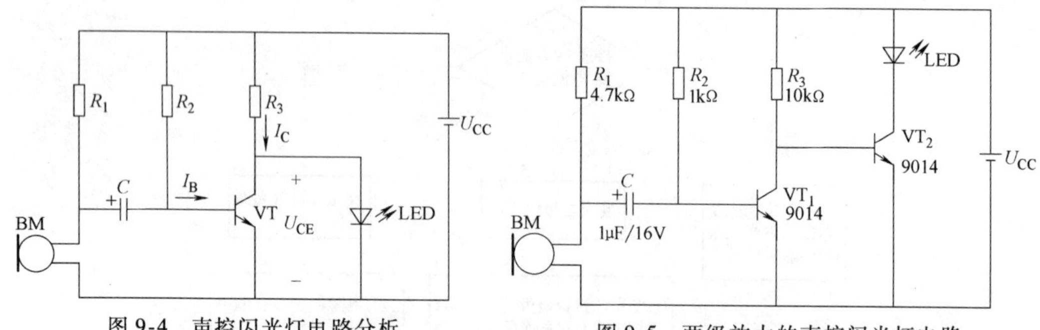

图 9-4　声控闪光灯电路分析　　图 9-5　两级放大的声控闪光灯电路

根据图 9-5 所示原理图，在面包板上进行电路搭建，实物电路如图 9-6 所示。

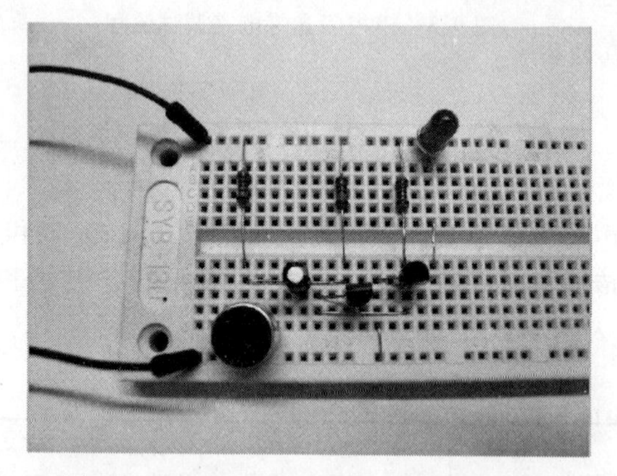

图 9-6　两级放大的声控闪光灯电路实物

【项目实训评价】

声控闪光灯项目实训评价见表 9-3。

表 9-3　声控闪光灯项目实训评价

项目	考核要求	配分	评分标准	得分
元器件识别与检测	按要求对所有元器件进行识别与检测	25 分	元器件识别错一个扣 2 分，检测错一个扣 2 分	
元器件成形、插装、导线连接	元器件按工艺要求成形，布局合理、插装连接可靠、引脚长度合适、标记方向一致，导线连接简洁清楚	25 分	元器件成形不合要求，每处扣 2 分 插装位置、极性错误每处扣 2 分 排列不齐、标记方向乱、布局不合理扣 3 ~ 10 分	
电路调试	通电后电路正常工作，传声器有鸣叫声	20 分	电路不正确，扣 5 ~ 15 分	
电路测试	用万用表测量电压	20 分	不会正确使用万用表测量电压，扣 5 ~ 20 分	
安全文明操作	工作台面整齐，遵守安全操作规程	10 分	不到之处扣 3 ~ 10 分	
合计		100 分		

【知识链接一】 传声器

1. 驻极体传声器

驻极体传声器是一种电声换能器，它可以将声能转换成电能。驻极体是一种永久性极化的电介质，利用这种材料制成的电容式传声器称为驻极体电容式传声器，俗称驻极体传声器。驻极体传声器具有体积小、结构简单、电声性能好及价格低的特点，广泛用于盒式录音机、无线传声器及声控等电路中，属于最常用的电容式传声器。由于输入和输出阻抗很高，所以要在这种传声器外壳内设置一个场效应晶体管作为阻抗转换器，为此，驻极体电容式传声器在工作时需要直流工作电压。图 9-7 为驻极体传声器的外形与符号。

a) 常见外形

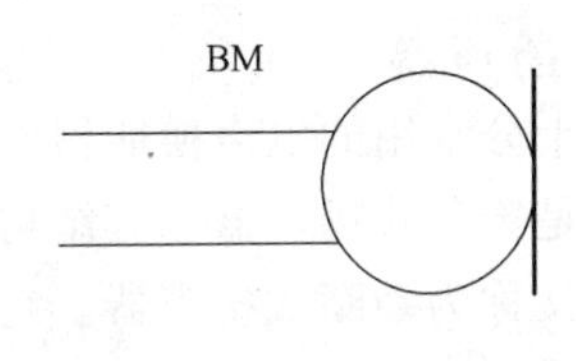

b) 符号

图 9-7　驻极体传声器的外形及符号

驻极体传声器的输出端有三个连接点（见图 9-8a）和两个连接点（见图 9-8b）两种形式。输出端为两个接点的，其外壳、驻极体和结型场效应晶体管的源极 S 相连为接地端，余下的一个接点则是漏极 D 输入端。输出端为三个接点的，漏极 D、源极 S 与接地电极分开呈三个接点，如图9-8所示。

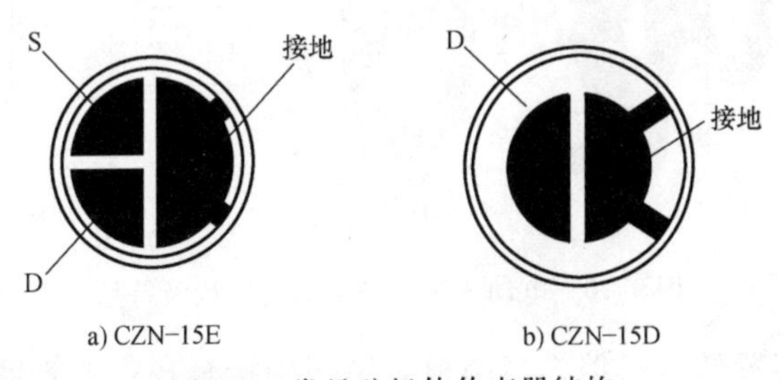

a) CZN−15E　　b) CZN−15D

图 9-8　常见驻极体传声器结构

将万用表拨至电阻挡，把黑表笔接在漏极 D 接点上，红表笔接在接地点上，并在用嘴吹传声器的同时观察万用表读数的变化情况。若读数无变化，则传声器失效；若读数跳动，则传声器工作正常，跳动幅度越大，说明传声器的灵敏度越高。

2. 动圈式传声器

动圈式传声器是把声音转变为电信号的装置。动圈式传声器是利用电磁感应现象制成的，由磁铁、音圈和振膜组成。当传声器接受声波时，作用在振膜上，引起振膜振动，带动音圈作相应振动，音圈在磁钢磁场中运动，产生电动势，声音信号转变成电信号。这样无需外加直流工作电压，使用简便、噪声小、音质比较好。图 9-9 为动圈式传声器的外形、结构与符号。

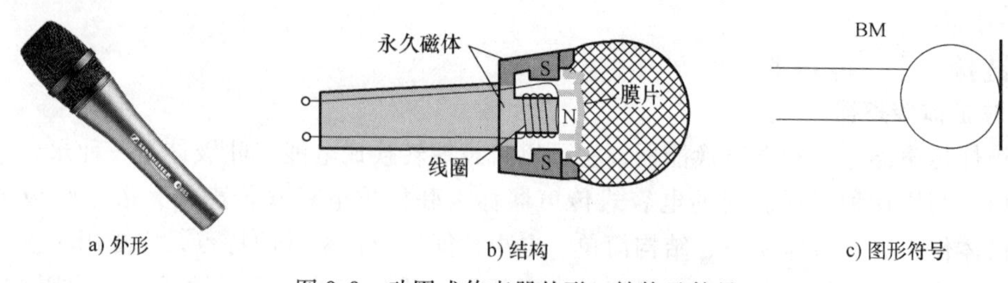

a) 外形　　b) 结构　　c) 图形符号

图 9-9　动圈式传声器外形、结构及符号

检测低阻抗传声器时，用万用表低阻挡；检测高阻抗传声器时，万用表用高阻挡。将两根表笔分别接触动圈式传声器的芯线与屏蔽线，听到发出的“咯咯”声则为正常的传声器。若万用表指示短路或者断路，或无声，则表明该动圈式传声器有故障。

【知识链接二】　扬声器

扬声器是一种十分常用的电声换能器件，在发声的电子电气设备中都能见到它。扬声器中比较常用的类型是锥盆式扬声器，其结构及符号如图 9-10 所示。

锥盆式扬声器又称为动圈式扬声器。它由三部分组成：①振动系统，包括锥形纸盆、音圈和定心支片等；②磁路系统，包括永久磁铁、导磁板和场心柱等；③辅助系统，包括盆架、接线板、压边和防尘盖等。当处于磁场中的音圈有音频电流通过时，就产生随音频电流变化的磁场，这一磁场和永久磁铁的磁场相互作用，使音圈沿着轴向振动。锥盆式扬声器的结构简单、低音丰满、音质柔和、频带宽，但效率较低。

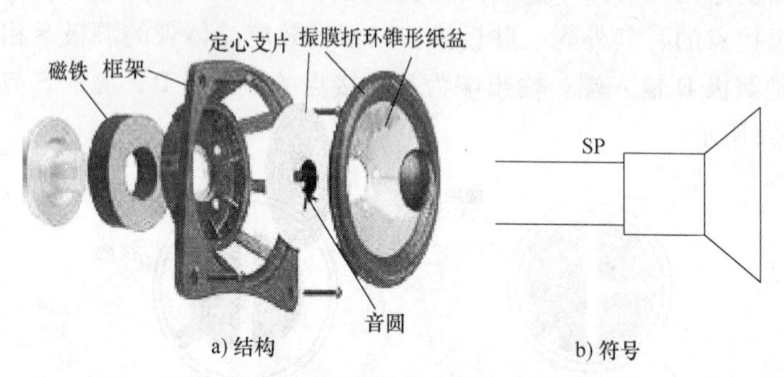

a) 结构　　b) 符号

图 9-10　电动式锥盆扬声器的结构及符号

检测时，将万用表置低电阻挡，当两根表笔分别接触扬声器音圈引出线的两个接线端时，能听到明显的“咯咯”声，表明音圈正常；声音越响，扬声器的灵敏度越高。若被测扬声器无声且万用表无显示值，则很有可能是扬声器音圈引出线开路或音圈已烧断。

【知识链接三】　压电陶瓷片、蜂鸣器

1. 压电陶瓷片

压电陶瓷片，又称为压电陶瓷式扬声器，常见的压电陶瓷片（见图 9-11）由锆铁酸铅或铌镁酸铅压电陶瓷材料制成。在陶瓷片的两面镀上银电极，经极化和老化处理后，再与黄铜片或不锈钢片粘在一起制成，圆形的铜片（不锈钢片）和陶瓷片上的银层组成了压电陶瓷片的两个电极。图 9-11 为压电陶瓷片的外形结构及电路符号。

压电陶瓷片是一种电子发声元件，其结构是在两片铜制圆形电极中间放入压电陶瓷介质

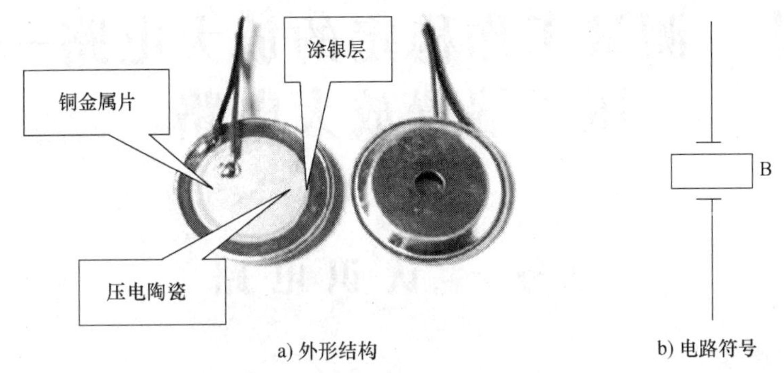

a) 外形结构　b) 电路符号

图 9-11　压电陶瓷片的外形结构及电路符号

材料。当在两片电极上面接通交流音频信号时，压电陶瓷片会根据信号的大小、频率发生振动而产生相应的声音。有的压电陶瓷片也可以发出超声波。

反过来，当压电陶瓷片受到力的作用时，在两电极之间就会产生电荷。将万用表置于直流电压的低压挡，然后两表笔分别接在压电陶瓷片的两极，轻轻敲击压电陶瓷片，万用表上的数值会发生变化，变化幅度越大，说明压电效应越好；如果无反应，则说明压电陶瓷片已损坏。

2. 蜂鸣器

蜂鸣器是一种一体化结构的电子讯响器，它只能发出单一的音频。蜂鸣器一般采用直流电压供电，广泛应用于电子产品中作发声器件，不论输入蜂鸣器的是交流电压还直流电压，只要达到蜂鸣器的额定电压，它就会发出声响。即使改变输入电压或频率，蜂鸣器也只能发出一个音频的声音。一般蜂鸣器发出声音主要是起到提示（警示）作用。蜂鸣器的外形及图形符号如图 9-12 所示。

蜂鸣器分为有源蜂鸣器和无源蜂鸣器，可以用万用表电阻挡测试：用黑表笔接蜂鸣器的“+”引脚，红表笔在另一引脚上来回碰触，发出“咔、咔”声且电阻只有 8Ω（或 16Ω）的是无源蜂鸣器；能发出持续声音且电阻在几百欧以上的，是有源蜂鸣器。

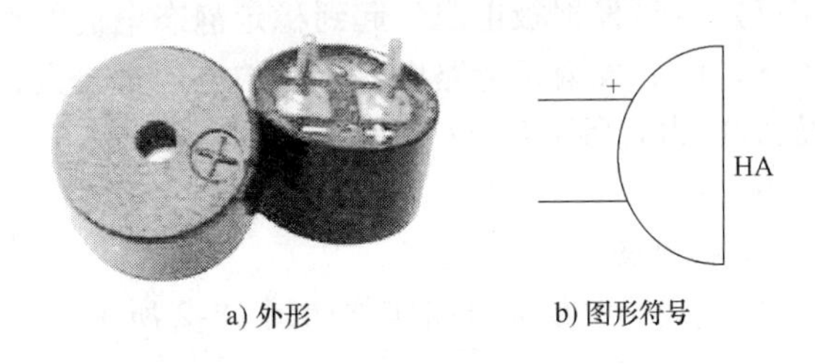

a) 外形　b) 图形符号

图 9-12　蜂鸣器的外形及图形符号

有源蜂鸣器直接接上额定电源（新的蜂鸣器在标签上都有注明）就可连续发声；而无源蜂鸣器则和电磁扬声器一样，需要接在音频输出电路中才能发声。

【复习与思考题】

9-1　简述声控闪光灯电路的工作原理。

9-2　说一说驻极体传声器性能检测的一般方法与步骤。

9-3　音频振荡电路中的振荡频率跟哪些参数有关？

9-4　驻极体传声器与动圈式传声器的主要区别有哪些？

9-5　如何判别蜂鸣器的好坏？

项目十　测试工作稳定的放大电路——分压式偏置放大电路

任务一　认 识 电 路

1. 电路工作原理

分压式偏置放大电路的工作原理如图 10-1 所示。

基本放大电路在温度变化时，放大器的工作电流会发生较大变化，工作不大稳定。分压式偏置放大电路受温度影响小，可以使放大电路静态工作点不受晶体管影响，更换晶体管后不用重新调整静态工作点。

分压式偏置放大电路中各元器件作用如下：

1）VT：晶体管，起电流放大作用。

2）U_{CC}：直流供电电源，为电路提供工作电压和电流。

3）R_{B1}、R_{B2}：R_{B1}为上偏置电阻，R_{B2}为下偏置电阻，电源电压通过 R_{B1}和 R_{B2}串联分压后向基极提供直流电流 I_B。

4）C_1：输入耦合电容，耦合输入交流信号 u_i，并起到隔直流电的作用。

5）C_2：输出耦合电容，耦合输出交流信号 u_o，并起到隔直流电的作用。

6）R_C：集电极负载电阻，电源 U_{CC}通过 R_C为集电极供电，另一个作用是将放大的电流 i_c转换为放大的电压输出。

7）R_E：发射极电阻，起到稳定静态电流的作用。

8）C_E：发射极旁路电容，它的电容量较大，对交流信号相当于短路。R_E接入后，电路的放大能力有所下降，C_E可以减少 R_E对交流信号放大能力的影响。

9）R_L：负载电阻。

2. 实物图

分压式偏置放大电路实物如图 10-2 所示。

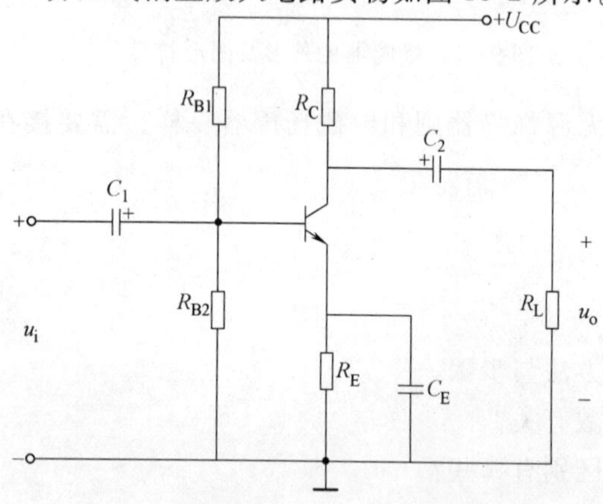

图 10-1　分压式偏置放大电路的工作原理

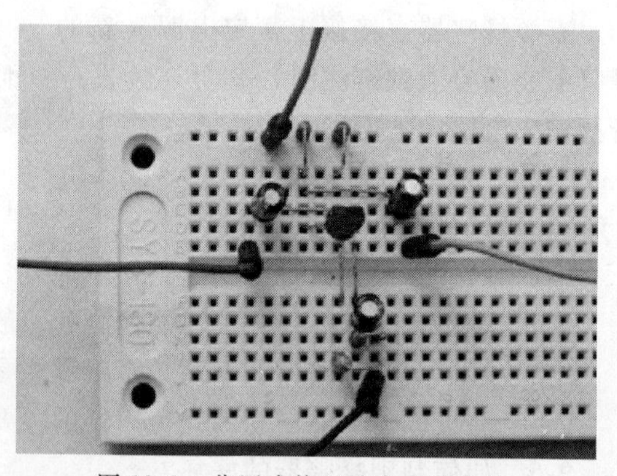

图 10-2　分压式偏置放大电路实物

任务二　识别与检测元器件

识别表10-1中的元器件，并用万用表检测，同时把检测结果填入表内。

表10-1　元器件表

代号	名称	实物图	规格	检测结果
R_{B1}	色环电阻器		39kΩ	
R_{B2}	色环电阻器		10kΩ	
R_C	色环电阻器		2kΩ	
R_L	色环电阻器		2kΩ	
R_E	色环电阻器	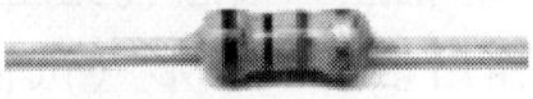	1kΩ	
C_1	电解电容器		10μF	
C_2	电解电容器		10μF	
C_E	电解电容器		47μF	
VT	晶体管		S9013	
	面包板	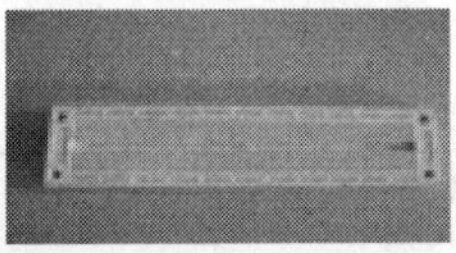	一块	
	连接导线		若干	
U_{CC}	直流电源		12V	

任务三　搭 接 电 路

根据图 10-1 在面包板上搭接电路。以 S9013 晶体管为中心安排连线，并检查连接后的电路。

任务四　电路测试与分析

测试 1：接通电路电源 U_{CC}，用万用表测量晶体管 VT 各极电位 V_B、V_C、V_E，并估算集电极电流 I_C的值，记录于表 10-2 中。

表 10-2　测试记录表

工作状态	V_B	V_C	V_E	U_{CE}	I_C	输入波形	输出波形
放大状态							

测试 2：输入信号看动态波形

用信号发生器调出 $f=1\text{kHz}$、$U=20\text{mV}$ 的正弦信号（见图 10-3），并将信号从放大电路输入端输入，用示波器分别观察输入与输出信号的波形（试估算其频率、周期和电压放大倍数），并记录于表 10-2 中。

测试 3：温度对放大电路的影响

（1）固定式偏置放大电路与分压式偏置放大电路受温度影响对比。按图 10-4 中所示元器件参数及原理图搭接固定式偏置放大电路，接通电源 U_{CC}，电路处于正常放大状态，用万用表测量晶体管的 U_{CEQ}，再用通电后的电烙铁靠近晶体管外壳（不要接触），很快发现 U_{CEQ}值明显减小，分别记录前、后两个 U_{CEQ}值。同样的方法，分别测得正常放大工作状态下分压偏置放大电路集电极和发射极之间电压 U_{CEQ}的值，和当电烙铁靠近晶体管外壳（不要接触）时的 U_{CEQ}值，并填入测试记录表 10-3。

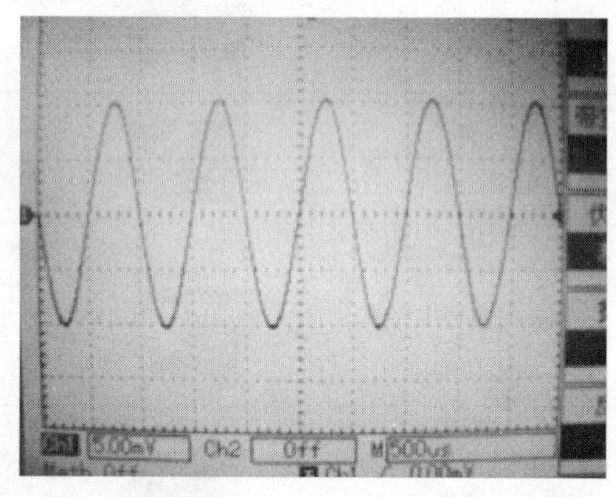

图 10-3　输入 $f=1\text{kHz}$、$U=20\text{mV}$ 的正弦信号波形

表 10-3　测试记录表

	固定式偏置放大电路	分压式偏置放大电路
正常工作时的 U_{CEQ}		
升温后的 U_{CEQ}		

（2）温度对输入 \ 输出信号波形的影响。在分压式偏置放大电路输入端加 $f=1\text{kHz}$、$U=20\text{mV}$ 的正弦信号，当电路处于正常放大状态时，用发热的电烙铁靠近晶体管（升温），如图 10-5 所示，并分别用示波器观察输出端信号波形的变化，如图 10-6 所示。

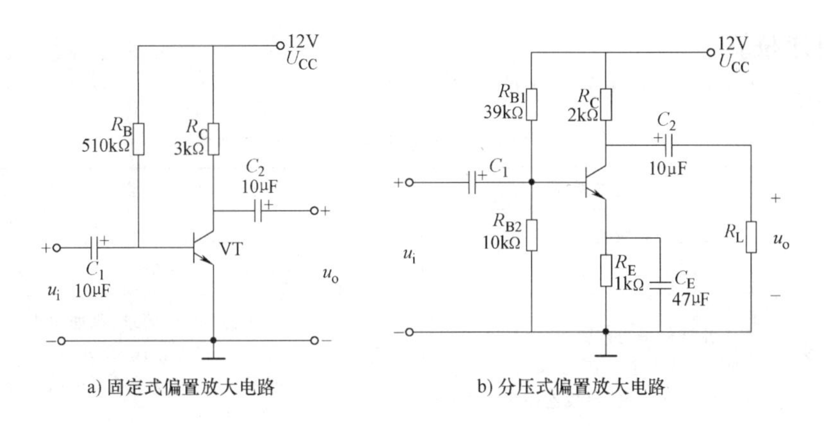

图 10-4　固定式偏置放大电路与分压式偏置放大电路

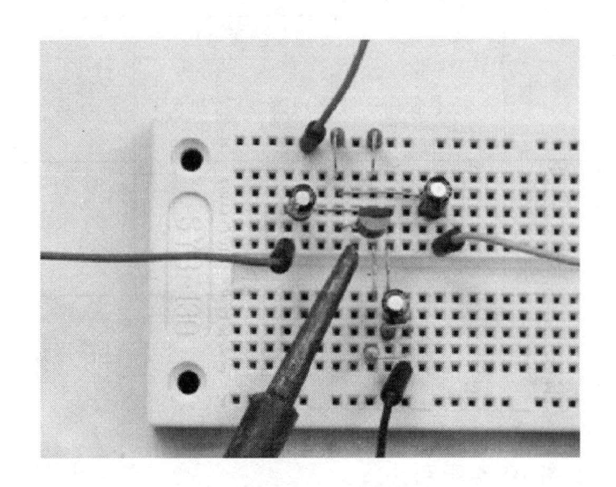

图 10-5　升温测试

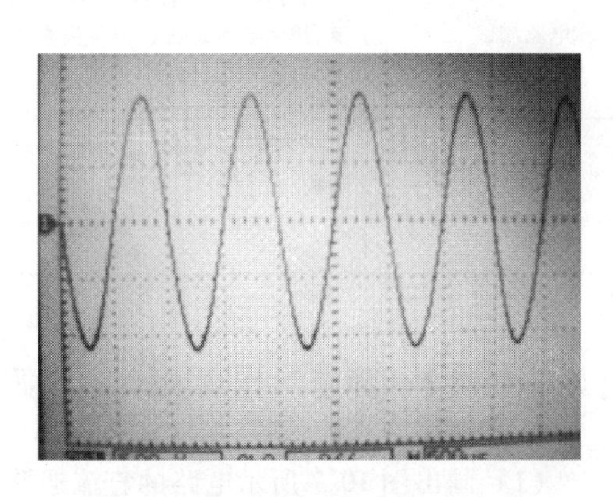

图 10-6　温度影响下的输出波形变化

分析：温度对分压式偏置放大电路有何影响？

当温度升高时，大多数晶体管放大倍数 β 会变大，导致在静态工作点的电流 I_C 值增大、晶体管波形变大、放大器放大性能发生变化，甚至造成静态工作点移动而不稳定，称之为温漂。移动后的静态工作点可能会使放大电路无法正常工作，导致输出电流 i_C 和电压 u_{CE} 出现失真。

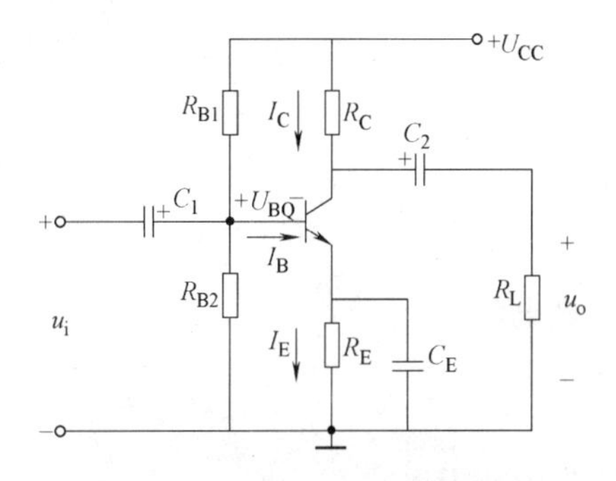

图 10-7　分压式偏置放大电路

分压式偏置放大电路能有效抑制温漂的作用。由图 10-7 可知，由于基极电位 V_B 可近似看成由 U_{CC} 经电阻分压后得到的，故可认为其不受温度变化的影响，基本上是稳定的，$U_{BEQ}=U_{BQ}-U_{EQ}$，当环境温度升高时，I_{EQ} 增大，发射极电位 U_{EQ}（$=I_{EQ}R_E$）升高，故 U_{BEQ} 减小，使 I_{BQ} 也减小，于是限制了 I_{CQ} 的增大，使 I_{CQ} 基本不变。上述稳定过程可示为

$$(\text{温度})T\uparrow\rightarrow I_{CQ}\uparrow\rightarrow I_{EQ}\uparrow\rightarrow V_{EQ}\uparrow\rightarrow U_{BEQ}\downarrow\rightarrow I_{BQ}\downarrow\rightarrow I_{CQ}\downarrow$$

【项目实训评价】

分压式偏置放大电路项目实训评价见表 10-4。

表 10-4 分压式偏置放大电路项目实训评价

项目	考核要求	配分	评分标准	得分
元器件识别与检测	按要求对所有元器件进行识别与检测	20 分	元器件识别错一个扣 2 分 检测错一个扣 2 分	
元器件成形、插装、导线连接	元器件按工艺要求成形，布局合理、插装连接可靠、引脚长度合适、标记方向一致，导线连接简洁清楚	20 分	元器件成形不合要求，每处扣 2 分 插装位置、极性错误，每处扣 2 分 排列不齐、标记方向乱、布局不合理，扣 3 ~ 10 分	
电路调试	通电后电路正常工作	20 分	电路不正确，扣 5 ~ 15 分	
电路测试	用万用表分别测出相应电压电流，用示波器观察并记录失真前后的波形	30 分	不会正确使用万用表测量电压，扣 5 ~ 15 分 不会使用示波器观察波形，扣 5 ~ 15 分	
安全文明操作	工作台面整齐，遵守安全操作规程	10 分	不到之处扣 3 ~ 10 分	
合计		100 分		

【知识链接】 静态工作点及动态参数的估算

1. 静态工作点的估算

（1）画出图 10-7 所示电路的直流通路，如图 10-8 所示。

（2）根据直流通路原理可知，R_{B1}、R_{B2} 对 U_{CC} 进行分压，得出以下公式：

$$U_{BQ}=U_{CC}\frac{R_{B2}}{R_{B1}+R_{B2}}$$

集电极电流为

$$I_{CQ}\approx I_{EQ}=\frac{U_{BQ}-U_{BEQ}}{R_E}$$

基极电流为

$$I_{BQ}=\frac{I_{CQ}}{\beta}$$

输出电压为

$$U_{CEQ}=U_{CC}-I_{CQ}(R_C+R_E)$$

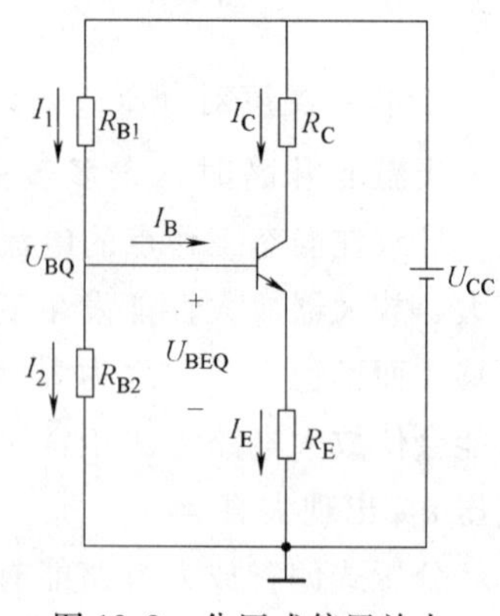

图 10-8 分压式偏置放大电路的直流通路

2. 动态参数的估算

（1）画出图 10-7 所示电路的交流通路，如图 10-9 所示。

（2）晶体管输入电阻 r_{be} 的估算。晶体管的 b 极与 e 极之间存在一个等效电阻，称为晶

体管的输入电阻 r_{be}。小功率晶体管在采用共发射极接法的电路中时，常用下式近似估算：

$$r_{be}=300\Omega+(1+\beta)\frac{26\text{mV}}{I_E}$$

一般放大电路的工作电流 I_E 近似为 1 ~ 2mA，代入上式，求出 r_{be} 约为 1kΩ。

（3）放大电路输入/输出电阻的估算。

1）放大电路输入电阻 r_i 的估算。由图 10-9 可知，放大器的输入电阻应为 R_{B1}、R_{B2} 与 r_{be} 的并联，即

$$r_i=R_{B1}\,/\!/\,R_{B2}\,/\!/\,r_{be}$$

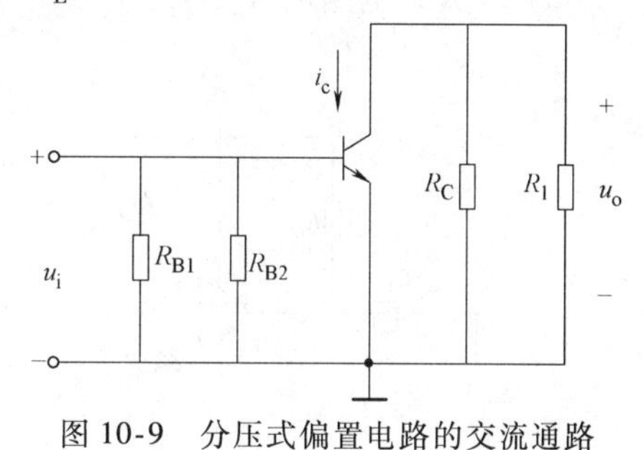

图 10-9　分压式偏置电路的交流通路

一般 $R_{B1}/\!/R_{B2}\geqslant r_{be}$，故上式可近似为

$$r_i\approx r_{be}$$

2）放大电路输出电阻 r_o 的估算。将交流通路的外接负载 R_L 断开，从放大器的输出端看进去的等效电阻为 R_C 与晶体管输出电阻 r_{ce} 并联，即

$$r_o=R_C\,/\!/\,r_{ce}\approx R_C\text{（因为 } r_{ce}\gg R_C\text{）}$$

（4）电压放大倍数的估算。由交流通路分析可得，

输入信号电压 u_i 为

$$u_i=i_i(R_{B1}\,/\!/\,R_{B2}\,/\!/\,r_{be})\approx i_b r_{be}$$

输出信号电压 u_o 为

$$u_o=-i_c(R_C/\!/R_L)=-i_c R'_L$$

式中，$R'_L=R_C\,/\!/\,R_L=\dfrac{R_C R_L}{R_C+R_L}$，称为交流等效负载电阻，当放大器未接 R_L（空载）时，$R'_L=R_C$。

由此可以推出电压放大倍数的计算公式为

$$A_u=\frac{u_o}{u_i}=-\frac{i_c R'_L}{i_b r_{be}}=-\frac{\beta i_b R'_L}{i_b r_{be}}$$

即

$$A_u=-\frac{\beta R'_L}{r_{be}}$$

上式中的负号是表示 u_i 与 u_o 相位相反。

【复习与思考题】

10-1　调整分压式偏置放大电路的静态工作点时，调节哪个元件的参数比较方便？电容 C_E 是否对静态工作点有影响？

10-2　在分压式偏置放大电路中，R_E 的作用是____________；C_E 的作用是____________；R_C 的主要作用有两个：一是________________，二是________________。

10-3　在分压式偏置放大电路中，输入电压信号 u_i 与输出电压信号 u_o 的________相同，________相反，幅度得到________。

10-4　请画出图 10-10 所示电路的交流通路和直流通路。

10-5　分压式偏置放大电路如图 10-10b 所示，$U_{CC}=10\text{V}$，$\beta=50$，$R_{B1}=24\text{k}\Omega$，$R_{B2}=$

13kΩ，$R_C = R_E = 2k\Omega$，试估算：

（1）放大电路的静态工作点；

（2）求放大电路的 A_u、r_i、r_o。

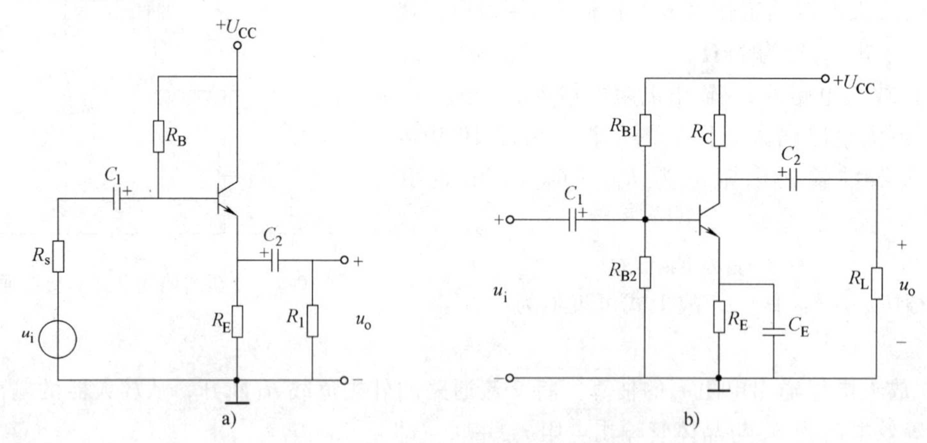

图 10-10　题 10-4 图

项目十一　制作“闪闪的红星”

任务一　认 识 电 路

1. 电路工作原理

“闪闪的红星”电路的工作原理如图 11-1 所示。

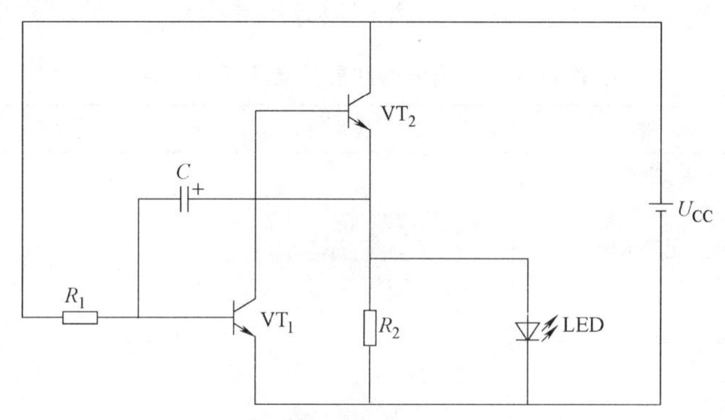

图 11-1　“闪闪的红星”电路的工作原理

电路由两级放大电路组成，当两级晶体管导通时，发光二极管 LED 被点亮；当两级晶体管截止时，发光二极管 LED 熄灭。晶体管不断导通、截止，如此循环往复，就会出现“红星”闪闪发光的现象。这种电路叫做正反馈振荡电路，是多谐振荡电路中比较简单的一种。

2. 实物图

根据图 11-1 搭建，“闪闪的红星”电路实物，如图 11-2 所示。

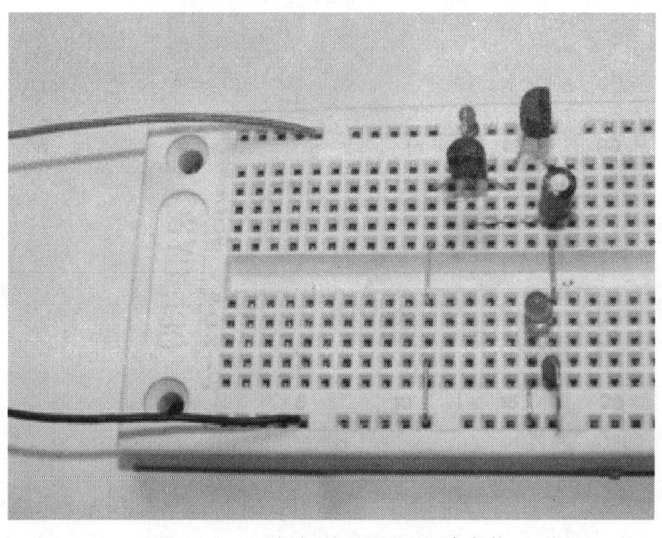

图 11-2　“闪闪的红星”电路实物

任务二　识别与检测元器件

识别并检测表 11-1 中的元器件。

1）色环电阻器：识读其标称阻值并用万用表测量其实际阻值，将检测结果填入表 11-1。

2）发光二极管：识别其正、负极性，并用万用表测量其正、反向电阻，将检测结果填入表 11-1。

3）电解电容器：识别判断其正、负极性，并用万用表检测其质量的好坏，将检测结果填入表 11-1。

4）晶体管：识别其类型及引脚排列，并使用万用表检测，将检测结果填入表 11-1。

表 11-1　“闪闪的红星”电路元器件表

代号	名称	实物图	规格	检测结果
R_1	色环电阻器		51kΩ	
R_2	色环电阻器		22Ω	
C	电解电容器		47μF/16V	
VT_1	晶体管		9014	
VT_2	晶体管		9015	
LED	发光二极管		红色 ϕ5mm	
U_{CC}	直流电源		3V	

任务三　搭接与调试电路

1. 搭接电路

根据图 11-1 在面包板上搭接电路，以晶体管为中心安排连线。

2. 调试电路

电路搭接好后，根据图 11-3 所示流程给电路通电，进行电路的调试（提示：为避免 LED 电流过大而受到损坏，可以几只并联）。

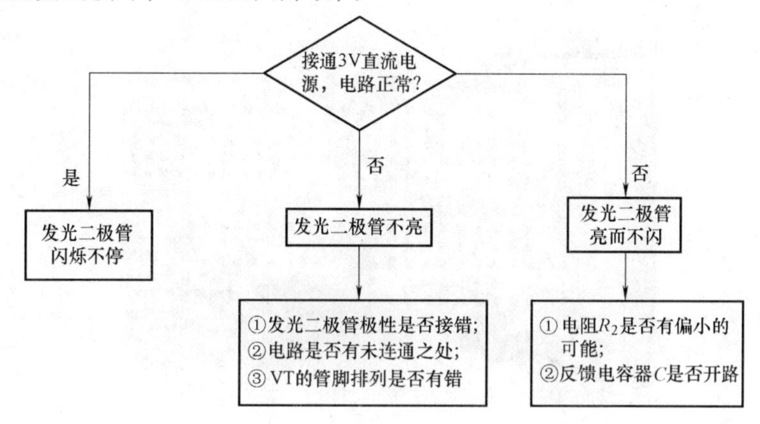

图 11-3　“闪闪的红星”电路调试流程

任务四　电路测试与分析

测试 1：用指针式万用表测量电路。正常工作时晶体管 VT_1、VT_2 的基极电位和集电极电位。将测试结果填入表 11-2。

表 11-2　“闪闪的红星”电路测试记录

测试项目	V_{B1}	V_{C1}	V_{B2}	V_{C2}
电路通电正常工作时				

测试 2：将电容器 C 的电容量分别换成 22μF、10μF、1μF、0.1μF、0.01μF，观察电路的效果有什么不同之处。

分析：电路工作正常时，发光二极管 LED 为什么会不停闪烁？闪烁频率与什么有关？

合上开关，接通电源，晶体管 VT_1、VT_2 导通，VT_2 集电极处高电位，LED 通电发光，同时电容器 C 充电。电容器充电过程中，电容器两端电压越来越高，迫使 VT_1 的基极电位下降，使 VT_1 截止，也使 VT_2 的基极电流减小致使 VT_2 截止的地步，LED 熄灭。

然后，聚集在电容器 C 正极的电荷通过电阻器 R_2 放电，电容器两端电压下降，使 VT_1 的基极电位逐步上升，基极电位恢复后 VT_1 又变成导通了，VT_2 也再次导通了，开始了又一次点亮 LED 的过程。如此往复不止，使“红星”闪闪发光。改变反馈电容器 C 的电容量，改变了电容器充、放电的时间，即改变了发光二极管的闪烁频率。

这种电路是两级放大电路中引入正反馈形成的振荡电路。

任务五　拓展电路功能

将电路中的电阻器 R_2 用一个无源蜂鸣器代替，接通电源，这时，观察电路的效果，LED 闪烁，同时，蜂鸣器随着发光二极管的闪烁发出"咯咯"的声响，就像为发光二极管伴奏一样。会发声的"闪闪的红星"电路实物如图 11-4 所示。

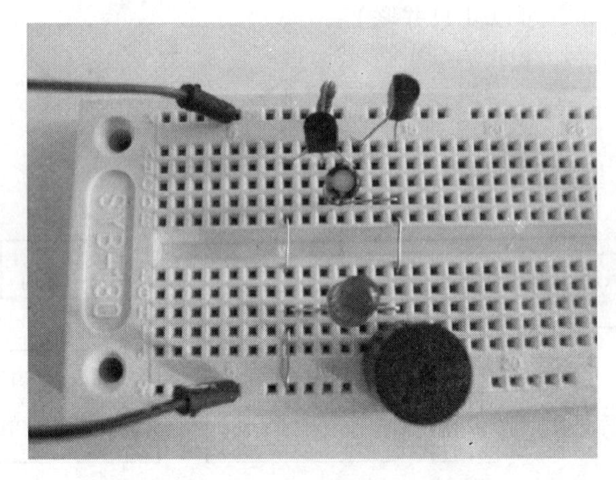

图 11-4　会发声的"闪闪的红星"电路实物

【项目实训评价】

"闪闪的红星"电路项目实训评价见表 11-3。

表 11-3　"闪闪的红星"电路项目实训评价

项目	考核要求	配分	评分标准	得分
元器件识别与检测	按要求对所有元器件进行识别与检测	20 分	元器件识别错一个扣 2 分，检测错一个扣 2 分	
元器件成形、插装、导线连接	元器件按工艺要求成形，布局合理、插装连接可靠、引脚长度合适、标记方向一致，导线连接简洁清楚	20 分	成形不合要求，每处扣 2 分 插装位置、极性错误，每处扣 2 分 排列不齐、标记方向乱、布局不合理，扣 3 ~ 10 分	
电路调试	通电后电路正常工作，发光二极管闪烁	20 分	电路不正确，扣 5 ~ 15 分	
电路测试	用万用表测量电压	15 分	不会正确使用万用表测量电压，扣 5 ~ 15 分	
电路拓展	会对电路进行改进，并且调试正确	15 分	电路改进未成功，扣 5 ~ 15 分	
安全文明操作	工作台面整齐，遵守安全操作规程	10 分	不到之处扣 3 ~ 10 分	
合计		100 分		

【知识链接】　正反馈与负反馈

1. 反馈的概念

反馈是将放大电路信号输出量的一部分或全部按一定方式送回到输入端，与输入信号量叠加的过程。带有反馈的放大电路称为反馈放大电路。反馈的必要条件是要有反馈电路，将信号输出量送回输入端。反馈电路是连接输出回路与输入回路的支路，一般由电阻器、电容器等元件组成。

反馈放大电路的一般形式可用图 11-5 表示。

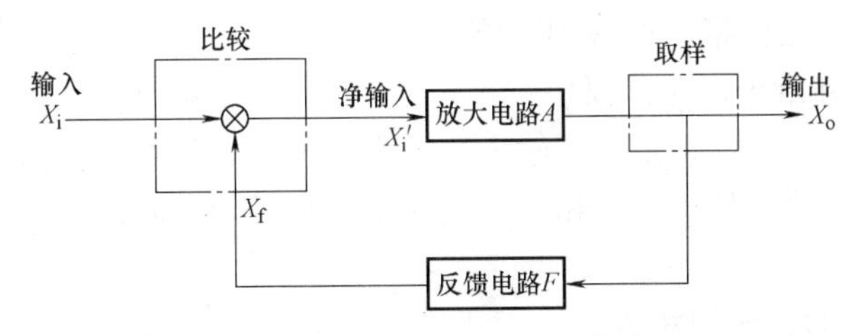

图 11-5　反馈放大电路框图

在图 11-5 中，X_i 表示输入信号，X_o 表示输出信号，A 是放大电路的放大倍数，F 是反馈电路的反馈系数，X_f 是反馈信号，X_i'是输入信号与反馈信号比较后得到的净输入信号。所谓比较，就是将反馈信号 X_f 与输入信号 X_i 相加或相减，使输入信号加强或减弱，从而得到净输入信号。

由图 11-5 可见，当放大电路引入反馈后，反馈电路、放大电路就构成一个闭环系统，使放大电路的净输入量 X_i'不仅受输入信号 X_i 的控制，而且受放大电路输出信号 X_o 的影响。

2. 反馈的判别

在反馈放大电路中，当反馈信号与输入信号极性相同，使净输入信号加强时的反馈称为正反馈，正反馈多用于振荡电路和脉冲电路。当反馈信号与输入信号极性相反，使净输入信号削弱时的反馈称为负反馈，负反馈多用于改善放大电路的性能。正、负反馈示意图如图 11-6 所示。

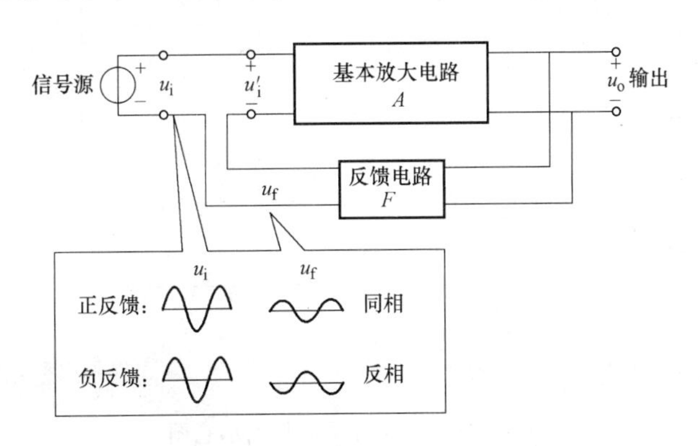

图 11-6　正、负反馈示意图

3. 负反馈对放大电路性能的影响

（1）负反馈对放大倍数的影响：负反馈可以降低放大电路的放大倍数。但由于负反馈有削弱输入信号的作用，所以可稳定输出量，也稳定了放大倍数。

（2）负反馈对输入电阻的影响：负反馈对输入电阻的影响取决于反馈网络在输入端的连接方式，而与输出端的连接方式无关。串联负反馈可使放大电路的输入电阻增大；并联负反馈可使输入电阻减小。

（3）负反馈对输出电阻的影响：负反馈对输出电阻的影响取决于反馈网络在输出端的取样方式。电压负反馈可使放大电路的输出电阻减小；电流负反馈可使输出电阻增大。

（4）负反馈使放大电路的非线性失真减小：放大电路中虽然设置了静态工作点，但由于晶体管的非线性，往往会造成输出电压的非线性失真。引入负反馈后能够有针对性地改善这种失真。

（5）负反馈能展宽通频带，改善频率响应。

4. 用瞬时极性法判断正、负反馈

在反馈放大电路中，当反馈信号与输入信号极性相同，使净输入信号加强时的反馈称为正反馈；当反馈信号与输入信号极性相反，使净输入信号削弱时的反馈称为负反馈。具体判别方法如下：

1）先假定输入信号的瞬时极性。

2）由放大电路的基本特性可知，放大电路中晶体管基极与发射极的瞬时极性相同，基极与集电极的瞬时极性相反。根据这一关系可以确定输出信号和反馈信号的瞬时极性。

3）最后，根据反馈信号与输入信号的连接情况，确定反馈极性。如图 11-7a 所示，先假定输入信号 u_i 加至晶体管的基极瞬时极性为“+”，若反馈信号返回晶体管基极为“+”，则为正反馈；反之，反馈信号返回晶体管的基极为“-”，则为负反馈。若反馈信号返回晶体管的发射极为“+”，从图 11-7b 可见，它在输入回路中与 u_i 反相，故为负反馈。反之，反馈信号返回晶体管的发射极为“-”则为正反馈。

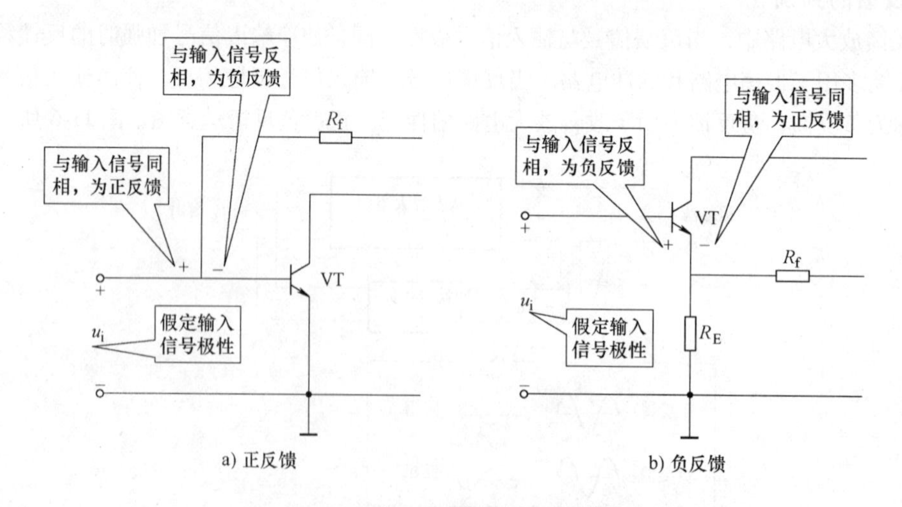

图 11-7　正、负反馈判别示意图

【例 11-1】 电路如图 11-8 所示，判断反馈的极性。

解： 用瞬时极性法，假设输入信号 u_i 的瞬时极性为“+”，则 u_{b1} 为“+”，经 VT_1 倒相放大后 u_{c1}（u_{b2}）为“-”，则 u_{e2} 也为“-”，u_{e2} 通过 R_f 削弱 u_{b1}（即削弱 u_i），所以电路为负反馈。

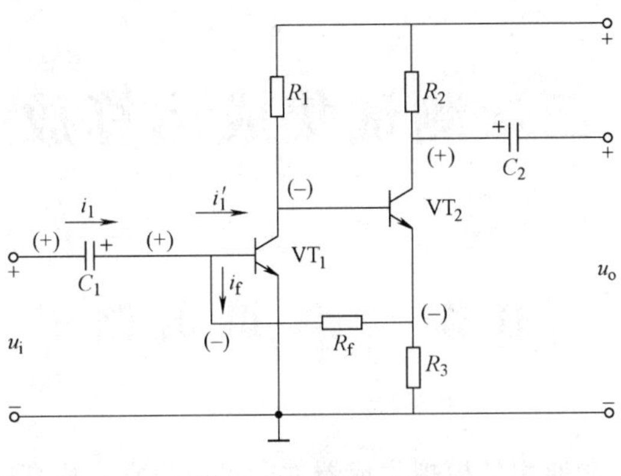

图 11-8　例 11-1 图

【复习与思考题】

11-1　“闪闪的红星”电路是如何工作的?

11-2　在“闪闪的红星”电路中，电容 C 的大小对电路有什么影响?

11-3　什么是反馈? 反馈放大电路的一般形式是什么?

11-4　如何区分正、负反馈?

11-5　负反馈对放大电路有什么影响?

项目十二　测试集成运算放大电路

任务一　认 识 电 路

1. 电路工作原理

集成运算放大器是一种通用的模拟集成器件，可以把它看成高电压放大倍数的差分放大器。图 12-1 为反相比例运算放大电路工作原理。

反相比例运算放大电路输入信号，通过电阻 R_1 从反相输入端输入，输出端与反相输入端之间接有反馈电阻 R_f，在同相输入端有平衡电阻 R_2 接地，$R_2 = R_1//R_f$，输入信号放大 R_f/R_1 倍以后从输出端输出，输出信号与输入信号反相，即$U_O = -(R_f/R_1)U_i$。

2. 实物图

根据图 12-1 搭建电路实物，图 12-2 为反相比例运算放大电路实物。

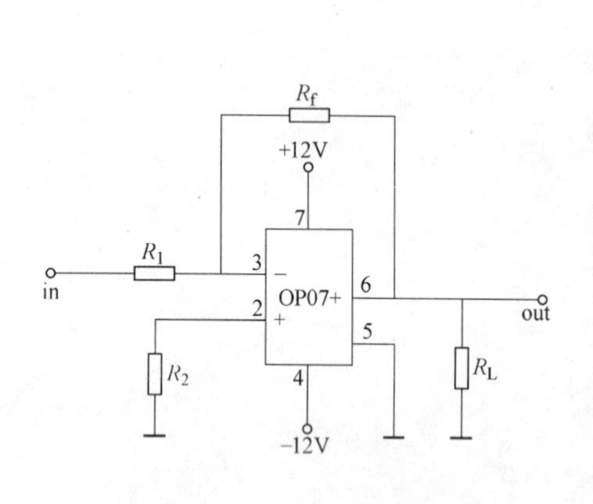

图 12-1　反相比例运算放大电路工作原理

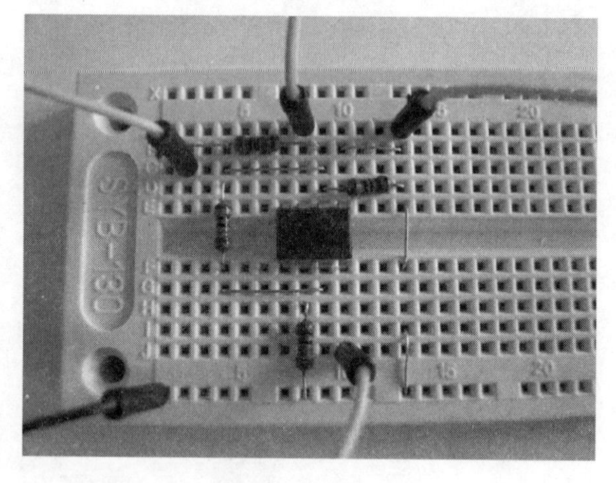

图 12-2　反相比例运算放大电路实物

任务二　识别与检测元器件

识别并检测表 12-1 中的元器件。

1）色环电阻器：识读电阻器的标称值，用万用表测量其实际阻值，将检测结果填入表 12-1。

2）直流电源：测量输出电压是否正常，将检测结果填入表 12-1。

表 12-1　反相比例运算放大电路元器件表

代号	名称	实物图	规格	检测结果
R_1	色环电阻器		10kΩ	
R_2	色环电阻器		10kΩ	
R_f	色环电阻器		100kΩ	
R_L	色环电阻器		5.1kΩ	
IC	集成电路		OP07	
U_{CC}	直流电源		±12V	

任务三　搭接与调试电路

1. 搭接电路

按照图 12-3 所示的流程对电路进行搭接。

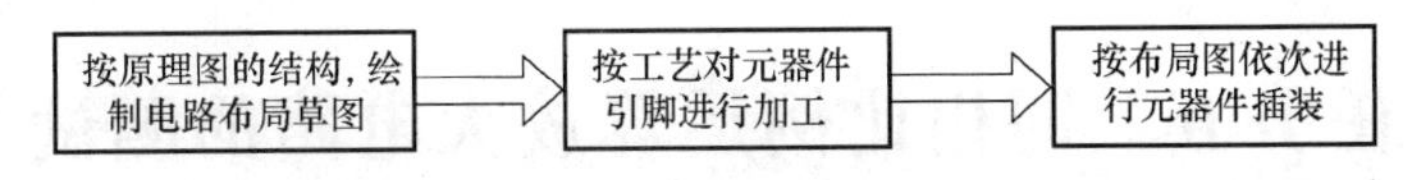

图 12-3　反相比例运算放大电路制作流程

2. 调试电路

如安装无误，则可接通 ±12V 电源，进行电路调试。

在反相输入端加入一定大小的交流信号，通过示波器观察输出端是否有放大的信号，若有放大的输出信号，说明电路工作正常。

任务四　电路测试与分析

在反相输入端加入交流电压信号 u_i（依次为 100mV、500mV），用示波器依次观察每次对应的输出电压 u_o，并记录在表 12-2 中，并与应用公式计算的结果进行比较。图 12-4 为反相比例运算放大电路的输出波形。

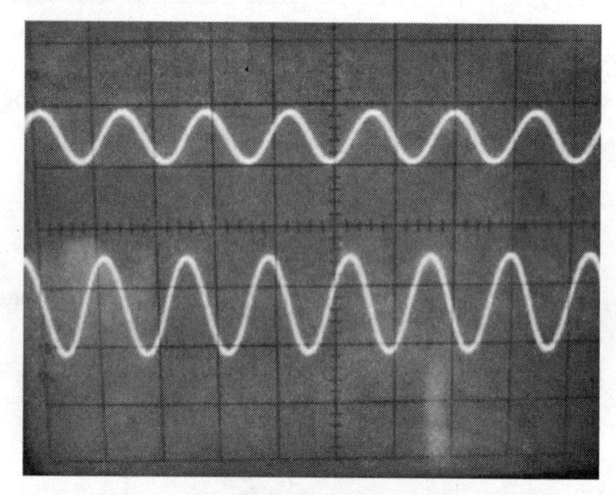

图 12-4　反相比例运算放大电路的输出波形

表 12-2　反相比例运算放大电路测量记录

输入交流信号		100mV	500mV
输出交流信号	计算值		
	实测值		
	误差		

分析 1：在反相比例运算放大电路中，反相输入端电阻的阻值如何选择？

$R_2 = R_1 /\!/ R_f$，若 $R_1 = 10k\Omega$、$R_f = 100k\Omega$，则 $R_2 = R_1 /\!/ R_f = 9.1k\Omega$（用 10kΩ 代替亦可）。

分析 2：集成运算放大器是什么样的放大器？

集成运算放大器内部主要由输入级、中间级、输出级及辅助电源组成，其中输入级采用差分输入，中间级采用电压放大，输出级采用互补对称式功率放大，其级与级之间采用直接耦合的方式。因此，它是一种高电压放大倍数的多级直接耦合集成放大电路。

任务五　同相比例运算放大电路的测试

1. 电路工作原理

图 12-5 为同相比例运算放大电路的工作原理。

同相比例运算放大电路的输入信号从反相输入端输入，经过电阻 R_2 接到同相输入端，输出端与反相输入端接有反馈电阻 R_f，在反相输入端与地之间接有平衡电阻 R_1，$R_2 = R_1 /\!/ R_f$，输入信号放大 $1 + R_f/R_1$ 倍以后从输出端输出，且输出信号与输入信号同相，即 $U_o =$

$(1+R_f/R_1)U_i$。

2. 实物图

图 12-6 为同相比例运算放大电路实物

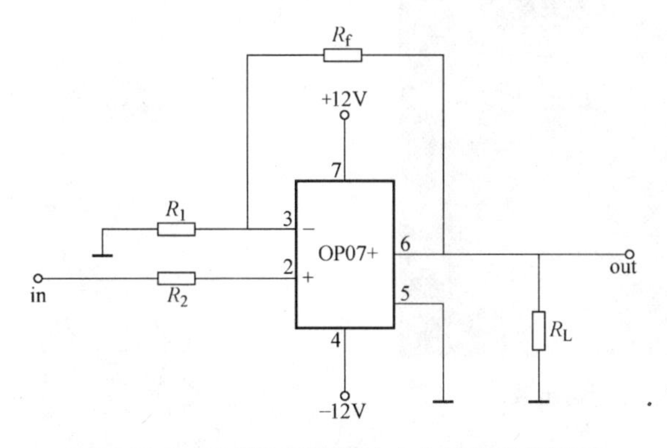

图 12-5　同相比例运算放大电路的工作原理

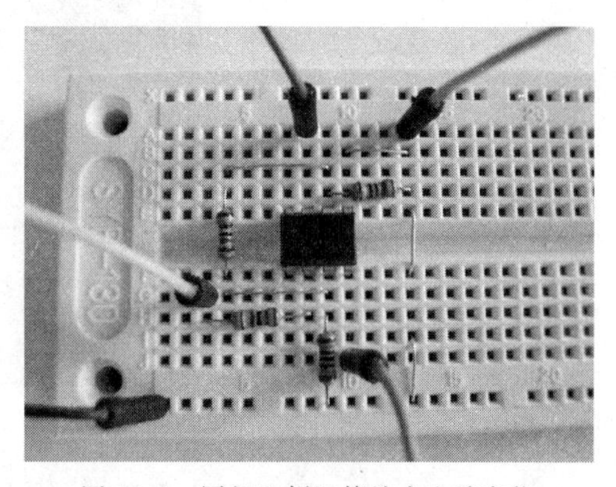

图 12-6　同相比例运算放大电路实物

3. 电路元器件的识别与检测

识别与检测表 12-3 中的直流电阻器及电源，同时把检测结果填入表内。

表 12-3　同相比例运算放大电路元器件

代号	名称	实物图	规格	检测结果
R_1	色环电阻器	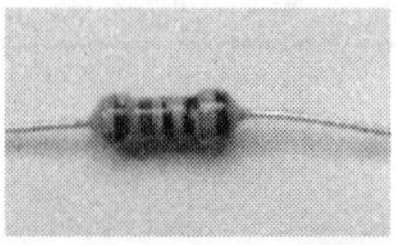	10kΩ	
R_2	色环电阻器	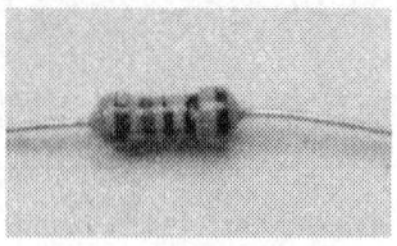	10kΩ	
R_f	色环电阻器	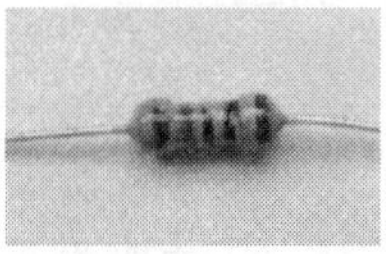	100kΩ	
R_L	色环电阻器	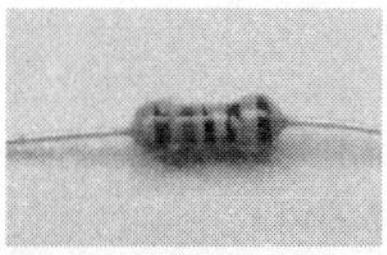	5.1kΩ	
IC	集成电路		OP07	
U_{CC}	直流电源		±12V	

4. 电路的制作与测试

按图 12-6 对电路进行搭建，完成后电路输出波形如图 12-7 所示。

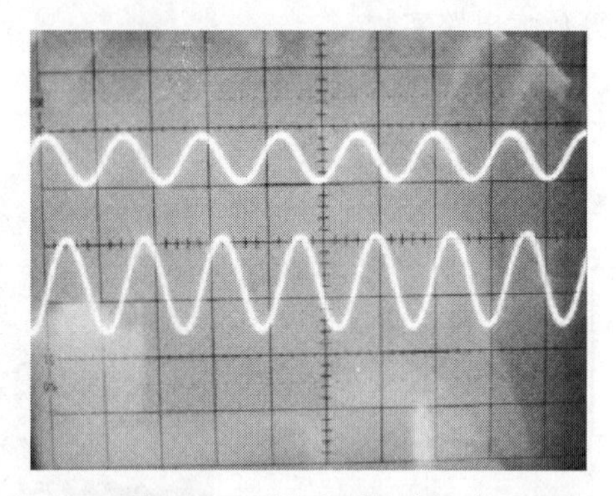

图 12-7　同相比例输出波形

将测试结果记录在表 12-4 中。

表 12-4　同相比例运算放大电路测试记录

输入交流信号		100mV	500mV
输出交流信号	计算值		
	实测值		
	误差		

【项目实训评价】

同相比例运算放大电路项目实训评价见表 12-5。

表 12-5　同相比例运算放大电路项目实训评价

项目	考核要求	配分	评分标准	得分
元器件识别与检测	按要求对所有元器件进行识别与检测	20 分	元器件识别错一个扣 2 分，检测错一个扣 2 分	
元器件成形、插装与排列	元器件按工艺表要求成形 元器件插装符合插装工艺要求；元器件排列整齐、标记方向一致，布局合理	20 分	成形不符合要求，每处扣 2 分 插装位置、极性错误，每处扣 2 分 元器件排列参差不齐，标记方向混乱，布局不合理，扣 3 ~ 10 分	
电路调试	反相比例运算电路的调试 同相比例运算电路的调试	20 分	不按要求进行调试，扣 5 ~ 10 分；调试结果不正确，扣 5 ~ 10 分	
电路测试	正确使用万用表测量各电压值；正确使用示波器观察电路波形	30 分	不会正确使用万用表，扣 5 ~ 30 分	
安全文明操作	工作台上工具排放整齐；严格遵守安全操作规程	10 分	违反安全操作规程，酌情扣 3 ~ 10 分	
合计		100 分		

【知识链接】 集成运算放大器的理想特性

集成运算放大器的图形符号如图 12-8 所示。

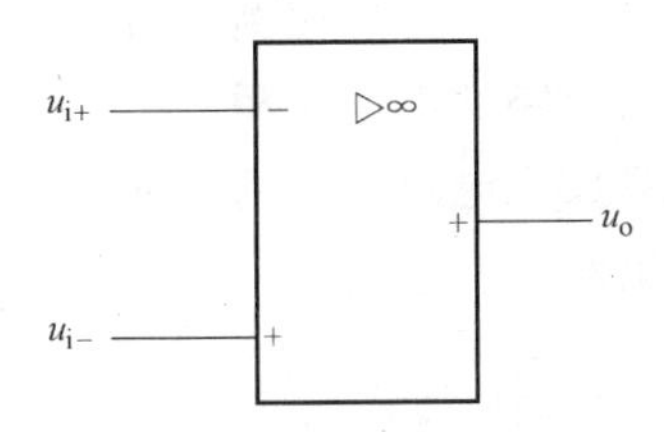

图 12-8　集成运算放大器的图形符号

本项目使用的 OP07 是低零漂运算放大器（通常可省去调零电路）。OP07 运算放大器为 8 脚芯片，各脚的功能及主要参数见表 12-6 和表 12-7。

表 12-6　OP07 运算放大器引脚功能

1#①	2	3	4	5	6	7	8#①
接调零电位器	反相输入端	正相输入端	反电源 (−12V)	接地	输出端	正电源 (12V)	接调零电位器

① 1#、8#引脚接调零电位器（在要求高的场合用）。

表 12-7　OP07 运算放大器主要参数

最大共模输入电压 U_{ICM}/V	最大差模输出电压 U_{IDM}/V	差模输入电阻 R_{ID}/MΩ	最大输出电压 U_{OPP}/V	最大输出电流 I_{OM}/mA	最大电源电压 U_{CC}、U_{EE}/V	开环输出电阻 R_o/Ω
±13	±7	1	±12	±2	±15	<100

为了便于对集成运算放大器组成的电路进行分析，通常将集成运算放大器看做一个理想运算放大器，其等效电路如图 12-9 所示。

它具备以下理想特性：

① 开环电压放大倍数 $A_{u0}=\infty$；

② 输入电阻 $r_i=\infty$；

③ 输出电阻 $r_o=0$；

④ 频带宽度 $BW=\infty$。

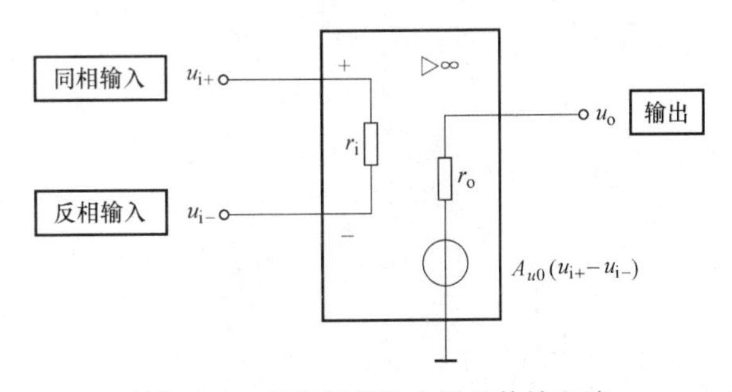

图 12-9　理想运算放大器的等效电路

由以上理想特性可以推导出如下两个重要结论：

1）同相输入端电位等于反相输入端电位，即“虚短”。

集成运算放大器工作在线性区，其输出电压 U_o 是有限的值，而开环电压放大倍数 $A_{u0}=\infty$，则 $U_i=U_{i+}-U_{i-}=U_o/A_{u0}=0$，即 $U_{i+}=U_{i-}$。

当有一个输入端接地时，另一个输入端非常接近地电位，称为“虚地”。

2）输入电流等于零，即“虚断”。

理想集成运算放大器的输入电阻 $r_i=\infty$，这样，同相、反相输入端不取用电流，即 $i_+=i_-=0$。

【复习与思考题】

12-1 简述反相比例运算放大电路的工作原理。

12-2 如何改变反相比例运算放大电路的比例关系？

12-3 简述同相比例运算放大电路的工作原理。

12-4 如何改变同相比例运算放大电路的比例关系？

12-5 什么是虚短？什么是虚断？

项目十三　学习基本焊接技术

任务一　认识电烙铁

常见电烙铁如图 13-1 所示。

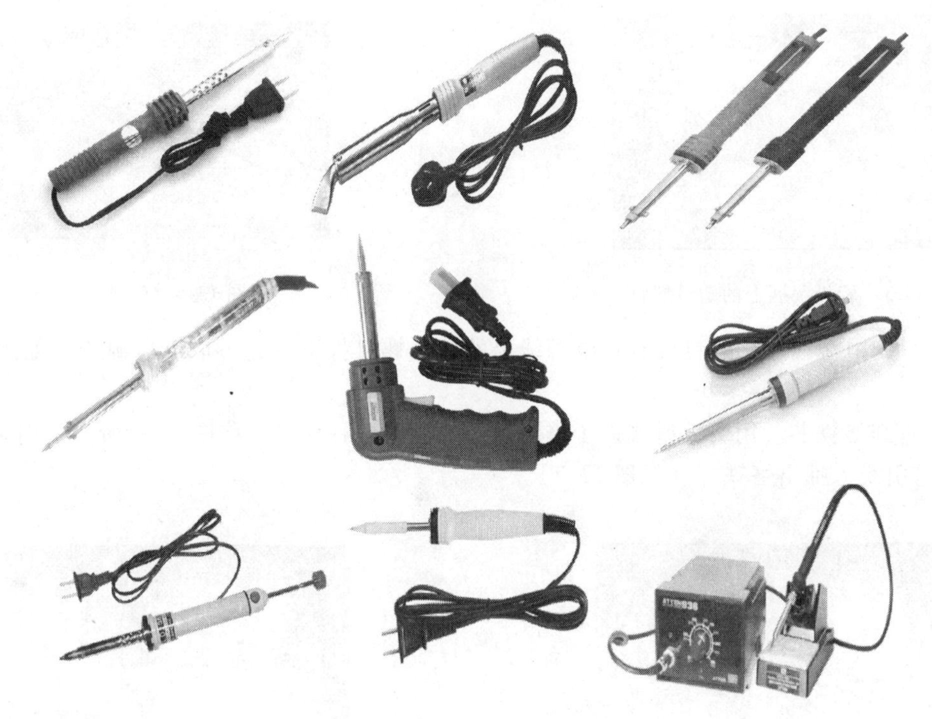

图 13-1　常见电烙铁

电烙铁是一种常用的手工焊接工具，其作用是加热焊料和被焊金属，使熔融的钎料浸润被焊金属表面并生成合金，把被焊金属连为一体。电烙铁是电子产品制作、维修过程中必不可少的工具。

电烙铁主要由手柄、电热元件、烙铁头等组成。根据烙铁头的加热方式不同，可分为内热式和外热式两种，从电烙铁的功能分，有单温式、调温式和带吸锡功能式等多种。其中，内热式的电烙铁体积较小，发热效率较高，更换烙铁芯方便，而且价格便宜，因此一般电子制作常使用 20 ~ 30W 的内热式电烙铁。

任务二　拆装与检测电烙铁

1. 电烙铁的结构

生产线上常用的电烙铁有内热式和外热式电烙铁，且它们都是直热式电烙铁。图 13-2

是典型的直热式电烙铁结构。

2. 电烙铁的拆装与检测

(1) 拆卸。拆下的部件要按顺序摆放。

1) 拆卸手柄。先用螺钉旋具旋松手柄上固定电源线的塑料螺钉，如图 13-3 所示。电源线松动后，可旋下手柄，如图 13-4 所示。

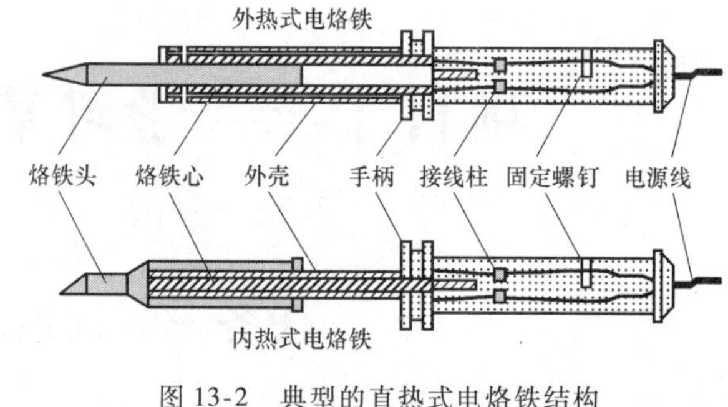

图 13-2　典型的直热式电烙铁结构

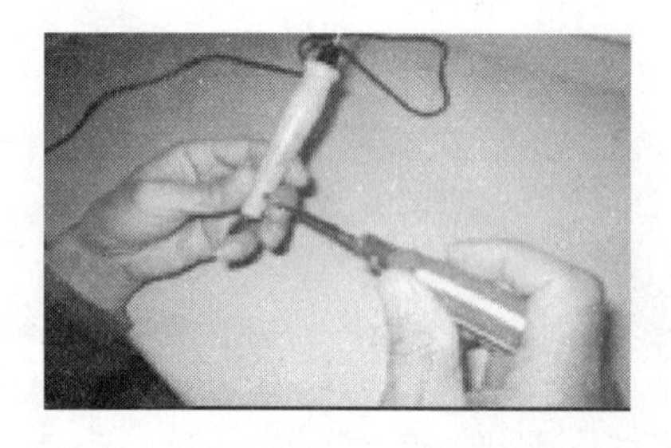

图 13-3　旋松手柄上的塑料螺钉

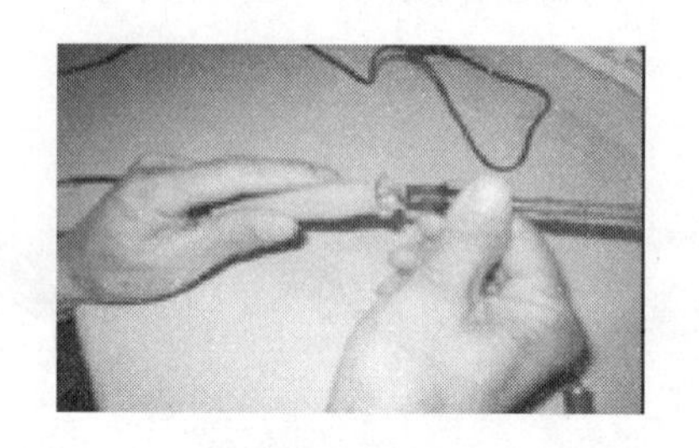

图 13-4　旋下手柄

2) 拆卸电源线。用螺钉旋具将电源线上的接线螺钉拧下来，再取下电源线，如图 13-5 所示。

3) 拆卸烙铁芯。用尖嘴钳或镊子将烙铁芯的压紧螺柱拧松，如图 13-6 所示；用镊子松开烙铁芯引线，抽出烙铁芯（见图 13-7)。

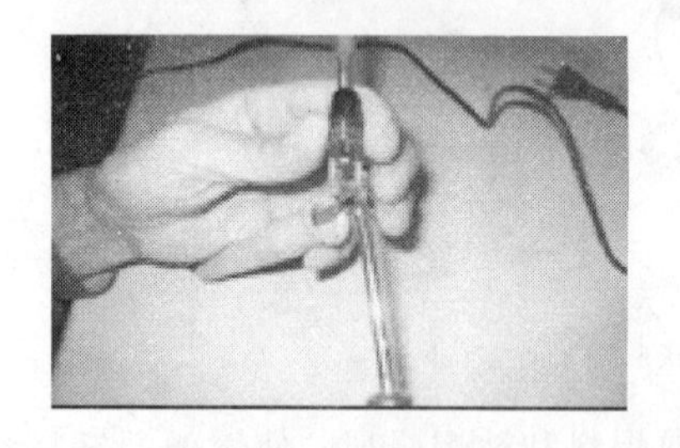

图 13-5　取下电源线

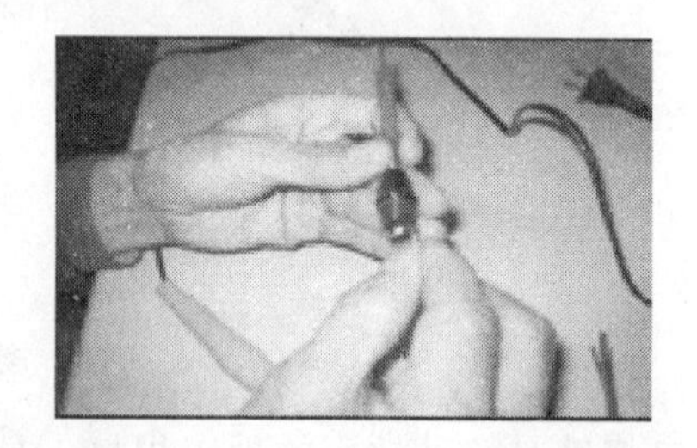

图 13-6　拧松压紧螺柱

4) 拆卸烙铁头。最后将烙铁头从烙铁杆上拔下，如图 13-8 所示。

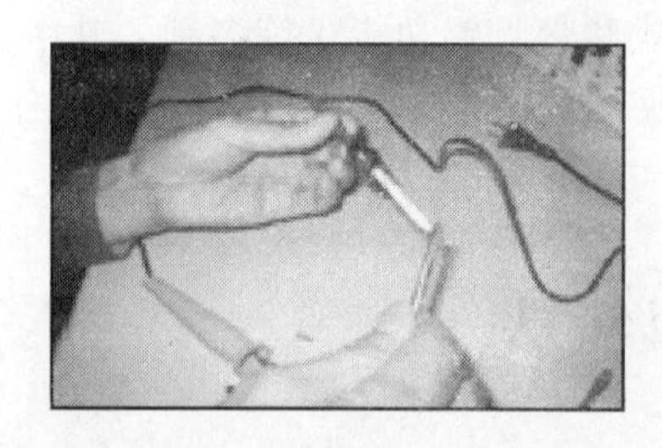

图 13-7　抽出烙铁芯

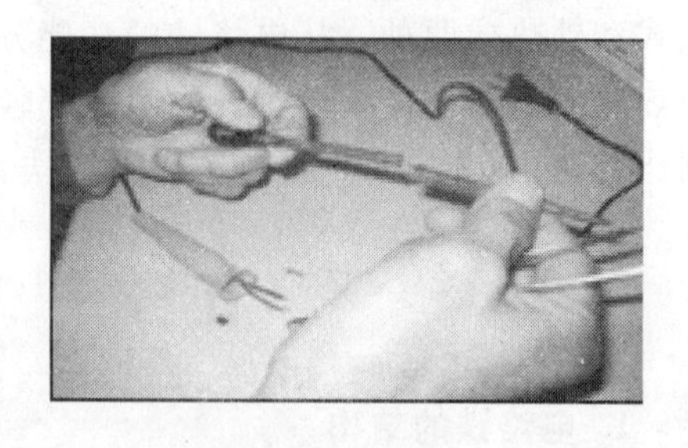

图 13-8　拔下烙铁头

（2）检测。

1）短路：当电烙铁不能正常发热，并引起交流电源烧熔丝、跳闸等事故时，可判断该电烙铁发生了短路故障。此时，用万用表测电烙铁的电阻，可以看到电阻值趋于零。维修该故障时将短路点的故障排除即可。

2）开路：若供电正常但电烙铁不发热，用万用表测量烙铁芯的电阻值为无穷大，可判断烙铁芯已损坏，如图 13-9 所示，更换烙铁芯即可；如测得烙铁芯电阻值正常（2kΩ 左右，见图 13-10），可再检查插头处，或更换电源线。

图 13-9　烙铁心已损坏

图 13-10　烙铁心正常

任务三　烙铁头上锡

烙铁头是纯铜制作的，为了在焊接时便于导热沾锡，使用前要给它镀上一层钎料。

1. 新烙铁头使用前的处理

新电烙铁的烙铁头有一层电镀层，要进行处理后才可以使用。使用前，先用锉刀打磨烙铁头（见图 13-11），除去电镀层，露出均匀、平整的铜表面。然后给电烙铁通电，在细砂纸上放上松香、钎料，用加热的烙铁头轻轻研磨，就可以镀上一层钎料，如图 13-12 所示。

2. 使用过的铬铁头的处理

经常使用的烙铁头会出现凸凹不平，或者有一层氧化层不容易“吃锡”，不利于加热焊接。处理方法是用锉刀将烙铁头部锉平，如图 13-11 所示，然后再按照为新烙铁头上锡的方

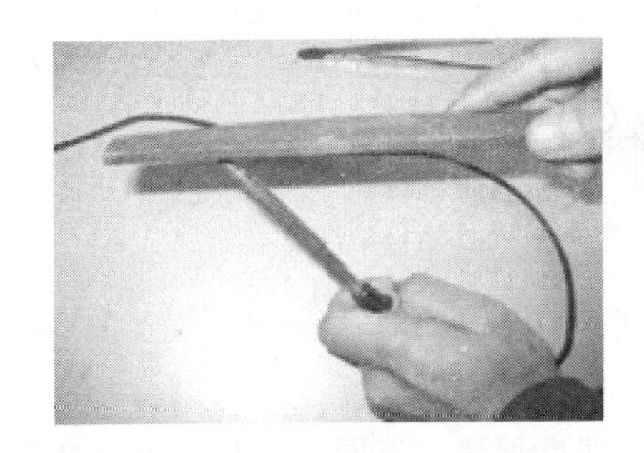
图 13-11　打磨烙铁头

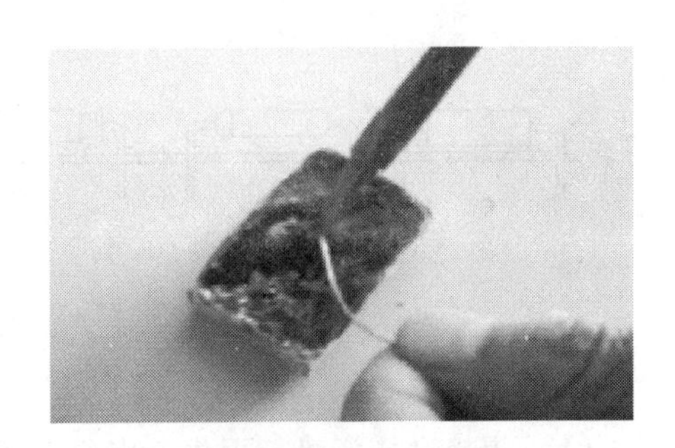
图 13-12　烙铁头上锡

法进行处理。

任务四　熟悉手工焊接方法

1. 准备焊接工具、材料

30W 内热式电烙铁 1 把、万能版 1 块、色环电阻器若干、镊子 1 把、斜嘴钳 1 把、焊锡丝 1 卷、松香 1 盒等，如图 13-13 所示。

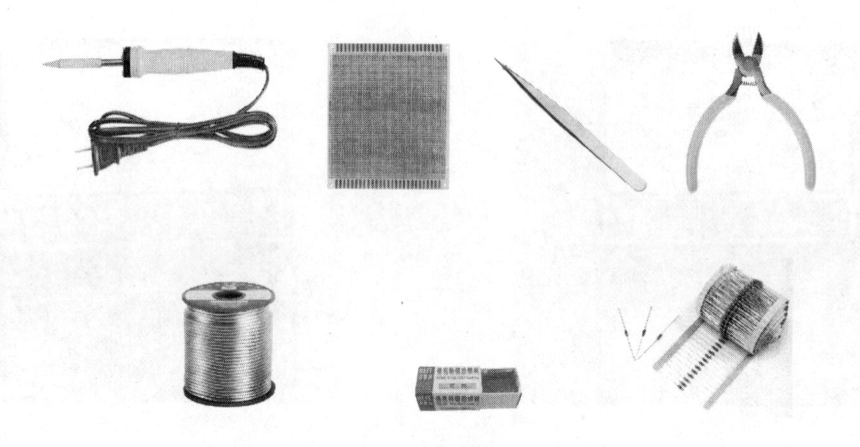

图 13-13　焊接工具、材料

2. 准备焊接

1）焊接前，必须把焊点和焊件表面处理干净。焊件表面有氧化锈迹，要用刀刮净或砂纸打磨，直到露出光亮金属后再蘸上松香水，镀上钎料。

2）用镊子将色环电阻器等焊接元器件整形后，插到万能板上。色环电阻器的安装如图 13-14 所示。

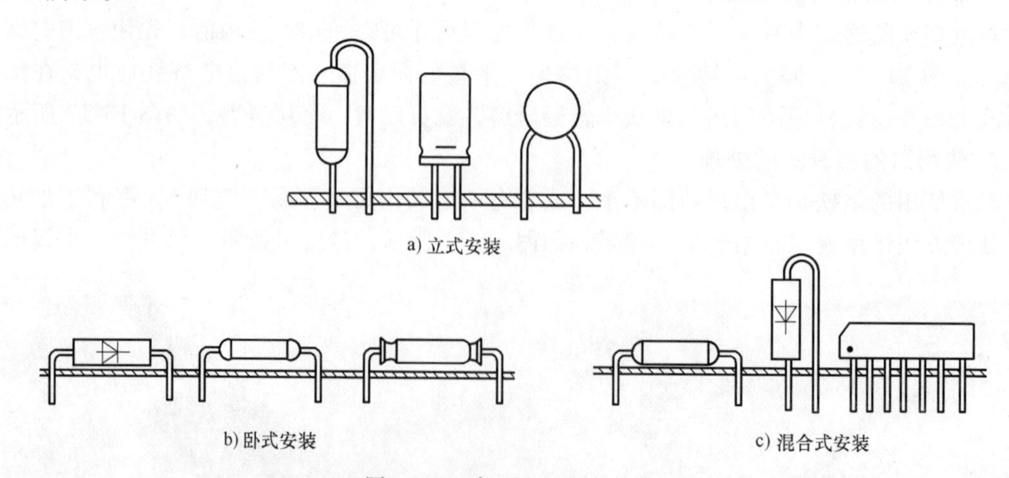

图 13-14　色环电阻器的安装

3. 手工焊接

（1）焊接操作姿势与卫生。电烙铁的握法有三种，即反握法、正握法、握笔法，如图 13-15 所示。一般在操作台上焊印制电路板等焊件时多采用握笔法。

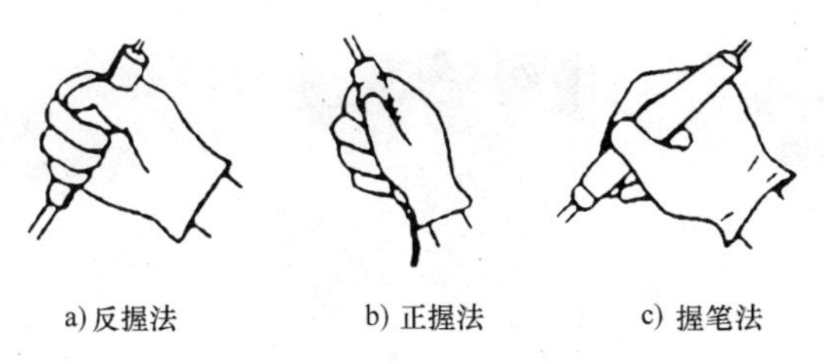

图 13-15　电烙铁的握法

焊接时，烙铁架一般放置在工作台右前方，操作时应注意烙铁头不要碰到导线等物，以免损坏导线绝缘，发生事故。由于焊锡丝中含有铅，对健康有害，接触操作后注意洗手。

（2）五步焊接法，如图 13-16 所示。

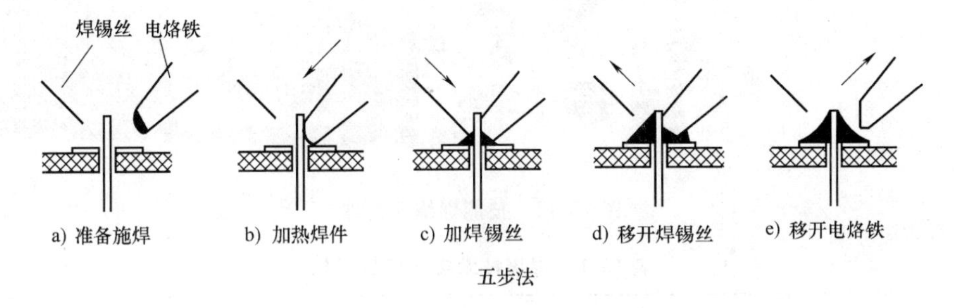

图 13-16　五步焊接法

1）准备施焊：准备好焊锡丝和电烙铁。烙铁头焊接面要保持干净，以便沾上焊锡（俗称吃锡）。

2）加热焊件：用电烙铁接触并加热焊接点，例如，印制电路板上的引线和焊盘。加热时，要注意保持焊件均匀受热，以熔化焊锡丝。

3）熔化焊锡丝：当焊件加热到能熔化焊锡丝的温度后将焊锡丝置于焊点，焊锡丝开始熔化并润湿焊点。

4）移开焊锡丝：当熔化一定量的焊锡（充后熔化，覆盖焊点）后将焊锡丝移开。

5）移开电烙铁：当焊锡完全润湿焊点后，移开电烙铁，注意移开电烙铁的方向应该是大致 45℃的方向。

上述过程，对一般焊点而言为 2 ~ 3s。也可以将上述五步法概括为三步法，即将图 13-16b 和图 13-16c 合为一步，将图 13-16d 和图 13-16e 合为一步。

任务五　技能训练

根据焊接整形工艺，将下列常见元器件（见图 13-17）成形并安装到万能板上。

将成形并安装到万能板上的各元器件按照前面介绍的五步焊接法焊接并检查各焊点是否合格。

【项目实训评价】

焊接技术实训项目评价见表 13-1。

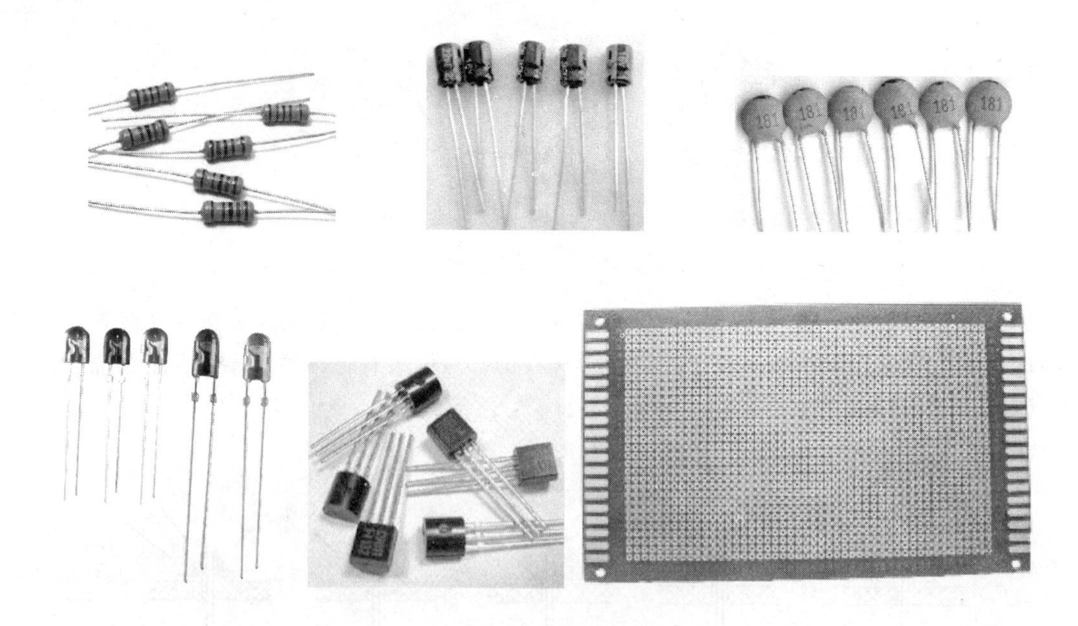

图 13-17　技能训练元器件

表 13-1　焊接技术实训项目评价

项目	技术要求	配分	扣分标准	得分
电烙铁的使用	使用规范、选择正确	20 分	电烙铁握法不正确，扣 5 分，使用不规范，扣 5 分；不能正确选择电烙铁，扣 10 分	
助焊剂、钎料的使用	掌握合理用量、操作方法准确	20 分	不会选择助焊剂钎料，扣 5 分；用量掌握不当，扣 5 分；使用不当、操作不准确，扣 10 分	
电子元器件的整形安装	元器件整形正确、安装规范	20 分	元器件整形错误或损坏元器件，扣 10 分；安装不规范，扣 10 分	
元件焊接	焊点光滑牢固，无虚焊、假焊；焊接处整洁，无助焊剂残留和钎料堆积	40 分	不掌握焊接工艺要领，扣 10 分；虚焊、假焊，扣 10 分；有毛刺的焊点，扣 5 分；脏焊点，扣 5 分；钎料堆积的焊点，扣 5 分	
总计		100 分		

【知识链接一】　锡铅钎料和助焊剂

1. 钎料

电子焊接中常用的钎料是一种由铅和锡组成的可熔合金，成为锡铅钎料（俗称焊锡）。利用锡铅钎料熔点低的特点，可将其熔化后再把两块金属焊接在一起。

图 13-18 是铅-锡熔化图，纯铅在 327℃ 熔化，纯锡在 232℃ 熔化。当铅和锡混合在一起，这个合金的熔点就降低了：铅中加入锡后，熔点沿曲线 *AE* 下降；锡中加入铅，熔点沿着曲线 *BE* 下降。在曲线 *AE* 和曲线 *BE* 相交的 *E* 点就是合金的最低熔点 183℃。此处的合金成

分是 63% 的锡和 37% 的铅（Sn63），为共晶锡铅钎料。在这个共晶温度下，锡铅钎料具有最低熔化温度，减少了被焊接的元器件受损坏的机会。而且共晶锡铅钎料由液态直接冷却为固态，无需经过半液体状态，焊点可以迅速凝固，缩短焊接时间，也减少了虚焊现象，所以共晶锡铅钎料使用非常广泛。

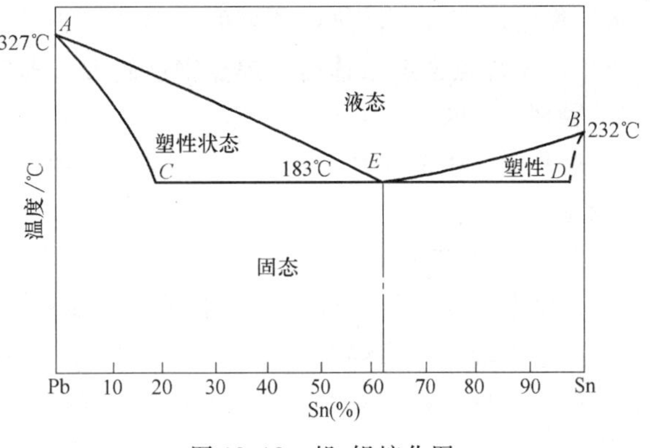

图 13-18　铅-锡熔化图

电子行业中最常见的钎料还有含 60% 锡和 40% 铅的合金。此合金钎料丝中空填有松香，称 60/40 松香芯焊条。由于钎料中的铅会给身体造成伤害，近年来无铅钎料逐渐开始取代传统钎料。

2. 助焊剂

为了阻止金属在加热到钎料熔点时表面重新氧化生成氧化膜，在焊接过程需要一种叫“助焊剂”的物质。即使在室温下，大多数金属也会被大气中的氧气氧化形成一层氧化膜表层。助焊剂可在焊接温度下保持液态并和氧化膜发生化学反应，除去氧化膜。一般助焊剂在焊接前或焊接中使用。

电子行业中钎料的中心一般都含有助焊剂，由于助焊剂的熔点比钎料低。焊接时熔化的助焊剂除去了氧化层，润湿了金属表面，使熔化的钎料可以接触到干净的金属并在金属上继续熔化。

电子工业中常用的助焊剂有松香、松香混合焊剂、焊膏和盐酸，使用最多的是以松香为主要材料的树脂类助焊剂，松香可以溶解于有机溶剂，且它的焊接残留物不存在腐蚀问题，这些特性使松香被广泛应用于电子设备的焊接中。

【知识链接二】　电烙铁的正确使用方法

1. 电烙铁的选择

在实际操作中，选择合适的电烙铁进行焊接很重要，功率过小的电烙铁加热温度不够，在焊接时可能造成钎料熔化慢，被焊元器件表面受热不均，钎料不能充分浸润，容易造成虚焊、沙样焊点或球形焊点。电烙铁功率过大、加热过快，有可能在焊接过程中使松香在高温下很快汽化而不能隔离空气和金属焊接面，无法阻止氧化层的产生，容易造成虚焊，同时焊点温度过高，钎料不易凝固，会和其他焊点连接产生焊点短路。大功率电烙铁产生的高温还会烫坏元器件，使铜箔板的铜皮脱落。因此，可以从以下几方面来选用合适的电烙铁：

1）根据焊点大小来选用。一般情况下，焊点越小，所选的电烙铁功率就越小；焊点越大，所选的电烙铁功率就越大（大功率电烙铁的烙铁头大些，小功率电烙铁的烙铁头小些）。

2）大体积的焊盘、焊脚大的元器件一般要用功率大的电烙铁来焊接。

3）金属组件多、导热散热特性好的元器件一般要用功率大的电烙铁来焊接。

4）焊接面积大、散热特性好的元器件一般用功率大些的电烙铁。

5）根据焊点密度来选用。焊点密度越大，则选用的电烙铁功率就必须越小。

2. 烙铁头的处理

电烙铁头使用前要“上锡”，烙铁头的处理分新烙铁头和旧烙铁头处理方法，具体方法如前所述。

3. 电烙铁的使用

在使用电烙铁进行焊接时，一般采用五步焊接法，在焊接过程中，烙铁头“沾锡”要适量，以防出现不合格焊点，如图 13-19 所示。如果长时间使用电烙铁，烙铁头焊接面有氧化、污物，出现不易“粘锡”、焊接困难等现象时，可将烙铁头在干净的湿抹布上擦拭干净再使用。

电烙铁短时间不用时，应先将电烙铁放在烙铁架（见图 13-20）上；长时间不使用时，可断开电源，防止烙铁头加热时间过长，出现烙铁头氧化“烧死”现象。

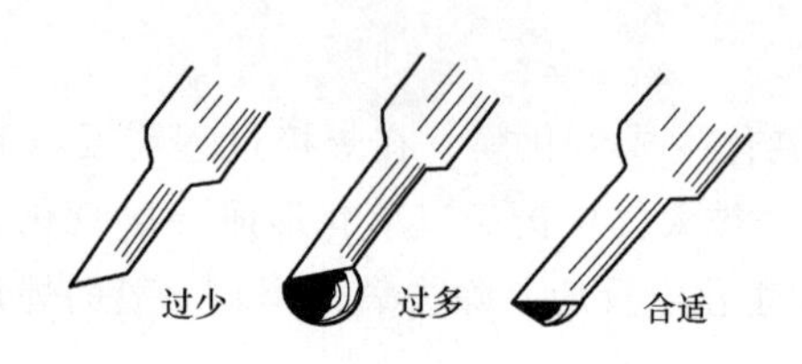

图 13-19　沾锡

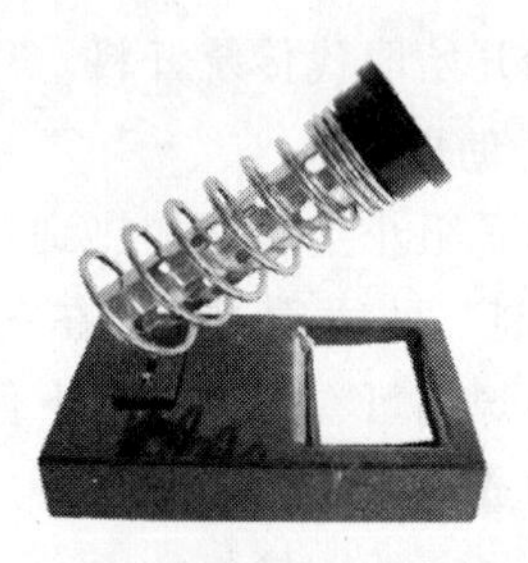

图 13-20　烙铁架

4. 使用电烙铁焊接的注意事项

1）电烙铁使用前应检查使用电压是否与电烙铁标称电压相符。

2）由于电子元器件大都是热敏感元器件，过热容易损坏，故焊接时间不宜过长，必要时可用镊子夹住管脚帮助散热；集成电路应最后焊接，焊接 CMOS 集成电路时电烙铁要可靠接地，或断电后利用余热焊接。

3）要防止电烙铁烫坏其他元器件，尤其是电源线，若其绝缘层被电烙铁烧坏而不注意便容易引发安全事故。

4）不要猛力敲打电烙铁，以免振断电烙铁内部的烙铁心。

5）电烙铁应保持干燥，不宜在过分潮湿的环境使用。

6）拆烙铁头时，要断开电源。

7）电烙铁不使用时应断电，并放回烙铁架。

【知识链接三】　手工焊接的基本条件

1. 常用工具及材料的选择

（1）装接工具。常用的装接工具有钳子、镊子和螺钉旋具等。图 13-21 为几种常用的钳子。

1）尖嘴钳：头部比较细，用于夹持小型金属零件或弯曲元器件引线。

2）斜嘴钳：用于剪切细小的导线及焊后元器件的引脚，也可用来剥导线的绝缘皮。

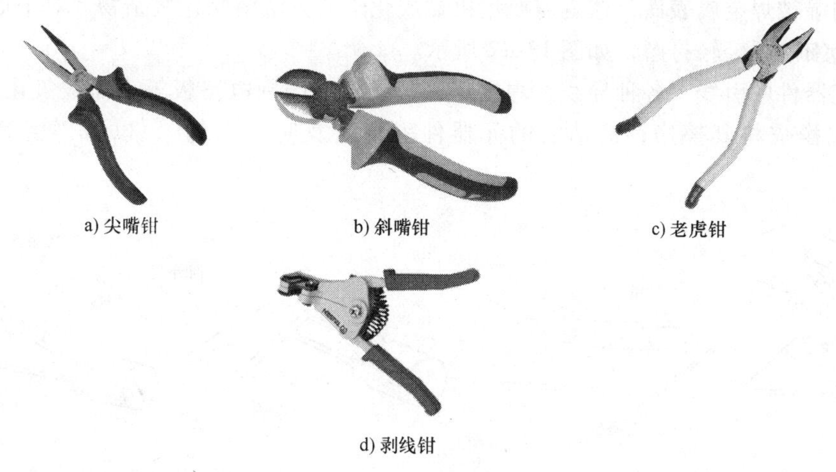

a) 尖嘴钳　b) 斜嘴钳　c) 老虎钳　d) 剥线钳

图 13-21　常用的钳子

3）老虎钳：头部较平宽，适用于重型作业，如螺母、紧固件的装配操作，还可以用于夹持和折断金属薄板及金属丝。

4）剥线钳：专用于剥各种不同粗细导线的绝缘皮。

5）镊子。有尖嘴镊子和圆嘴镊子两种。在元器件整形中较常用，拆焊时也可夹持元器件，起到散热作用。

7）螺钉旋具：有“一”字式和“十”字式两种，用于拧紧或拆卸螺钉。

（2）焊接工具。常用的手工焊接工具是电烙铁，其作用在焊接过程中加热钎料和助焊剂，使元器件和被焊金属表面焊接在一起。电烙铁是电子产品装配过程中必不可少的工具，常用电烙铁工作性质及参数分类见表 13-2。

表 13-2　常用电烙铁工作性质及参数分类

焊接及工作性质	选用的电烙铁	烙铁头温度/℃
一般印制电路板、安装导线、小功率晶体管、集成电路、敏感元件、片状元件	20W 内热式、30W 外热式、恒温式	300～400
焊片、电位器、2～8W 电阻器、大电解电容器	35～50W 内热式、恒温式、50～75W 外热式	350～450
8W 以上大电阻器、大功率元器件、变压器引线脚、整流桥	100W 内热式、150～200W 外热式	400～550
汇流排、金属板等	300W 外热式	500～630
维修、调试一般电子产品	20W 内热式、恒温式、感应式	

（3）助焊剂、钎料。常用的钎料是锡铅钎料（焊锡）。市面上出售的焊锡丝有两种：一种是将焊锡做成管状，管内填有松香，称松香焊锡丝，使用这种焊锡丝焊接时可不加助焊剂；另一种是无松香的焊锡丝，焊接时要加助焊剂。

通常使用的助焊剂有松香和松香酒精溶液。另有一种助焊剂是焊膏，在电子电路的焊接中一般不使用它，因为它是酸性助焊剂，对金属有腐蚀作用。

2. 保持清洁的焊接表面

被焊接金属表面由于受外界的影响，很容易在表面形成氧化层，沾到油污和粉尘等，使钎料难以润湿被焊金属表面，这就需要用机械或化学的方法清除这些杂物。对于焊接板，可用橡皮擦或细砂纸轻轻打磨，如图 13-22 所示。

如果元器件的引线、各种导线、焊接片、接线柱、印制电路板等表面被氧化或有杂物，可用小刀或橡皮将其擦净，清洁后的元器件引脚应及时“上锡”，以防再度氧化，如图13-23所示。

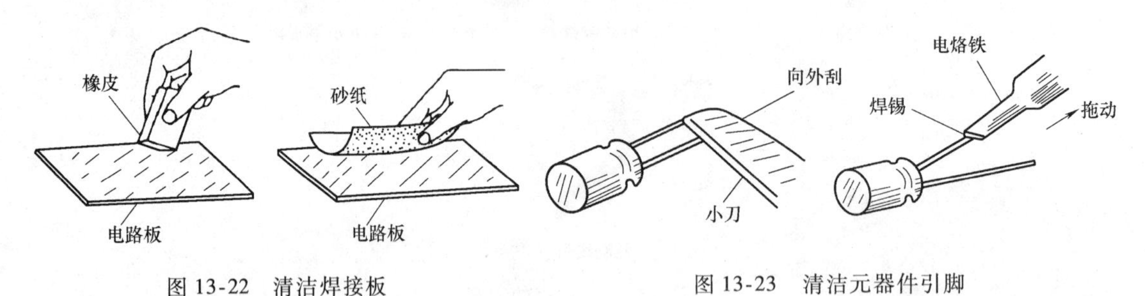

图 13-22　清洁焊接板　　　　图 13-23　清洁元器件引脚

3. 元器件整形

为了方便地将元器件插到印制电路板上，应预先将元器件的引线加工成一定的形状，如图 13-24 所示，从而提高安装及焊接效率。

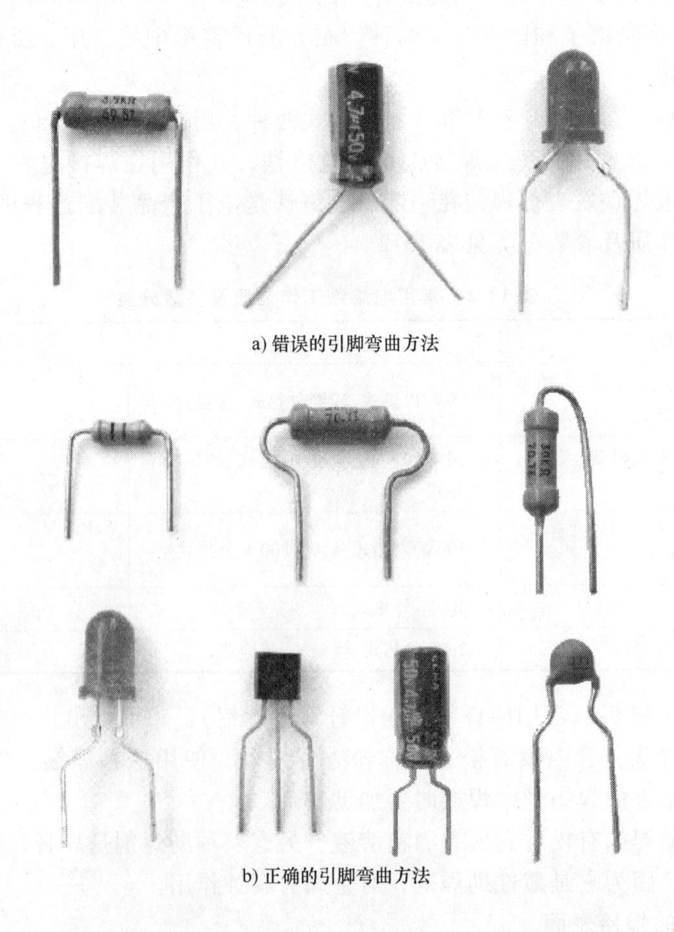

a) 错误的引脚弯曲方法

b) 正确的引脚弯曲方法

图 13-24　常见元器件整形实物

4. 焊接温度及时间的掌握

电烙铁温度和焊接时间要适当，不同的焊接对象，焊接所需要的工作温度不同，焊点的最高温度受烙铁头的影响比较大。电源电压为220V时，20W烙铁头的工作温度为290～400℃，40W烙铁头的工作温度为400～510℃，应该根据元器件性质、体积，选择合适功率的电烙铁以适应不同的焊接对象。焊接时间把握在2～3s内为宜，以使钎料充分流动浸润焊点又不让元器件过热。

5. 焊点形成过程的掌握

恰当掌握焊点形成的火候，焊接时不要将烙铁头在焊点上来回磨动，应将烙铁头的镗锡面（烙铁头顶部的斜面）紧贴焊点，等到钎料全部熔化，并因表面张力紧缩而使表面光滑后，迅速将烙铁头从斜上方约45度的方向移开。这时钎料不会立刻凝固，不要移动被焊元器件，也不要向钎料吹气，待其慢慢冷却凝固。

6. 焊完后的清洁

焊好的焊点，经检查无问题后，应用无水酒精把助焊剂清洗干净。

【知识拓展一】　焊点的检查

合格的焊点是焊接质量的保证，高质量的焊点一般应达到以下几点要求。

1. 焊点有足够的机械强度

为保证被焊件在受到振动或冲击时不至脱落、松动，就要求焊点有足够的机械强度。为使焊点有足够的机械强度，一般可采用把被焊元器件的引线端子折弯后再焊接的方法，但不能用过多的钎料堆积，这样容易造成虚焊及焊点之间短路。

2. 焊接可靠并保证导电性能

焊点应具有良好的导电性能，必须要焊接可靠，防止出现虚焊现象。

3. 焊点表面整齐、美观

焊点的外观应光滑、圆润、清洁、均匀、对称、整齐、美观、充满整个焊盘并与焊盘大小比例合适。

满足上述三个条件的焊点，才算是合格的焊点，如图13-25所示。

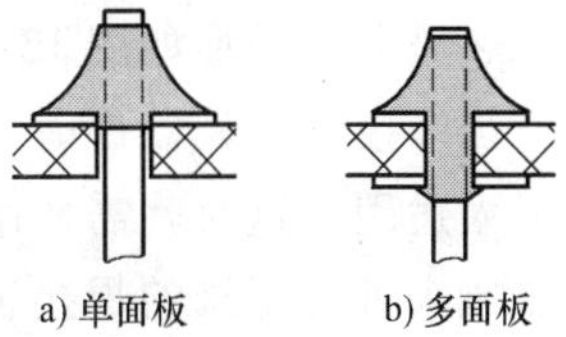

a) 单面板　b) 多面板

图13-25　合格的焊点

判断焊点是否符合标准，应从以下几个方面考虑：

1）焊锡充满整个焊盘，形成对称的焊角。如果是双面板，焊锡还要充满过孔。

2）焊点外观光滑、圆润，对称于元器件引线，无针孔、无沙眼、无气孔。

3）焊点干净，见不到助焊剂的残渣，在焊点表面应有薄薄的一层助焊剂。

4）焊点上没有拉尖、裂纹和夹杂。

5）焊点上的钎料要适量，焊点的大小要和焊盘相适应。

6）同一尺寸的焊盘，其焊点大小、形状要均匀、一致。

【知识拓展二】　其他常用焊接工具

电烙铁一般有两类，就是焊笔和焊枪。焊笔是轻量级的焊接工具，它一般能提供最少

12W 或最多 50W 的热量。前面已经介绍过焊笔式电烙铁了，现在再介绍一下其他常用的焊接工具。

1. 焊点

焊台的外形如图 13-26 所示。

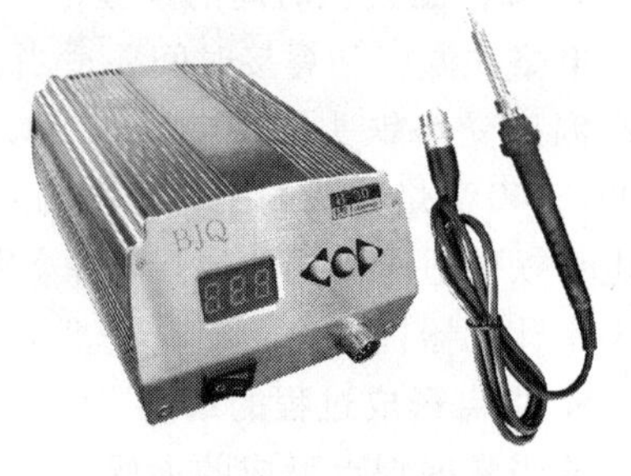

图 13-26　焊台的外形

焊台含有一根焊铁和一个控制台，控制台上有三个旋钮，可以调节焊台的焊接温度，焊台正面有一个显示屏用来显示当前烙铁焊接温度，焊台下面是电源开关和焊铁连接口。在使用焊台前，应先检查清洁海绵有没用水浸湿过，焊接前先用清洁海绵清洁烙铁头上的杂质，使烙铁头容易“沾锡”，这样可以保证在焊接时焊点的质量不易出现虚焊、假焊，可以减慢烙铁头的氧化速度；焊接工作完毕后，先把焊台温度调到 320℃，然后烙铁头上镀一层新钎料做保护，这样可以保护烙铁头和空气隔离，从而减少烙铁头接触氧气，延缓氧化。不使用焊台时，应关闭焊台电源，避免烙铁头长时间处于高温状态，从而使烙铁头氧化，至使烙铁头的导热性能减弱。

使用焊台时应注意：

1）要尽量使用低温来进行焊接，温度越高，烙铁头越容易氧化。

2）需经常保持烙铁头上有钎料，可防止氧化。

3）焊接时，请勿用力施压、敲打，否则容易使烙铁头受损及变形，只要烙铁头能充分接触焊接点位，热能就可以充分传递过去。另外，选择合适的烙铁头能达到更好的焊接效果，提高工作效率。

4）发热芯的正常保养方法：焊接勿用力敲烙铁头，否则高温时容易把发热芯烧损。

5）主机的保养：在操作按键时需用力平衡，手柄插入主机时方向需对准以免焊台短路烧损。

2. 热风台

热风台的外形如图 13-27 所示。

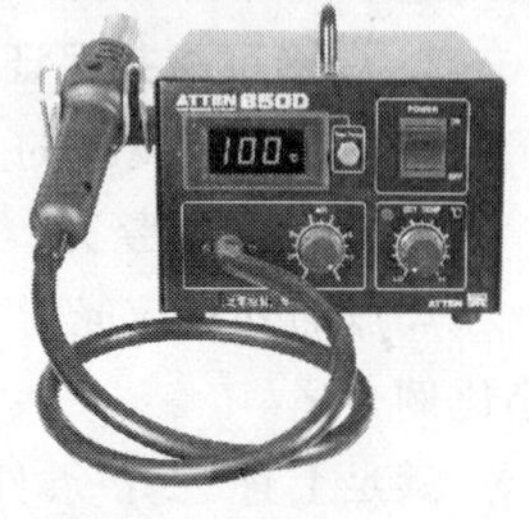

图 13-27　热风台的外形

当焊接贴片元器件时，由于贴片元器件较小，一般的电烙铁就不太适用，这时就需要用热风台进行焊接，它是一种利用吹出的热风来进行焊接的焊接工具。热风台后有接 220V 交流电的电源线，打开热风台前面板上的电源开关，显示屏上会显示当前加热温度；热风台正面有两个旋钮，一个用来调节当前加热温度（即热风温度调节钮，从低温到高温共 8 个挡位），一个用来调节当前吹出热风的风速（即热风风量调节钮，风速调节也分为 8 个挡位）。在焊接或拆焊过程中，可根据需要选择不同的风嘴和吸锡针，然后把热风温度调节钮（SET TEMP）调至适当的温度，同时根据需要再调节热风风量调节钮（AIR），待预热温度达到所调温度时即可使用。如果短时不用，可将热风风量钮调节至最小，热风温度调节钮调至中间位置，使加热器处在保温状态，再使用时，调节热风风量调节钮和热风温度调节钮即可。

使用热风台时应注意：

（1）在热风焊枪内部，装有过热自动保护开关，枪嘴过热保护开关动作，机器也会停止工作。这时，必须把热风风量调节钮（AIR）调至最大，延迟 2min 左右，加热器才能工作，机器恢复正常。

（2）使用后，要注意冷却机身：断电后，发热管会自动短暂喷出冷风，在此冷却阶段，不要拔去电源插头。

（3）不使用时，请把手柄放在支架上，以防意外。

【复习与思考题】

13-1　具体焊接步骤为：________、________、________、________、________。

13-2　判断一个焊点是否合格的标准是什么？

13-3　如何正确选择适用的电烙铁？

13-4　在使用新电烙铁时，烙铁头应如何处理？旧的烙铁头又应该怎么处理？

13-5　怎样用万用表测量电烙铁好坏？

项目十四　认识最简单的整流电路——半波整流电路

任务一　认 识 电 路

1. 电路工作原理

半波整流电路的工作原理如图 14-1 所示。

整流是将交流电转换成直流电，利用二极管的单向导电特性，仅仅一只二极管就可以实现最简单的单相半波整流。

2. 电路实物

按图 14-1 搭建电路，其实物如图 14-2 所示。

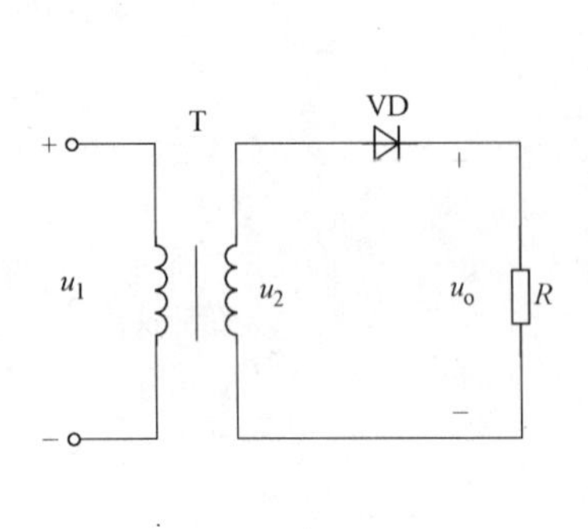

图 14-1　半波整流电路的工作原理

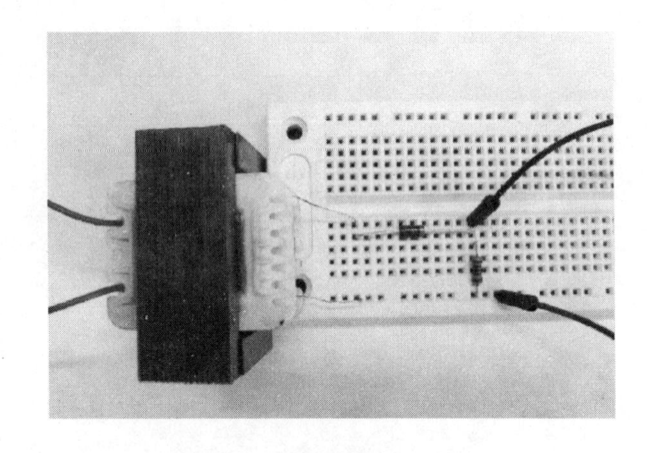

图 14-2　半波整流电路的实物

任务二　识别与检测元器件

识别并检测表 14-1 中的元器件：

1）二极管：识别判断其正、负极性，并用万用表测其正、反向电阻，将检测结果填入表 14-1 中。

2）色环电阻器：识读其标称阻值并用万用表测量其实际阻值，将检测结果填入表 14-1 中。

3）电源变压器：用万用表测量其一次、二次绕组的阻值，以判断好坏，将检测结果填入表 14-1 中。

表 14-1　半波整流电路元器件表

代号	名称	实物图	规格	检测结果
R_L	色环电阻器		1kΩ	
VD	二极管		1N4007	
T	电源变压器		220V/10V 10W	

任务三　搭 接 电 路

安装时，可参考图 14-2，元器件的排列与布局以合理、美观为标准。在插装过程中，应注意二极管的正、负极性，正确识别变压器的一次侧和二次侧。

任务四　电路测试与分析

测试 1：用万用表测量电源变压器的二次电压，并用示波器观察二次交流电压的波形，如图 14-3 所示。

测试 2：用万用表测量半波整流电路的输出端电压，并用示波器观察其波形，如图 14-4 所示。

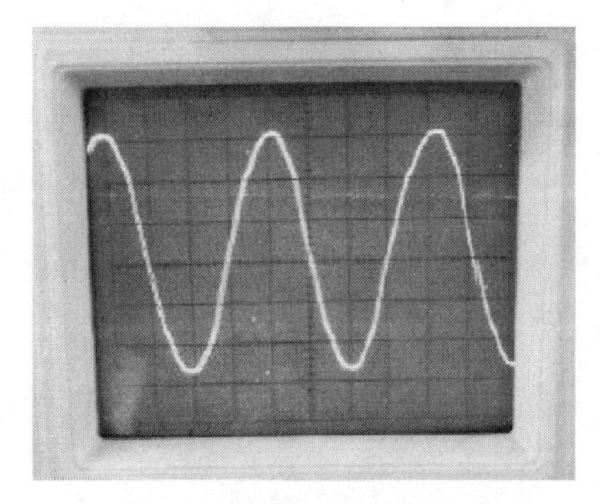

图 14-3　半波整流电路电源变压器二次电压的波形

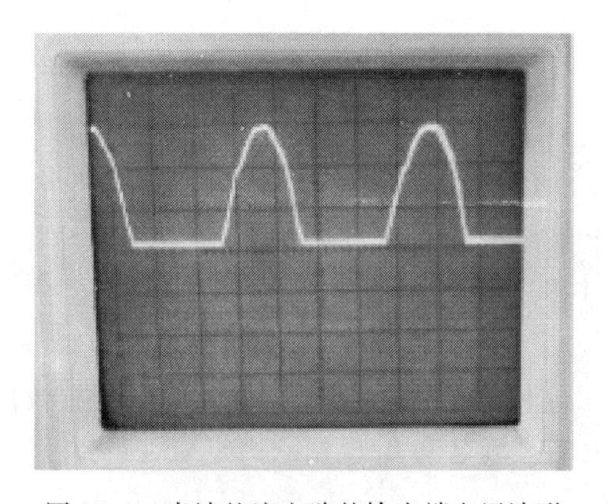

图 14-4　半波整流电路的输出端电压波形

将测试结果填入表 14-2。

表 14-2 半波整流电路测试记录表

测试项目	变压器二次电压 u_2		输出电压 u_o	
	有效值	波形	有效值	波形
接通电源				

分析 1：半波整流电路是如何进行工作的？

电源变压器 T 的一次侧接交流电压 u_1，则在 T 的二次侧就会产生感应电压 u_2。当 u_2 为正半周时，整流二极管 VD 上加的是正向电压，处于导通状态，相当于开关闭合，其电流 i_D 流过负载 R_L，于是在 R_L 上产生正半周电压 u_o，如图 14-5a 所示；当变压器 T 的二次感应电压 u_2 为负半周时，整流二极管 VD 上加的是反向电压，因而截止，二极管相当于开关断开，负载 R_L 上无电流流过，因此无输出电压，如图 14-5b 所示；当输入电压进入下一个周期时，整流电路将重复上述过程。

综合两种情况，输出端电压波形如图 14-5c 所示。由图可见，整流输出电压的大小是波动的，但方向不变。这种大小波动、方向不变的电流（或电压）称为脉动直流电流。由 u_o 的波形可见，这种电路仅获得电源电压 u_2 的半个周波，故称半波整流。

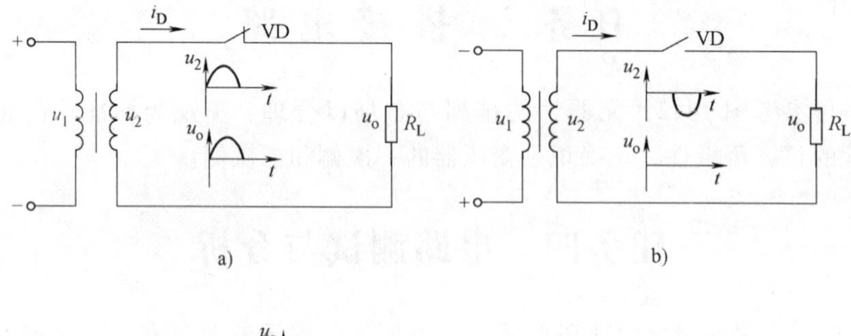

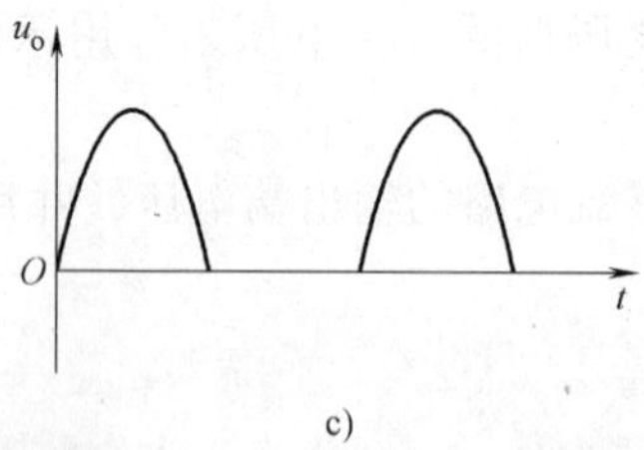

图 14-5 半波整流电路的工作状态

负载上电压 U_o 的大小虽然是变化的，但可以用其平均值来表示其大小（相当于把波峰上半部割下来填补到波谷，将波形拉平），如图 14-6 所示。

$$U_o = 0.45U_2$$

上式中的 U_2 是变压器二次电压有效值。负载上的直流电流 I_L 根据欧姆定律可得：

$$I_L = 0.45\frac{U_2}{R_L}$$

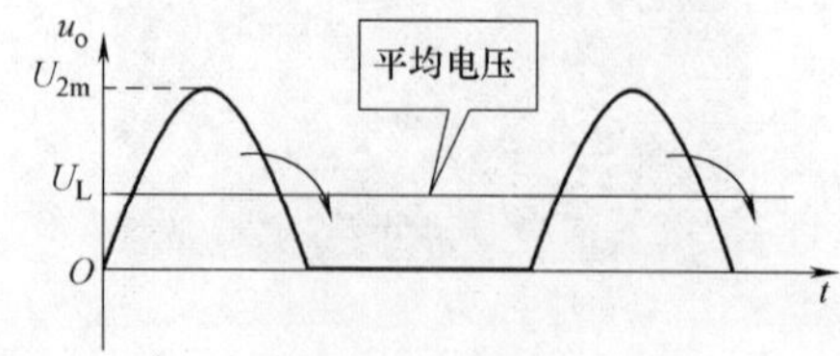

图 14-6 脉动电压的平均值

分析 2：如何选择合适的整流二极管？

整流二极管的实际工作电流为 $I_D = I_L$，最高反向工作电压为 $U_{RM} = \sqrt{2}U_2$。选择整流二极管时，一般要注意以下两个参数：

1）最大整流电流 I_{FM}是指二极管允许通过的最大正向工作电流的平均值。如实际工作电流高于此值，二极管可能会因为过热损坏。半波整流电路中整流二极管的最大整流电流 I_{FM}不能小于负载电流 I_L。

（2）最高反向工作电压 U_{RM}是指二极管允许承受的最高反向电压。一般规定最高反向工作电压为反向击穿电压的 1/2 或 1/3。半波整流电路中整流二极管的最高反向工作电压 U_{RM}必须大于变压器二次交流电压的峰值$\sqrt{2}U_2$。

【项目实训评价】

半波整流电路项目实训评价见表 14-3。

表 14-3　半波整流电路项目实训评价

项目	考核要求	配分	评分标准	得分
元器件识别与检测	按要求对所有元器件进行识别与检测	20 分	元器件识别错一个扣 2 分，检测错一个扣 2 分	
元器件成形、插装、导线连接	元器件按工艺要求成形，布局合理、插装连接可靠、引脚长度合适、标记方向一致，导线连接简洁清楚	20 分	元器件成形不合要求，每处扣 2 分 插装位置、极性错误，每处扣 2 分 排列不齐、标记方向乱、布局不合理，扣 3 ~ 10 分	
电路调试	通电后电路正常工作，有输出电压	20 分	电路不正确，扣 5 ~ 15 分	
电路测试	用万用表测量输入、输出端电压，用示波器观察输入、输出端波形	30 分	不会正确使用万用表测量电压，扣 5 ~ 15 分 不会使用示波器观察波形，扣 5 ~ 15 分	
安全文明操作	工作台面整齐，遵守安全操作规程	10 分	不到之处扣 3 ~ 10 分	
合计		100 分		

【知识链接一】　认识电热毯温控开关

图 14-7 所示为一个高、低两挡调温的电热毯开关电路。开关扳到“高”的位置，220V 交流电直接接到电热毯上，电热毯处于高温挡；开关在“低”的位置时。220V 交流电经整流二极管接到电热毯，二极管构成的是半波整流电路，电热毯

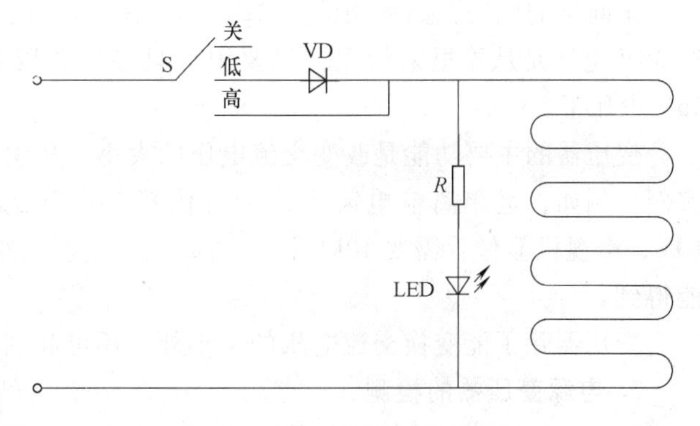

图 14-7　调温电热毯开关电路

两端所加的是约 100V 的脉动直流电（$U = 220 \times 0.45V = 99V$），发热量不大，所以是保温或低温状态。LED 是电热毯的工作状态指示灯。

【知识链接二】 变压器

1. 基本结构

变压器是一种传递电能的电气设备，可将某一电压的交流电变换成同频率的另一电压的交流电，它主要由铁心和绕组（线圈）组成。变压器的铁心和绕组的组合方式不同，分为心式（线圈包铁心）和壳式（铁心包线圈）两种，如图 14-8 所示。

铁心是变压器的磁路通道，同时也是变压器的骨架。通常由磁导率较高又相互绝缘的薄硅钢片叠压而成。

绕组是变压器的电路部分，由绝缘良好的漆包线或纱包线绕制而成。为了便于绝缘，常将低压绕组安装在靠近铁心的内层，高压线圈安装在外层。工作时，和电源相连的绕组称为一次绕组，与负载相连的线圈称为二次绕组。

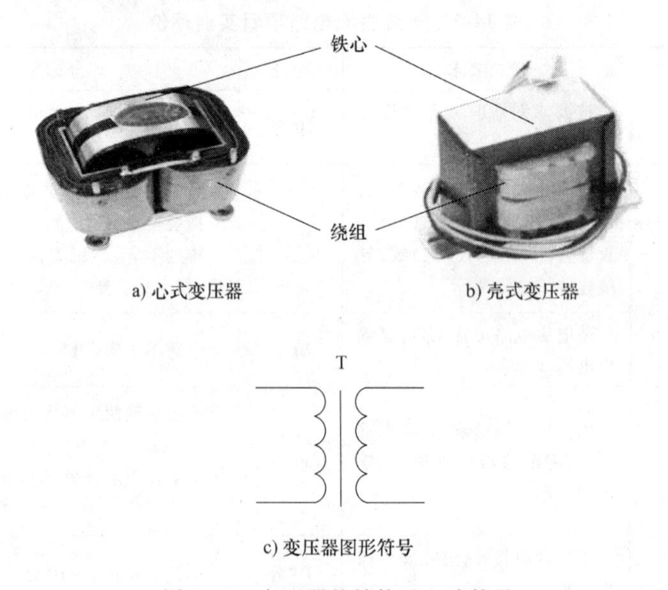

a) 心式变压器　　b) 壳式变压器

c) 变压器图形符号

图 14-8　变压器的结构及电路符号

2. 变压器的作用

车间里的照明电路使用的是 220V 交流电压，机床上照明电路使用的是 36V 安全电压。这 36V 电压是从哪里来的呢？只要用一只降压变压器，就可以很方便地将 220V 电压变为 36V 电压了。

变压器的主要功能是改变交流电压的大小，从生产和生活中还能举出许多应用变压器的实例。例如，远距离输电需要几十万伏甚至百万伏的电压，手机充电器输出的电压不到 10V，电视机显像管需要 10kV 以上的高压。这些大小不同的电压都要通过变压器的变换才能得到。

变压器除了能变换交流电压的大小外，还可起到改变电流、变换阻抗等作用。

3. 电源变压器的检测

电源变压器绕组由漆包线绕制成而，在实际使用中常见的故障是开路和短路。使用万用表可以方便地检测变压器绕线：将万用表置于电阻挡，然后分别测量变压器的各绕阻，低压绕组的阻值一般在零点几欧到几欧，高压绕组的阻值一般在几十欧到几百欧。如果万用表显示值为无穷大，则变压器绕组开路；如果万用表显示为零，则变压器绕组短路。同时注意变压器不同绕组间的绝缘必须良好，不能有短路漏电现象，是否短路可以用万用表的电阻挡判别，绝缘电阻则要用绝缘电阻表才能准确测量。

【复习与思考题】

14-1　简述半波整流电路的工作原理。

14-2　在半波整流电路中，输出电压有什么影响？

14-3　如何测量变压器的好坏？

14-4　如何选择半波整流用的二极管？

14-5　试画出半波整流电路输入端与输出端的波形。

14-6　100W 的两挡调温电热毯，在低温挡功率是多大？

项目十五　认识复读机电源——桥式整流滤波电路

任务一　认 识 电 路

我们学习外语时经常会用到复读机，复读机可以采用电池供电，还可以外接整流滤波电源供电，如图 15-1 所示。

复读机的电源电路由变压器、整流桥、滤波电容器、电源指示灯等组成，如图 15-2 所示。

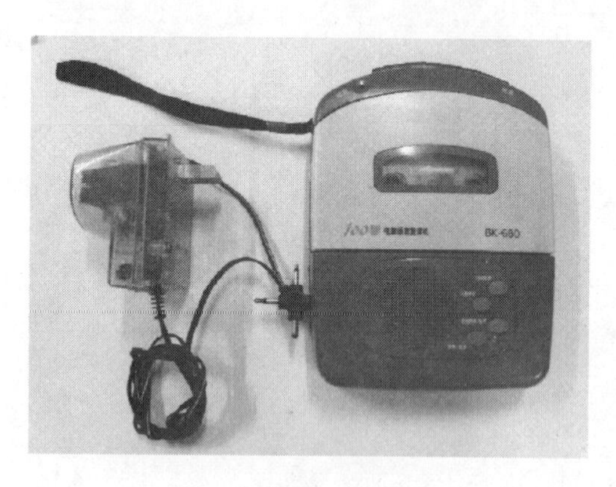

图 15-1　复读机与复读机的电源

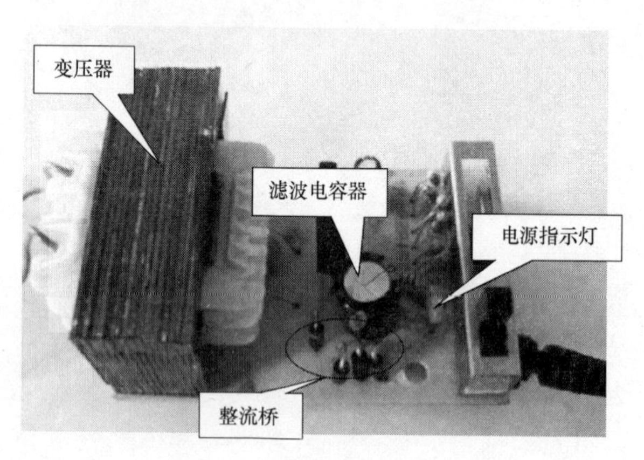

图 15-2　复读机的电源电路

接下来我们将电路中的整流滤波部分取出来，对电源电路中的这部分进行学习。

1. 电路工作原理

将交流电变为直流电称为整流。前面已经介绍过最简单的整流电路——半波整流电路，但其电路的效率不高。最常用的整流电路为桥式整流电路，在图 15-3 中，由 $VD_1 \sim VD_4$ 四个二极管组成，由于整流输出的直流电是脉动直流电，还需滤除交流成分，使其成为平稳的直流电，这一过程就称为滤波。图 15-3 中，在整流桥的输出端并联一只大电容器，就是典型的电容滤波电路。

在图 15-3 中，发光二极管 LED 和电阻 R 组成的是电源的指示电路，用来指示电源电路是否有输出。HL 为白炽灯，作为电路的负载。

2. 电路实物

根据图 15-4 搭建电路实物，图 15-4 为桥式整流电容滤波电路的实物。

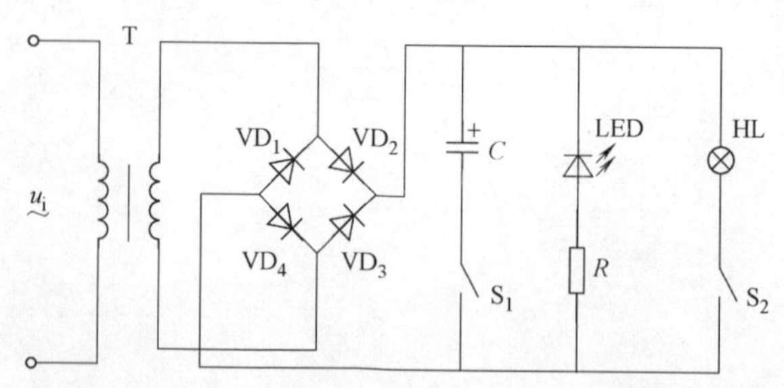

图 15-3　桥式整流滤波电路的工作原理

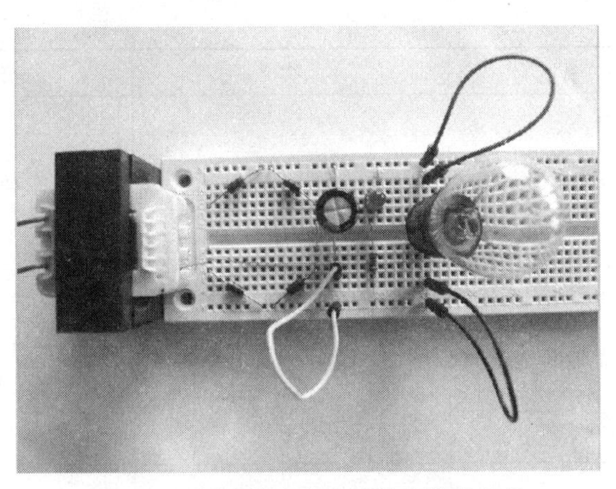

图 15-4　桥式整流电容滤波电路的实物

任务二　识别与检测元器件

识别并检测表 15-1 中的元器件。

1）二极管：识别判断其正、负极性，并用万用表测量其正、反向电阻，将检测结果填入表 15-1 中。

2）色环电阻器：识读其标称阻值并用万用表测量其实际阻值，将检测结果填入表 15-1中。

3）发光二极管：识别其正、负极性，用万用表测量其正、反向电阻，将检测结果填入表 15-1 中。

4）电解电容器：识别判断其正、负极性，并用万用表检测其质量的好坏，将检测结果填入表 15-1 中。

5）电源变压器：用万用表测量其一次、二次绕组的阻值，并判断其好坏，将检测结果填入表 15-1 中。

表 15-1　桥式整流滤波电路元器件表

代号	名称	实物图	规格	检测结果
R	色环电阻器		1kΩ	
C	电解电容器		2200μF/25V	
VD_1 ~ VD_4	二极管		1N4007	

（续）

代号	名称	实物图	规格	检测结果
LED	发光二极管		红色 ϕ5mm	
HL	白炽灯		12V/10W （可用摩托车灯泡）	
T	电源变压器		220V/10V 15W	

任务三　搭接与调试电路

1. 电路制作步骤

根据图 15-3 在面包板上搭接电路，搭接时可参考图 15-4，元器件的排列与布局以合理、美观为标准。在插装与焊接过程中，应注意电解电容器、二极管、发光二极管的正、负极性，同时要会正确识别变压器的一次侧和二次侧。

2. 调试电路

电路搭建好后，按流程对电路进行调试，调试流程如图 15-5 所示。

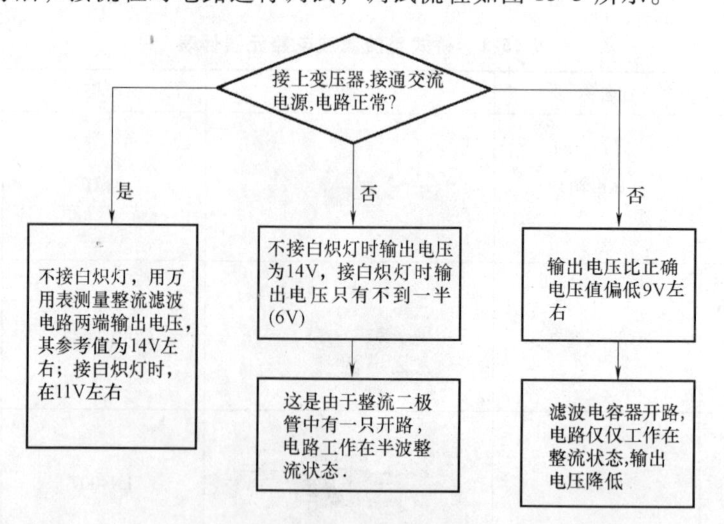

图 15-5　桥式整流滤波电路调试框图

任务四　电路测试与分析

测试 1：用万用表测量变压器的二次电压，并用示波器观察其波形，如图 15-6 所示。

测试 2：断开 S_1，不接滤波电路，用万用表测量整流滤波电路的输出电压，并用示波器观察其波形。如图 15-7 所示。

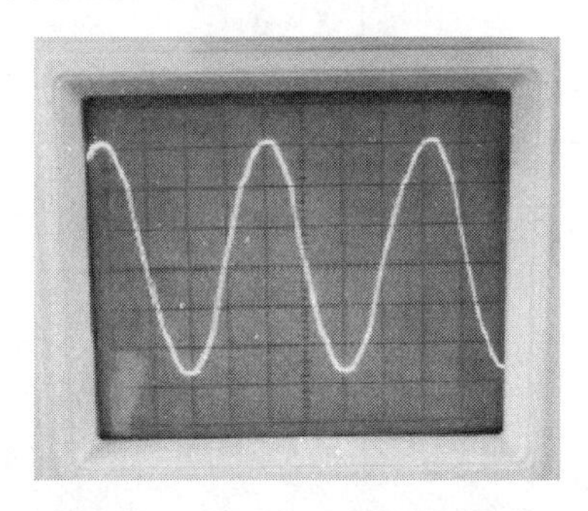

图 15-6　变压器二次电压的波形

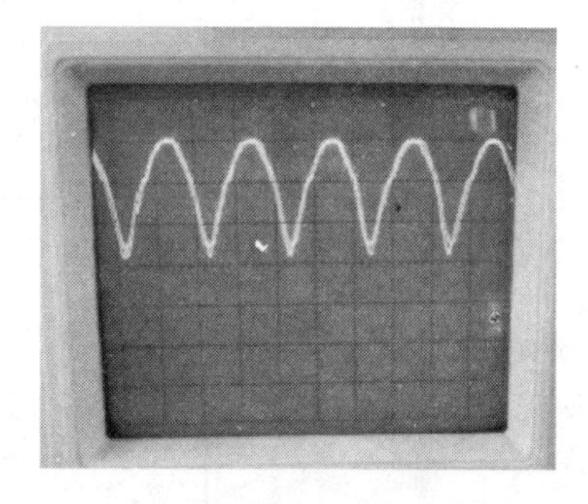

图 15-7　未接滤波电路时输出端的波形

测试 3：闭合 S_1、断开 S_2 时，接通滤波电路但不加负载，用万用表测量整流滤波电路的输出电压，并用示波器观察其波形。此时负载很小，输出电压接近空载电压，即电源变压器二次交流电压的峰值，如图 15-8 所示。

测试 4：闭合 S_1、S_2，接通滤波电路同时给电路加上负载，用万用表测量整流滤波电路的输出电压，并用示波器观察其波形。加上负载后，电路的输出电压比空载时明显下降，如图 15-9 所示。

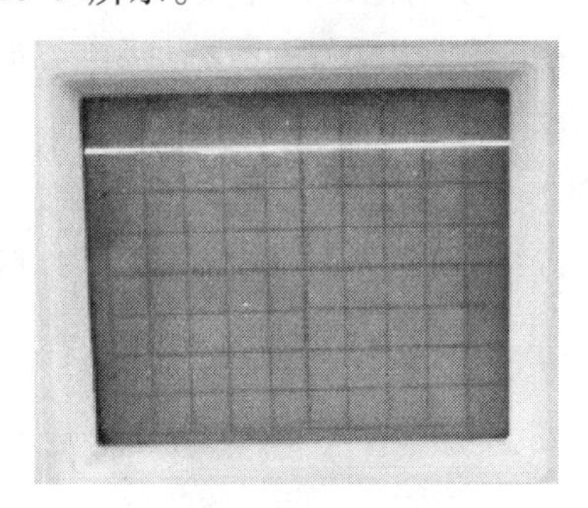

图 15-8　接入滤波电路时输出电压的波形

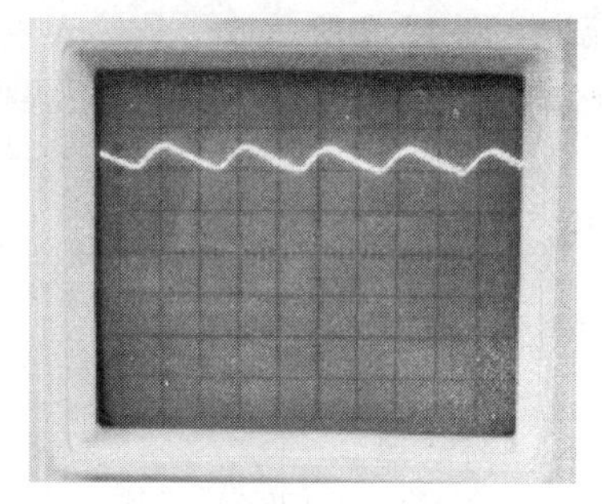

图 15-9　接入负载电路时输出电压的波形

将测试结果填入表 15-2。

表 15-2　桥式整流滤波电路测试记录

测试项目		变压器二次电压 u_2	输出电压 u_o
不接入电容器 C 时	有效值	U_2 = __ V	U_o = __ V
	波形	u_2/V（纵轴），t/s（横轴）	u_o/V（纵轴），t/s（横轴）

（续）

测试项目		变压器二次电压 u_2	输出电压 u_o
接入电容器 C，不接负载时	有效值	U_2 = __ V	U_o = __ V
	波形	u_2/V　t/s	u_o/V　t/s
接入电容器 C 及负载时	有效值	U_2 = __ V	U_o = __ V
	波形	u_2/V　t/s	u_o/V　t/s

分析 1：通过示波器观察到的波形如图 15-6、图 15-7、图 15-8、图 15-9 所示，这四种波形有何特点？

图 15-6 所示波形是经变压器降压后二次电压的波形，其大小与方向都随时间变化，是交流电的波形。图 15-7 所示波形是经整流桥对交流电进行桥式整流后输出的波形，其大小随时间发生变化，但方向不再发生变化，属于脉动的直流电。图 15-8 所示波形是在整流电路后接入电容器，对脉动直流电进行滤波，此时输出的电压波动的范围明显减小，接近恒稳直流电。图 15-9 所示波形是接入较大负载后整流滤波电路的输出电压，此没有接电容时波形平滑，电压值也提高了，但不再像空载时波形呈一条直线时的电压那么高。

分析 2：交流电通过整流桥后，为什么会变成了脉动的直流电？

整个工作过程由图 15-10 和图 15-11 两部分合成，所以输出电压 u_o 和输出电流 i_o 的波形如图 15-12 所示。

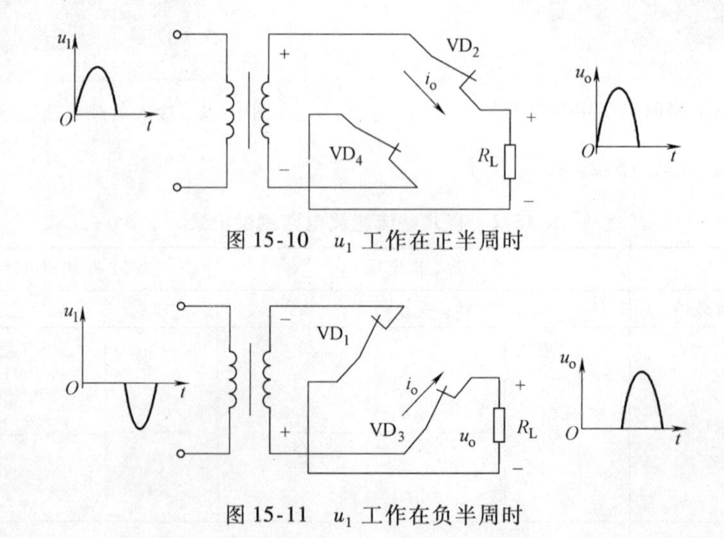

图 15-10　u_1 工作在正半周时

图 15-11　u_1 工作在负半周时

图 15-10 中，变压器的一次电压 u_1 为正半周，VD_2 和 VD_4 因加正向电压而导通，VD_1 和 VD_3 因加反向电压而截止，电流 i_o 流经 VD_2、R_L 和 VD_4，并在 R_L 上产生压降 u_o。

图 15-11 中，变压器的一次电压 u_1 为负半周，VD_2 和 VD_4 因加反向电压而截止，VD_1 和 VD_3 因加正向电压而导通。电流 i_o 流经 VD_1、R_L、VD_3，并在 R_L 上产生压降 u_o。

分析 3：在桥式整流电路后面并联了一个大电容量的电容器，脉动直流电经过电容滤波后为什么会变成比较平滑的直流电？

图 15-13 为典型的桥式整流滤波电路（电容滤波）。

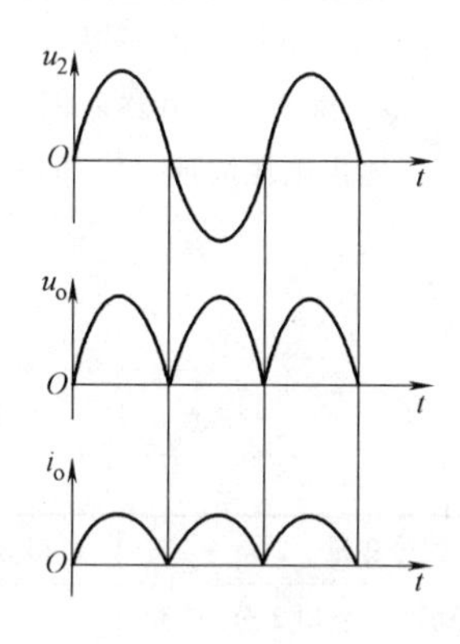

图 15-12　桥式整流电路分析图

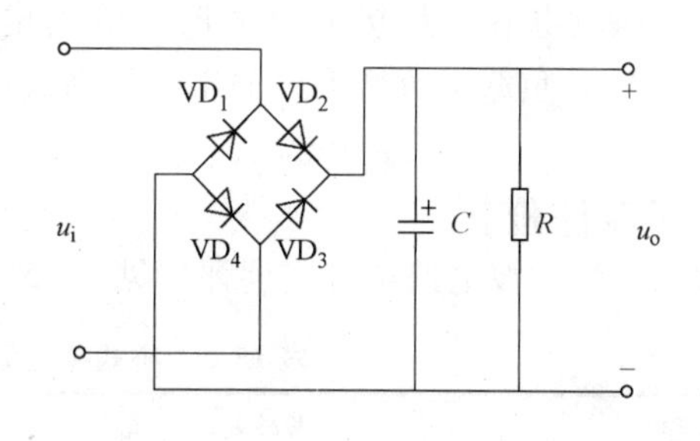

图 15-13　典型的桥式整流滤波电路（电容滤波）

本电路中，滤波电路由并联在整流输出端的电容器构成。当整流输入电压大于电容器上的电压时，整流二极管导通，给负载供电，同时对电容器充电，使其达到变压器二次电压峰值。当输入电压减小到小于电容器两端电压时，整流二极管截止，所以电容器就开始对负载放电，补充输入电压的不足。当放电到电容器两端电压小于输出端电压时，整流二极管导通，电容器继续充电。过一过程不断重复，于是在负载端便得到了较为平滑的电压，如图 15-14 所示。

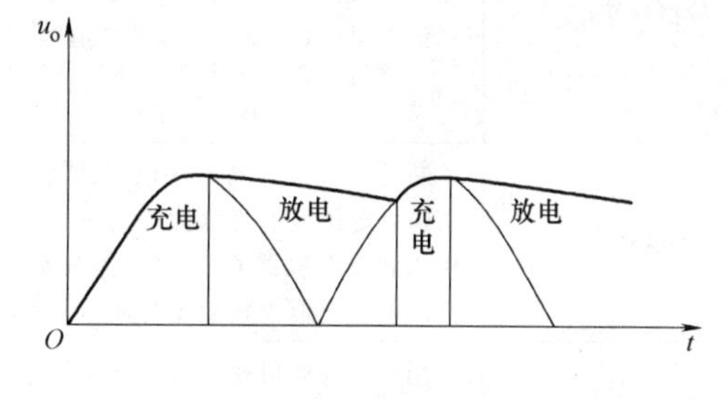

图 15-14　桥式整流（电容）滤波电路的输出波形

通过实验发现，滤波电容器的电容量较大而负载电流又较小时，电容器放电缓慢，波形相对比较平滑。因此，电容滤波电路比较适合小功率的负载。

分析 4：在整流电路输出端接上滤波电容与负载，输出电压有何变化？

由分析 2 可知，在单相桥式整流电路中，交流电在一个周期内的两个半波都有同方向的电流流过负载，因此在 u_2 一样时，该电路输出的电流和电压均比半波整流大一倍。

如图 15-15 所示，若变压器二次电压为：

$$u_2 = \sqrt{2}U_2 \sin\omega t$$

依据数学推导或实验都可以证明，单相桥式整流电路中，输出的脉动直流电压平均值为

$$U_L = 0.9U_2$$

流过负载的平均电流为

$$I_2 \approx \frac{U_L}{R_L} \approx 0.9\frac{U_2}{R_L}$$

接上滤波电容，不接负载时，负载开路。此时输出电压最高，即

$$U_o = \sqrt{2}U_2$$

在测试3中，电路输出端只有由发光二极管LED与限流电阻R组成的电源指示电路，它们上面流过的电流很小，因此，可近似认为电路空载。

接上滤波电容，且接上负载时，输出电压一般在$(1\sim1.2)U_2$，负载电流增大，输出电压降低。

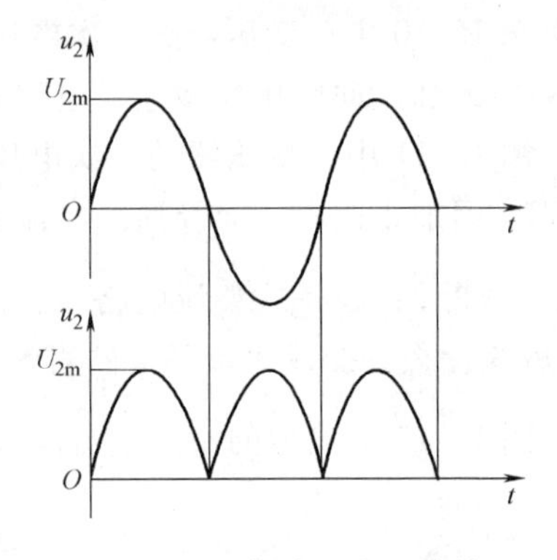

图15-15 桥式整流电路输入输出电压波形

【项目实训评价】

桥式整流滤波电路项目实训评价见表15-3。

表15-3 桥式整流滤波电路项目实训评价

项目	考核要求	配分	评分标准	得分
元器件识别与检测	按要求对所有元器件进行识别与检测	25分	元器件识别错一个扣2分，检测错一个扣2分	
元器件成形、插装、导线连接	元器件按工艺要求成形、布局合理、插装连接可靠、引脚长度合适、标记方向一致，导线连接简洁清楚	25分	元器件成形不合要求，每处扣2分 插装位置、极性错误，每处扣2分 排列不齐、标记方向乱、布局不合理，扣3~10分	
电路调试	断开滤波电容器C，用示波器观察输出电压波形为脉动的直流电；接入滤波电容器C，用示波器观察输出电压波形为较平缓的直流电	25分	电路不正确，扣5~20分	
电路测试	用万用表测量变压器二次电压、输出电压；正确使用示波器观察变压器二次侧、整流输出、滤波输出的电压波形	15分	不会正确使用万用表测量电压，扣4~8分；不会正确使用示波器观察波形，扣3~7分	
安全文明操作	工作台面整齐，遵守安全操作规程	10分	不到之处扣3~10分	
合计		100分		

【知识链接一】 整流桥堆

整流桥又称为桥堆，就是将整流二极管封在一个壳内，分为全桥和半桥。全桥是将连接好的桥式整流电路的4个二极管封在一起；半桥是将两个二极管，即桥式整流的一半封在一起。用两个半桥可组成一个桥式整流电路，一个半桥也可以组成变压器带中心抽头的全波整流电路；选择整流桥要考虑整流电路和工作电压。

全桥是由 4 只整流二极管，按桥式全波整流电路的形式连接并封装为一体构成的，有 4 个引脚，分别是整流桥的输入与输出端。图 15-16 是常用整流桥的外形。整流桥的内部等效电路可以用图 15-17 所示的三种形式来表示。

全桥的正向电流有 0.5A、1A、1.5A、2A、2.5A、3A、5A、10A、20A、35A、50A 等多种规格，耐压值（最高反向电压）有 25V、50V、100V、200V、300V、400V、500V、600V、800V、1000V 等多种规格。选择整流桥要考虑整流电路和工作电压。

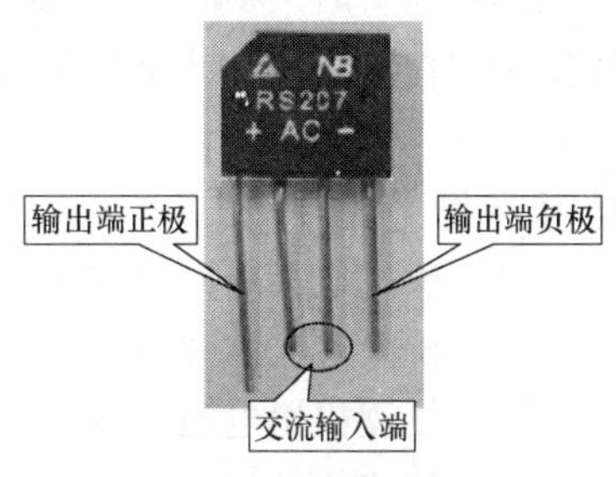

图 15-16　整流桥堆

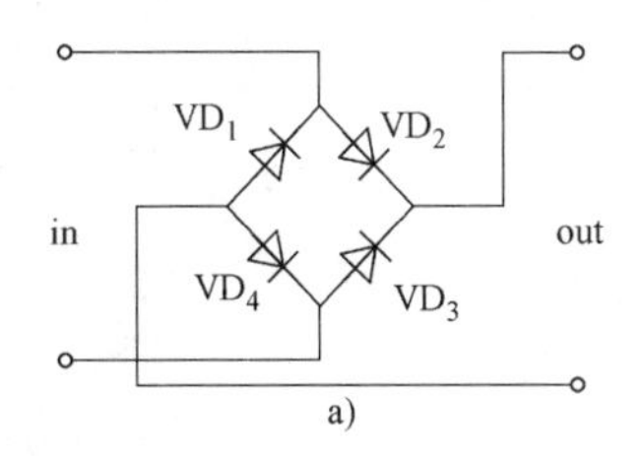

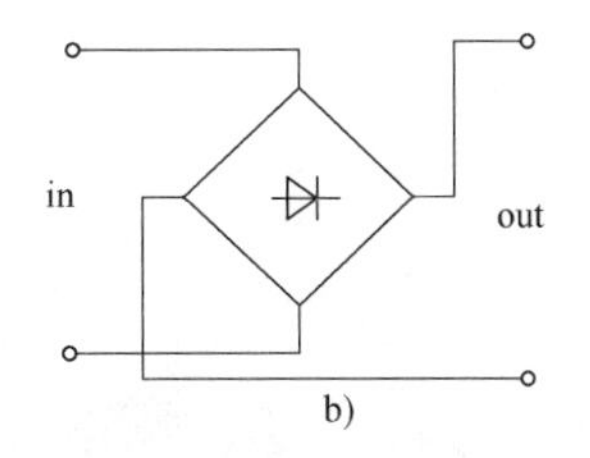

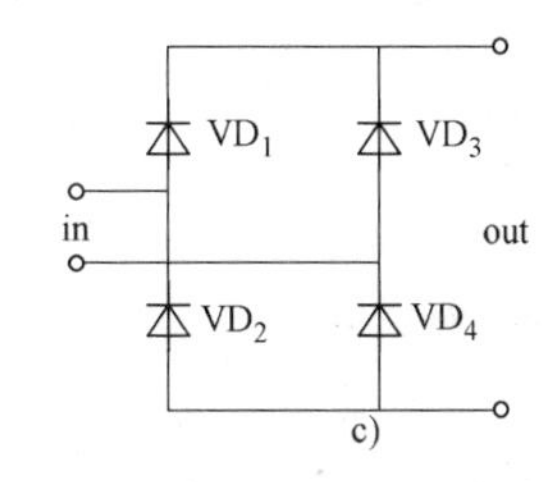

图 15-17　整流桥的表示形式

【知识链接二】　整流滤波电路的三种基本类型

整流滤波电路的三种基本类型见表 15-4。

表 15-4　整流滤波电路的三种基本类型

	半波整流(电容)滤波	全波整流(电容)滤波	桥式整流(电容)滤波
原理图			
不同 τ 的充放电曲线			
正常工作时的 U_o	$U_o=U_2=10V$	$U_o=(1.0\sim1.2)U_2=10\sim12V$	$U_o=(1.0\sim1.2)U_2=10\sim12V$
C 开路时的 U_o	$U_o=0.45U_2=4.5V$	$U_o=0.9U_2=9V$	$U_o=0.9U_2=9V$
R_L 开路时的 U_o	$U_o=\sqrt{2}U_2=1.4\times10V=14V$	$U_o=\sqrt{2}U_2=1.4\times10V=14V$	$U_o=\sqrt{2}U_2=1.4\times10V=14V$
整流二极管	$U_{DM}=\sqrt{2}U_2 I_o=I_L$	$U_{DM}=2\sqrt{2}U_2 I_o=0.5I_L$	$U_{DM}=\sqrt{2}U_2 I_o=0.5I_L$

说明：电容器的参数选择要兼顾两个方面，一是充放电时间常数 τ 的大小，二是电路接通时浪涌电流 I 的大小。单从滤波效果来看，电容值越大，滤波效果越好，输出电压越高，但可能引起浪涌电流过大而损坏整流二极管。

【复习与思考题】

15-1 桥式整流电路是如何工作的？

15-2 桥式整流滤波电路中，改变滤波电容的大小，输出电压有什么影响？

15-3 复读机用电池放音正常，用外接整流电源放音磁带速度明显变慢，试分析原因。

15-4 整流桥是如何接线的？

15-5 画图说明有几种典型的整流电路。

项目十六　测试稳压二极管并联型稳压电路

任务一　认 识 电 路

1. 电路工作原理

图 16-1 为稳压二极管并联型稳压电路的工作原理。

由整流滤波电路输出的直流电，虽然波动较小，但此时由于电网电压波动和负载变化的影响，电压值并不稳定，还需要通过稳压电路来稳定电压。稳压二极管并联稳压电路是一种最简单的稳压电路，适用小功率和对稳压精度要求不高的场合。

该电路由限流电阻和稳压二极管组成。由于稳压二极管与负载是并联的，因此称为并联型稳压电路。电路输出的直流电压值由稳压二极管 VS 的稳压值决定。

2. 电路实物

根据图 16-1 搭建电路，如图 16-2 所示。

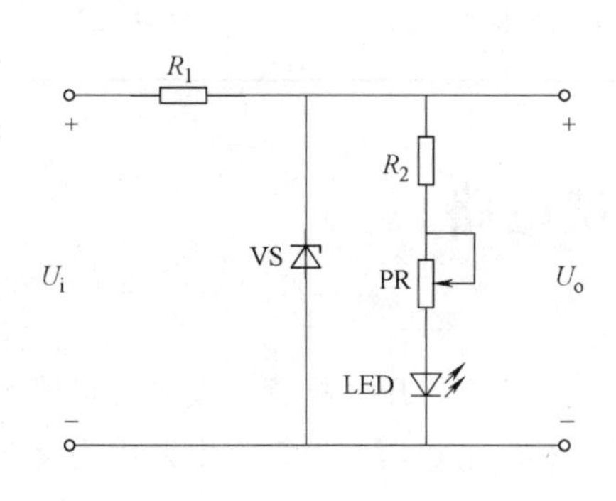

图 16-1　稳压二极管并联型稳压电路的工作原理图

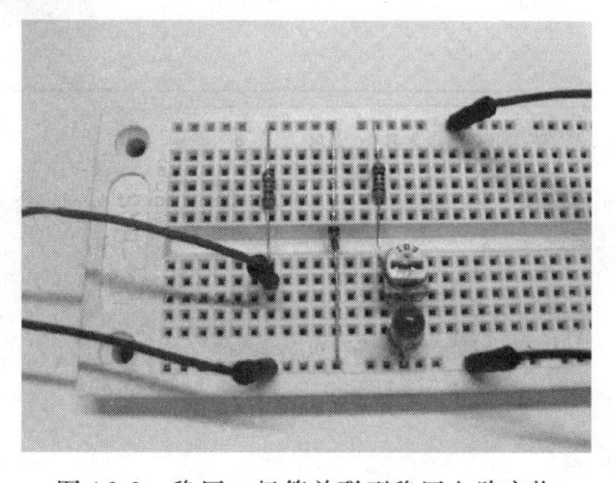

图 16-2　稳压二极管并联型稳压电路实物

任务二　识别与检测元器件

识别并检测表 16-2 中的元器件。

1）色环电阻器：识读其标称阻值，用万用表检测其实际阻值，将检测结果填入表 16-1 中。

2）电解电容器：识别判断其正、负极性，并用万用表检测，将检测结果填入表 16-1 中。

3）发光二极管：识别判断其正、负极性，并用万用表检测其正、反向电阻，将检测结果填入表 16-1 中。

4）稳压二极管：判断其正、负极性，并用万用表检测，将检测结果填入表 16-1 中。

5）微调电位器：用万用表测量其阻值，将检测结果填入表 16-1 中。

表 16-1　小电流稳压二极管并联型稳压电路元器件

代号	名称	实　物　图	规格	检测结果
R_1	色环电阻器		200Ω	
R_2	色环电阻器		220Ω	
RP	微调电位器		10kΩ	
VS	稳压二极管		6.2V	
LED	发光二极管		红色 ϕ5mm	

任务三　搭接与调试电路

1. 搭接电路

安装时要按电子工艺要求进行，但在插装的过程中，应注意稳压二极管、发光二极管的正、负极性，同时要正确连接电位器的三个端。特别要注意的是稳压二极管在电路中为反向接法。

2. 调试电路

电路搭建完成之后，按图 16-3 所示流程给电路通电，进行电路的调试。

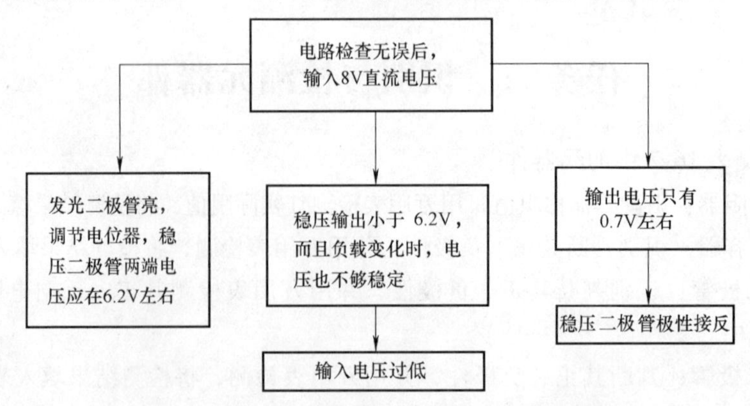

图 16-3　稳压二极管并联型稳压电路调试流程

任务四　电路测试与分析

测试1：电位器居中，调整输入电压的大小，分别为8V、9V、10V、11V、12V时，用万用表测量输出端的电压大小。

测试2：改变电路中电位器的阻值R_P，分别为10kΩ、1kΩ、300Ω、0Ω时，用万用表测量输出端的电压大小。

将测试结果填人表16-2。

表16-2　小电流稳压二极管并联型稳压电路测试记录

输出电压/V		输入电压/V				
		8	9	10	11	12
R_P	10kΩ					
	1kΩ					
	300Ω					
	0Ω					

分析1：为什么改变输入电压的大小，或者改变负载电路中的阻值大小时，稳压电路输出端电压基本不发生改变?

这是由稳压二极管的稳压特性决定的。图16-4为稳压二极管稳压电路。电阻R起限流分压作用，稳压二极管VS反向并联在负载R_L两端组成并联型稳压电路。

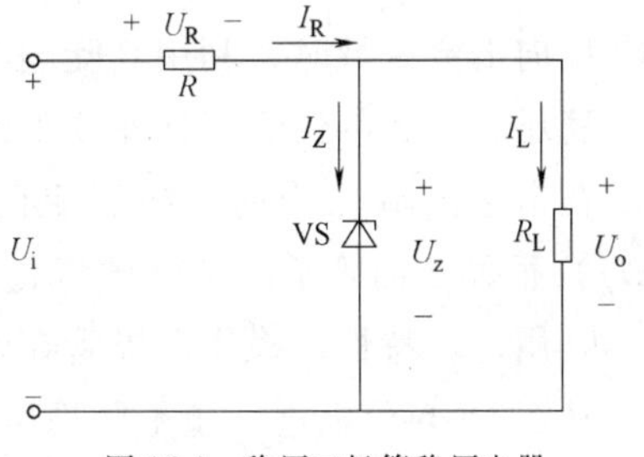

图16-4　稳压二极管稳压电器

当输入电压U_i增大或负载R_L阻值增大时→输出电压U_o增大→稳压二极管的反向电压U_Z增大→稳压电流I_Z急剧上升→流过R的电流I_R上升→U_R增大，从而抵消了输出电压U_o的波动。

反之，当输入电压U_i降低或负载R_L阻值变小时，同理可分析出输出电压U_o也能基本保持不变。

分析2：稳压二极管并联型稳压电路适用于哪些电源电路?

稳压二极管并联型稳压电路由稳压二极管和限流电阻组成，其结构简单，相对成本低。但是，这种电路的输出电流小，带负载能力比较差，输出端的电压是固定不可调的，且稳压性能差，一般适用于电压固定、稳压精度要求不高、电流比较小的场合。

【项目实训评价】

稳压二极管并联型稳压电路项目实训评价见表16-3。

表16-3　稳压二极管并联型稳压电路项目实训评价

项　目	考核要求	配分	评分标准	得分
元器件识别与检测	按要求对所有元器件进行识别与检测	20分	元器件识别错一个扣2分，检测错一个扣2分	

（续）

项　　目	考核要求	配分	评分标准	得分
元器件成形、插装、导线连接	元器件按工艺要求成形、布局合理、插装连接可靠、引脚长度合适、标记方向一致，导线连接简洁清楚	20分	元器件成形不合要求，每处扣2分；插装位置、极性错误，每处扣2分；排列不齐、标记方向乱、布局不合理，扣3~10分	
电路调试	通电后电路正常工作	20分	电路不正确，扣5~15分	
电路测试	用万用表观察各测试点的数值，数值记录规范、正确	30分	不会正确使用万用表测量电压，扣5~15分；记录不正确、不规范，扣5~15分	
安全文明操作	工作台面整齐，遵守安全操作规程	10分	不到之处扣3~10分	
合计		100分		

【知识链接一】　稳压二极管的工作特性

稳压二极管又称齐纳二极管，文字符号通常为“VS”，电路符号和外形封装如图16-5所示。它是一种用特殊工艺制造的硅二极管，只要反向电流不超过极限电流，管子工作在击穿区并不会损坏，属于可逆击穿，这与普通二极管破坏性击穿是截然不同的。稳压二极管工作在反向击穿区域时，利用其陡峭的反向击穿特性在电路中起稳定电压作用。

稳压二极管的伏安特性曲线如图16-6所示，其正向特性与普通二极管相同，反向特性曲线在击穿区域比普通二极管更陡直，这表明稳压二极管击穿后，通过管子的电流变化（ΔI_Z）很大，而管子两端电压变化（ΔU_Z）很小，或者说管子两端电压基本保持一个固定值。利用这一特性，稳压二极管在电路中就能起稳压作用。

从图16-6可以进一步了解稳压二极管的应用。改变电路中的电源电压值，尽管回路电流 I_Z 在10~45mA范围内变化，但用万用表测稳压二极管（以2CW53为例）两端的电压，基本保持5V不变。

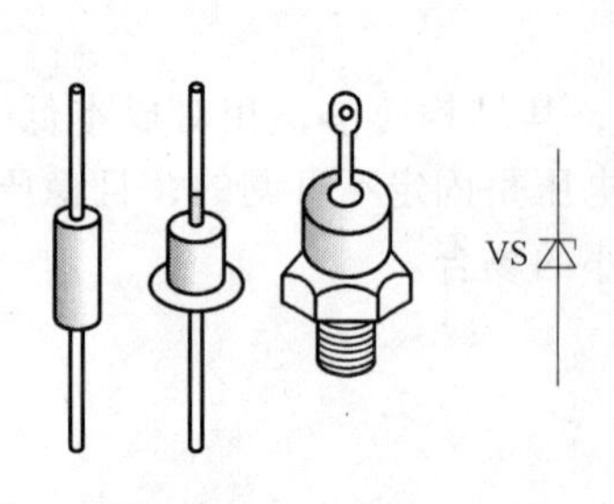

图16-5　稳压二极管

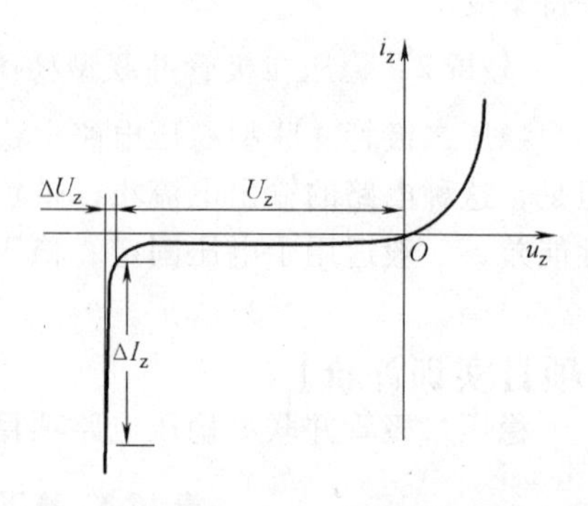

图16-6　稳压二极管伏安特性曲线

稳压二极管主要用于恒压源、辅助电源和基准电源电路。使用时注意，有高于其稳压值的足够大的反向输入电压以及合适的限流电阻，才会有良好的稳压效果。

【知识链接二】　稳压二极管的主要参数与检测方法

1. 主要参数

1）稳定电压 U_Z：指稳压二极管正常工作时两端的电压值。这个数值随工作电流和温度的不同略有改变。可以认为某个稳压二极管稳定电压基本不变，但是同一型号的稳压二极管的稳定电压值有一定的离散性。例如，2CW14 硅稳压二极管的稳压电压为 6～7.5V。

2）稳定电流 I_Z：指稳压二极管在正常工作时的电流值，其值在稳压区域的最小电流 I_{Zmin} 与最大电流 I_{Zmax} 之间。最小稳定电流是稳压二极管工作于稳定电压时所需的最小反向电流；最大稳定电流是稳压二极管允许通过的最大反向电流。当流过管子的电流小于 I_{Zmin} 时，管子不能起稳压作用。

3）耗散功率 P_{ZM}：指稳压二极管不致因热击穿而损坏的最大耗散功率。它近似等于稳定电压与最大稳定电流的乘积，即

$$P_{ZM} = U_Z I_{ZM}$$

2. 检测方法

1）从稳压二极管的外壳上识读其正、负极性。有一条色带标志的一端为稳压二极管的负极，另一端为稳压二极管的正极，如图 16-7 所示。

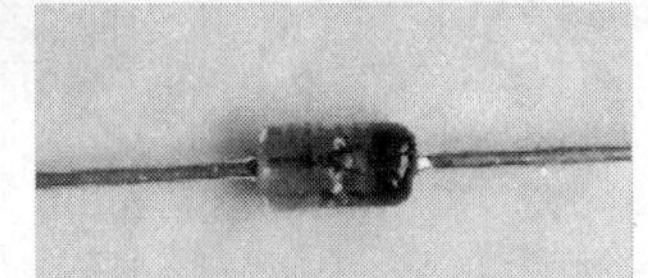

图 16-7　稳压二极管正、负极性识别

2）万用表检测稳压二极管的性能好坏。使用数字式万用表检测时，可以利用二极管的“正向导通，反向截止”的特性来进行检测。

将数字式万用表置于二极管挡位：

① 红表笔接正极，黑表笔接负极，万用表显示 0.7～0.5，同时万用表蜂鸣器发出“滴”声；

② 交换表笔，万用表显示“1”。

【复习与思考题】

16-1　简述稳压二极管并联型稳压电路的电路组成。

16-2　稳压二极管在稳压电路中应如何连接？有 5V 和 7V 稳压二极管各一只，可以得到几种稳定电压？

16-3　在并联型稳压电路中，稳压二极管是如何工作的？

16-4　选择稳压二极管时，应根据哪些主要参数？

16-5　稳压二极管并联型稳压电路有哪些优缺点？

项目十七　制作黑白电视机电源——晶体管串联型稳压电路

任务一　认 识 电 路

常见的电子实习套件中，5.5in 黑白电视机比较常见，如图 17-1 所示。

黑白电视机内部电路实物如图 17-2 所示。

图 17-1　5.5in 黑白电视机的外形

图 17-2　5.5in 黑白电视机电路板

接下来介绍电路的电源部分。

1. 电路工作原理

晶体管串联型稳压电路的工作原理如图 17-3 所示。

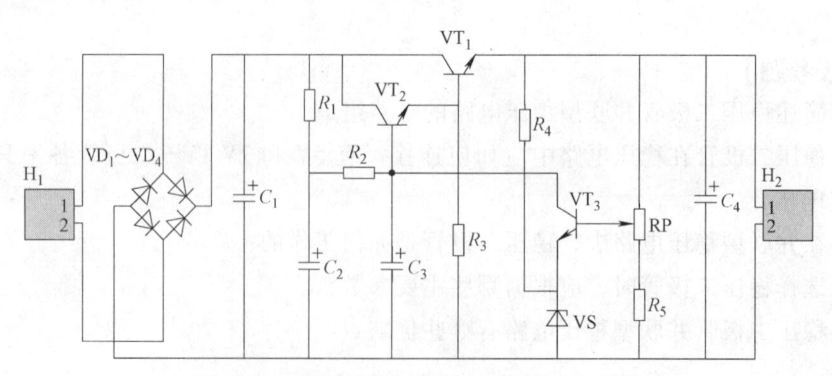

图 17-3　晶体管串联型稳压电路的工作原理

在图 17-3 中，从输入端送入的交流电经过整流二极管 VD_1 ~ VD_4 整流、电容器 C_1 滤波成为直流电，输入到稳压部分。稳压部分调整器件由复合调整管 VT_1、VT_2 组成，复合调整管相当于一个可调电阻与负载串联，用于调整输出的电压：R_1、R_2 为复合调整管的偏置电阻，C_2、C_3 用于减小纹波电压，R_3 为复合管反向穿透电流提供通路，防止温度升高时失控。R_4 与 VS 提供稳定的基准电压，RP、R_5 组成输出电压取样电路，将输出电压按比例取出一部分送入比较放大管 VT_3 的基极，与发射极基准电压比较，比较产生的误差电压经放大后控制复合调整管，改变调整管的导通程序以调节其集射极电压降，从而调节输出电压。调 RP 可改变稳压电源输出电压的大小。电路的工作框图如图 17-4 所示。

2. 电路实物

晶体管串联型稳压电路实物如图 17-5 所示。

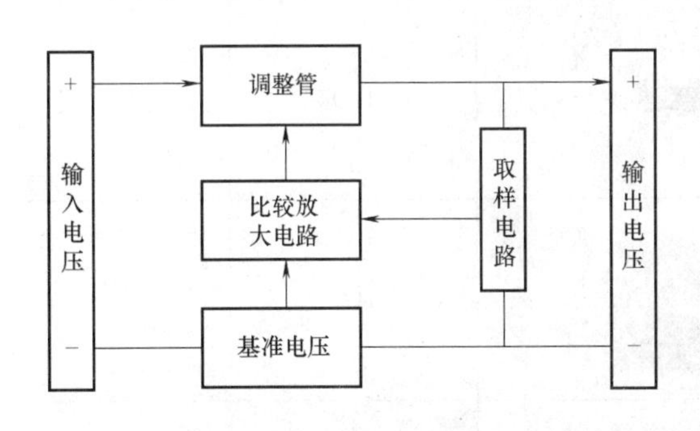

图 17-4　晶体管串联型稳压电路框图

图 17-5　晶体管串联型稳压电路实物

任务二　识别与检测元器件

识别并检测表 17-1 中的元器件。

1）色环电阻器：识读其标称电阻值，用万用表检测其实际阻值，将检测结果填入表 17-1 中。

2）电解电容器：识别其正、负极性，并用万用表检测，将检测结果填入表 17-1 中。

3）电位器：测量其阻值，将检测结果填入表 17-1 中。

4）稳压二极管：判断其正、负极性，并用万用表检测，将检测结果填入表 17-1 中。

5）晶体管：识别其类型与管脚的排列，并用万用表进行检测，将检测结果填入表 17-1 中。

表 17-1　晶体管串联型稳压电路元器件

代号	名称	实　物　图	规格	检测结果
R_1	色环电阻器		1kΩ	
R_2	色环电阻器		1kΩ	
R_3	色环电阻器		47kΩ	

（续）

代号	名称	实 物 图	规格	检测结果
R_4	色环电阻器		1kΩ	
R_5	色环电阻器		1kΩ	
R_P	电位器		1kΩ	
VD_1 ~ VD_4	二极管		1N4007	
VS	稳压二极管		6.2V	
C_1	电解电容器		1000μF/25V	
C_2	电解电容器		10μF/25V	
C_3	电解电容器		10μF/25V	
C_4	电解电容器		470μF/25V	
VT_1	晶体管		D880	

（续）

代号	名称	实 物 图	规格	检测结果
VT_2	晶体管		9013	
VT_3	晶体管		9013	

任务三 制作与调试电路

1. 制作电路

按照图 17-6 所示的流程制作晶体管串联型稳压电路。

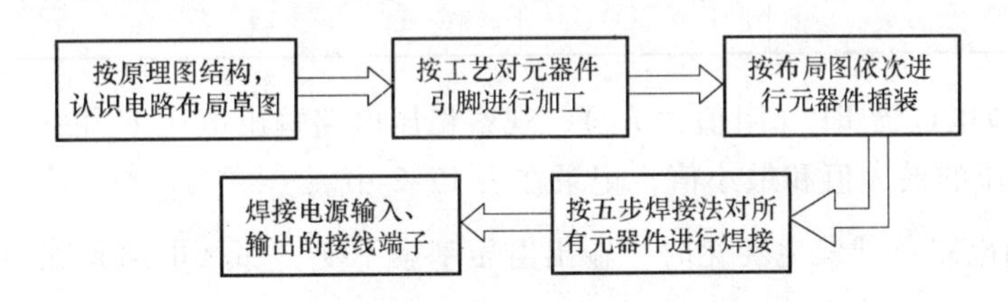

图 17-6 晶体管串联型稳压电路制作流程

2. 调试电路

电路搭建好后，按照图 17-7 所示的流程，给电路通电，对电路进行调试。

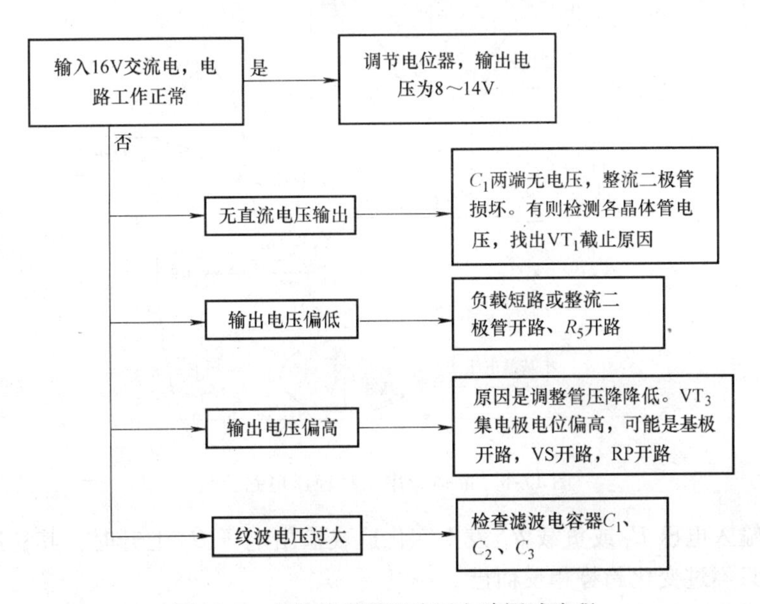

图 17-7 晶体管串联型稳压电路调试流程

任务四　电路测试与分析

测试 1：给电路通入 16V 交流电，调节 RP 使输出电压为 12V，测量稳压电路输入电压，即电容器 C_1 两端的电压；然后在输出端接上摩托车用转向白炽灯作为负载，测量带负载后电容器 C_1 两端的输入电压以及负载两端的输出电压，将测量结果记入表 17-2 中。

表 17-2　晶体管串联型稳压电路测试记录（一）

	稳压电路输入电压	稳压电路输出电压	U_{omin}	U_{omax}
空载		12V		
带负载				

测试 2：测量电路中晶体管 VT_1、VT_2、VT_3 的各极电位，将测试结果记录在表 17-3 中。

表 17-3　晶体管串联型稳压电路测试记录（二）　　（单位：V）

U_{B3}（取样电压）	U_{E3}（U_Z）（基准电压）	U_{C3}（U_{B2}）	U_{E2}（U_{B1}）	U_{C1}（U_{C2}）（输入电压）	U_{E1}（输出电压）

测试 3：调节电位器 RP（阻值为 R_P），观察稳压电路输出电压 U_o 的变化范围，使用万用表测量输出电压的最大值和最小值，记录在表 17-2 中。

分析 1：当电路负载发生变化时，输出电压基本不变。那么电路是如何实现保持输出电压稳定的？

图 17-8 所示为晶体管串联型稳压电路分析，稳压过程如图 17-9 所示。

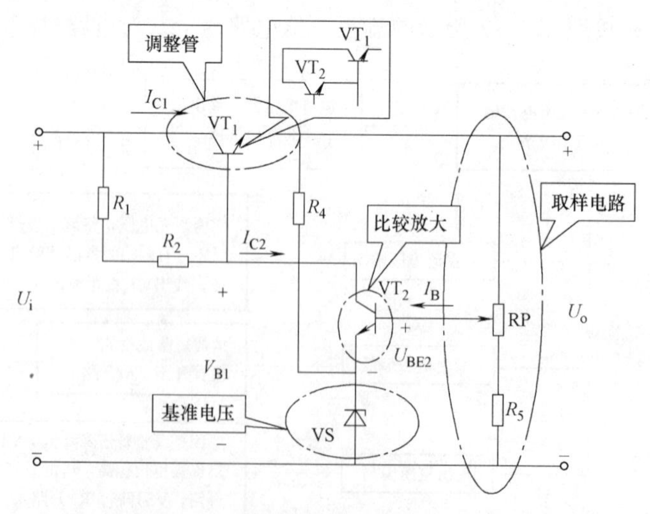

图 17-8　晶体管串联型稳压电路分析

反之，当输入电压 U_i 或负载 R_L 发生变化造成输出电压 U_o 上升时，其稳压过程和上面的分析一样，只不过变化趋势相反而已。

所以，电路能够保持输出电压恒定，不受输入电压和负载的影响。

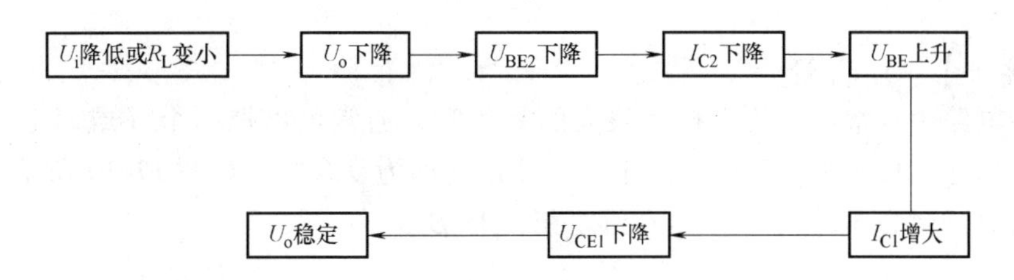

图 17-9 晶体管串联型稳压电路的稳压过程

分析 2：由测试 2 可以看出，调节电位器阻值能够在一定范围内改变输出电压，试计算输出电压的最大值与最小值。

试取样电路中流过的电流为 I，则

$$U_{B2}=\frac{R_5+R'_P}{R_5+R_P}U_o$$

式中，R'_P为电位器接入电路的下半部分阻值。

由上式得

$$U_o=\frac{R_5+R_P}{R_5+R'_P}U_{B2}$$

在图 17-8 中，$U_{B2}=U_{BE2}+U_Z$，而 U_{BE2}相对而言远远小于 U_Z，所以通常忽略不计，因此得出电路输出电压为

$$U_o=\frac{R_5+R_P}{R_5+R'_P}U_Z$$

在上式中，当 R'_P值变小时，输出电压变大，但是由于电阻存在，最大值不可能达到输入电压值；当 R'_P值变大时，输出电压就变小，电压最小值不会达到零值。

【项目实训评价】

晶体管串联型稳压电路项目实训评价见表 17-4。

表 17-4 晶体管串联型稳压电路项目实训评价

项目	考核要求	配分	评分标准	得分
元器件识别与检修	会识别检测所有元器件	20 分	元器件识别错一个扣 2 分，检测错一个扣 2 分	
元器件成形、插装	元器件按工艺要求成形、插装位置正确、引脚长度合适、标记方向一致	10 分	元器件成形不符合要求，每处扣 2 分；插装位置、极性错误，每处扣 2 分；标记方向乱，扣 1～3 分	
焊接质量	焊点均匀一致、光滑无毛刺、无虚焊	20 分	有搭锡、虚焊、漏焊、铜箔脱落等现象，每处扣 2 分；焊点不光滑及焊料过多、过少，每处扣 2 分	
电路调试	通电后电路正常工作	20 分	电路不正确，扣 5～15 分	
电路测试	正确使用万用表测量各测试点电压	20 分	不会正确使用万表测量电压，扣5～15 分；记录不正确规范，扣 1～5 分	
安全文明操作	工作台面整齐，遵守安全操作规程	10 分	不到之处扣 3～10 分	
合计		100 分		

【知识链接一】 复合管

在一些电路中常常需要放大倍数很大的晶体管，通常可以把两个（或两个以上）晶体管的电极适当地连接起来，等效为一个管子使用，即为复合管，如图 17-10 所示。复合管的电流放大倍数近似为 VT_1 与 VT_2 的 β 值之积，$\beta=\beta_1\beta_2$。

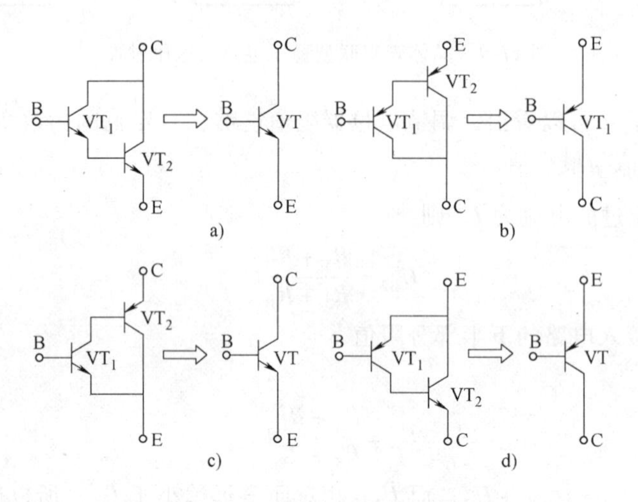

图 17-10　四种常见的复合管形式

连接成复合管，要保证参与复合的每只管子三个电极的电流都能正常流动。以前面一只管子的基极作为复合管的基极，根据电流流向，前管的 C、E 极中的一个与后管的 B 极连接，另一只管脚与后管的连接也是以电流通畅为原则。复合管的发射极与集电极由前一只管子确定。

【知识链接二】 散热片

散热片如图 17-11 所示，它是一种给电器中的易发热电子元器件散热的装置，多由铝合金，黄铜或纯铜做成板状、片状、多片状等，如计算机中中央处理器（CPU）要使用相当大的散热片，电视机中电源管、行管、功率放大器中的功率放大管都要使用散热片。

一般散热片在使用中要在电子元器件与散热片的接触面涂上一层导热硅胶（见图 17-12)，它能使元器件发出的热量更有效地传导到散热片上，再经散热片散发到周围空气中。导热硅胶是指在硅橡胶的基础上添加了特定的导电填充物所形成的一类硅胶。这类硅胶一般包括导热硅胶粘合剂，导热硅胶灌封料，以及已经硫化成某种形状的导热硅胶片、导热硅胶垫等。

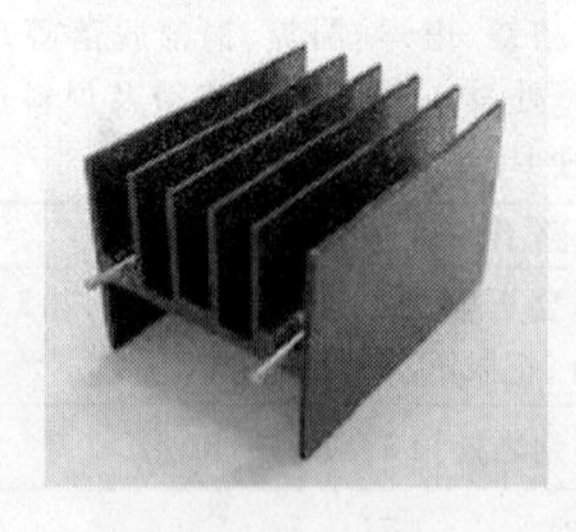

图 17-11　散热片

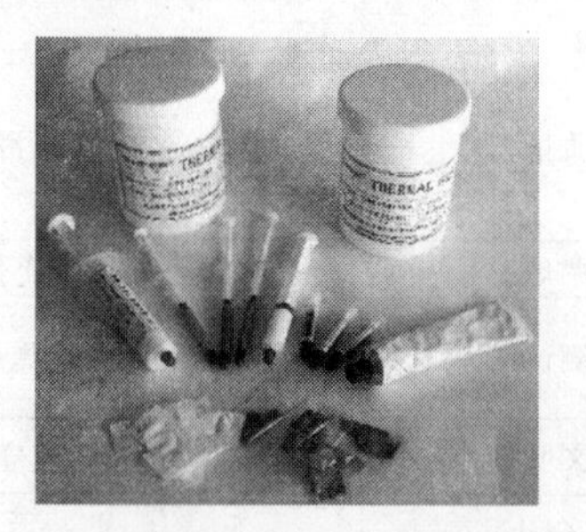

图 17-12　硅胶

【复习与思考题】

17-1　简述晶体管串联型稳压电路的工作原理。

17-2　试画出晶体管串联型稳压电路的组成框图。

17-3　晶体管串联型稳压电路是如何进行稳压的?

17-4　试画出几种复合管的连接图。

17-5　在设计、焊接、组装电路的过程中，你有哪些体验?

项目十八　制作三端集成稳压电路

任务一　认 识 电 路

1. 电路工作原理

图 18-1 为 LM317 稳压电路的工作原理。

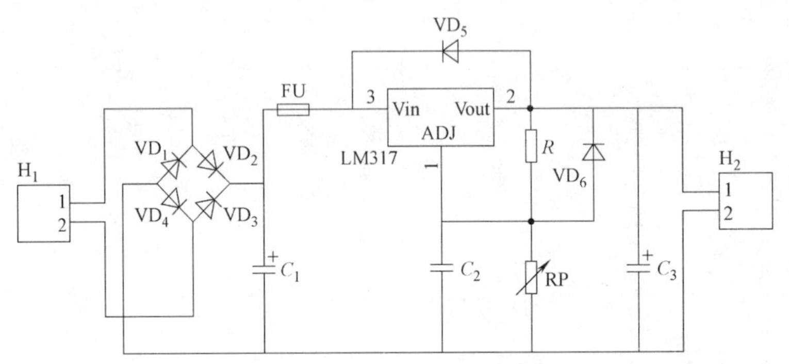

图 18-1　LM317 稳压电路的工作原理

该电路输入端送入的 15V 交流电，经过整流二级管 VD_1 ~ VD_4 整流，电容器 C_1 滤波后，从 LM317 的 3 端输入，2 端可以输出稳定的直流电压。调节电位器 RP 的阻值可以改变输出电压的大小，本电路中输出有效电压约为 1.25 ~ 15V，负载电流最大为 1.5A。

LM317 内置有过载等多种保护电路。为保证稳压器的输出性能，R 应小于 240Ω。改变 RP 的阻值即可调整稳压电压值。VD_5、VD_6 用于保护 LM317。

2. 电路实物

图 18-2 为三端集成稳压电路的实物。

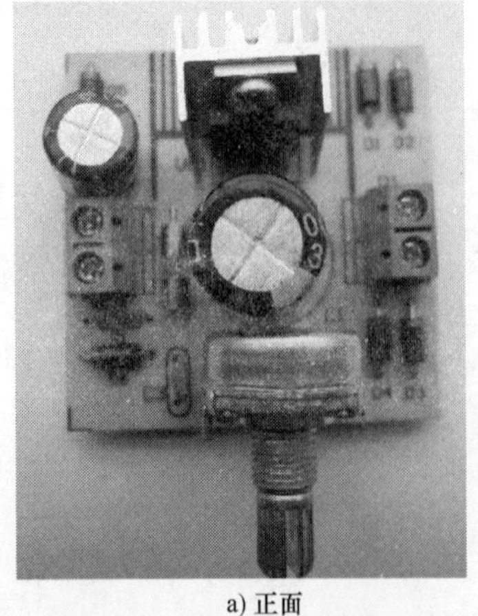

a) 正面

b) 反面

图 18-2　三端集成稳压电路的实物

任务二 识别与检测元器件

识别并检测表 18-1 中的元器件。

1）熔丝：判断其是否导通，将检测结果填入表 18-1。

2）色环电阻器：主要识读其标称阻值，用万用表检测其实际阻值，将检测结果填入表 18-1。

3）电解电容器：识别判断其正、负极性，并用万用表检测，将检测结果填入表 18-1。

表 18-1 三端集成稳压电路元器件

代号	名称	实物图	规格	检测结果
FU	熔丝	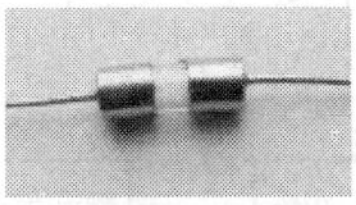	1A	
R	色环电阻器	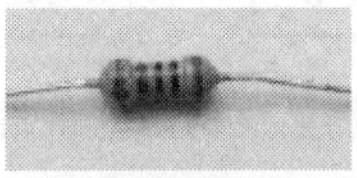	200Ω	
RP	电位器		2.2kΩ	
C_1	电解电容器		2200μF/35V	
C_2	电解电容器		470μF/35V	
C_3	瓷片电容器	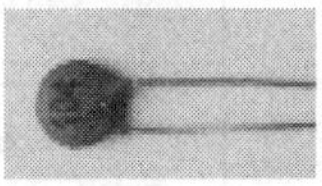	0.1μF	
$VD_1 \sim VD_6$	二极管		1N4007	
LM317	三端集成稳压器	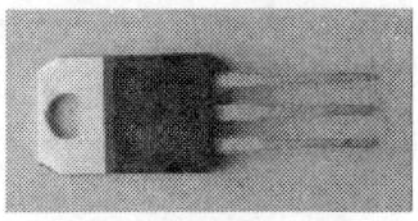	LM317	
	散热片			

4）二极管：判断其正、负极性，用万用表检测其正、反向电阻，将检测结果填入表 18-1。

5）电位器：用万用表测量其阻值，将检测结果填入表 18-1。

6）LM317 三端集成稳压器：识别其引脚并对性能进行检测。将检测结果填入表 18-1。

任务三　制作与调试电路

1. 制作电路

三端集成稳压电路制作流程框图如图 18-3 所示。

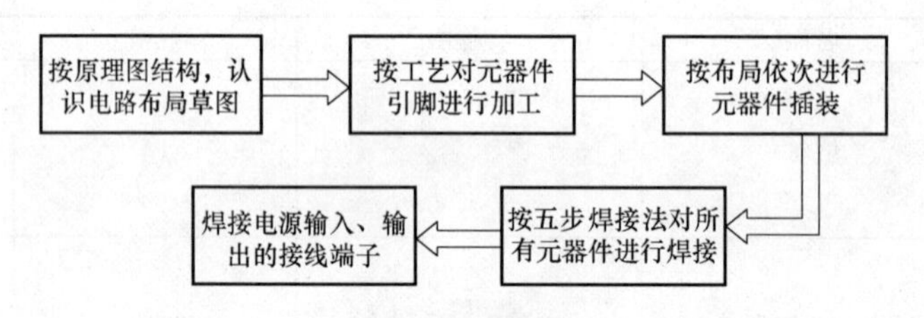

图 18-3　三端集成稳压电路制作流程框图

注意：LM317 采用立式安装，安装时，不能倾斜，三只脚均要焊牢；LM317 的三个引脚不可接错；应给 LM317 安装散热片。

2. 调试电路

安装完毕，应对电路进行调试，调试过程可按以下流程进行，如图 18-4 所示。

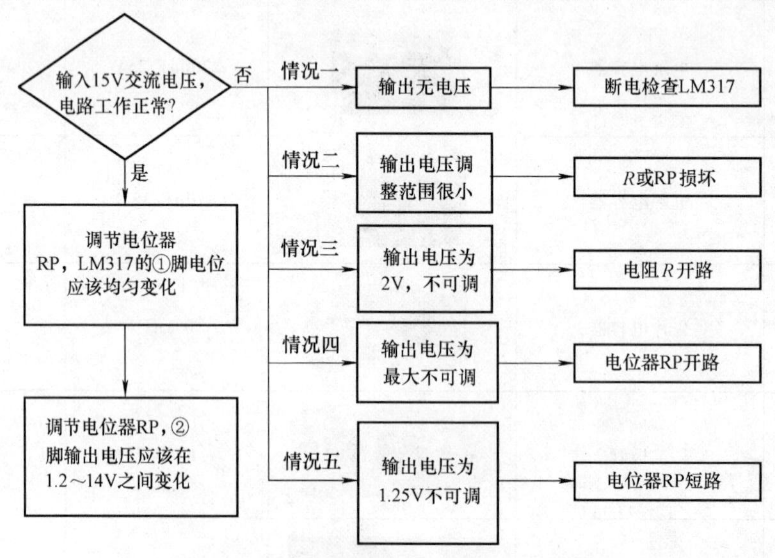

图 18-4　三端集成稳压电路调试流程框图

任务四　电路测试与分析

测试 1：给电路通入 15V 交流电，调节 RP 使②脚输出电压为 12V，测量 LM317 三端集成稳压器③脚的输入端电压：然后在输出端接上摩托车转向白炽灯作为负载，测量带负载后三端集成稳压器的输入、输出电压，将测量结果记入表 18-2 中。

测试 2：在接入白炽灯负载的情况下，改变输入端交流电压（可以用实验台调节原 15V 变压器的 220V 输入端电压），使三端稳压器的③脚输入端电压分别为 11V、12V、……、18V，观察输出电压数值的变化，把测量结果记入表 18-2 中。

测试 3：不接负载，改变电位器 RP 的阻值，使用万用表分别测量 LM317 的①、②脚，观察这两脚的电位的变化，并将测试结果填入表 18-2。

表 18-2　三端集成稳压电路测试记录表

测试项目	测量值/V
LM317③脚电位	
调节电位器 RP 的阻值，LM317①脚电位的变化	
调节电位器 RP 的阻值，LM317②脚电位的变化	

分析 1：为什么 LM317 输入端电压值比电路输入的交流电压数值高？

从表 18-2 可以看出，空载与带负载时三端稳压器输入端电压不同，输出电压相同，说明稳压器稳压效果良好。电路输入的交流电经桥式整流及电容滤波，送入 LM317 输入端，通过桥式整流滤波得到的直流电压在空载时可达输入交流电压的 1.4 倍，带负载时有效值约为输入交流电压的 1.2 倍，所以在 LM317 输入端测得的电压值高于交流输入端的电压。输入 15V 交流电压时可以得到 18V 左右的直流电压。

分析 2：三端集成稳压器在工作时，对输入电压有什么要求？

从表 18-2 可以看出，三端稳压器在正作时，输入、输出端之间有一定的管压降。输出 12V 电压时，输入端电压在 15V 以上稳压效果才比较好。为了保证稳压性能良好，一般要求输入电压至少要高于输出电压 3V 以上。输入电压高一些稳压效果好，但输入电压也不能太高，以免三端集成稳压器上的压降太大，导致稳压器功耗过大发热严重。所以输入 15V 交流电压时，本电路的有效稳压范围就在 1.25～15V。

分析 3：输出电压数值怎么确定？

在图 18-5 中，设流过电阻 R 和电位器 RP（阻值为 R_P）的电流分别为 I_1、I_2，流经它们的电流大小几乎相等，即 $I_1=I_2$，又因为

$$I_1=\frac{U_{21}}{R}\qquad I_2=\frac{U_o}{R+R_P}$$

所以

$$\frac{U_{21}}{R}=\frac{U_o}{R+R_P}$$

则因此

$$U_o=\left(1+\frac{R_P}{R}\right)U_{21}=1.25\left(1+\frac{R_P}{R}\right)$$

通过上式可以看出，调节电位器 RP 能起到改变输出电压大小的作用。

注：LM317 输出端 2 脚与调整端 1 脚间电压为恒定电压 1.25V。

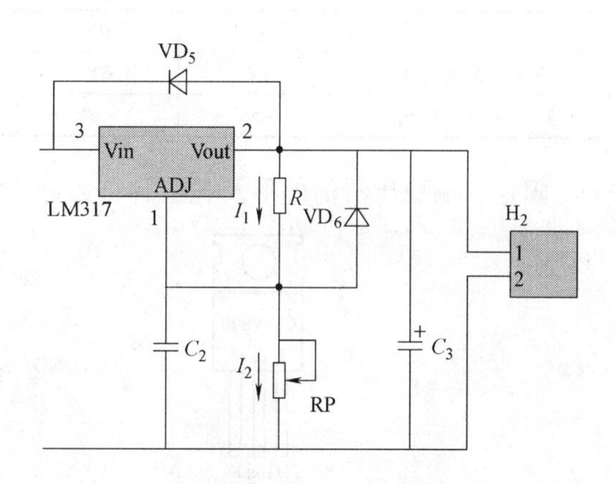

图 18-5　三端集成稳压电路电路分析

【项目实训评价】

三端集成稳压电路项目实训评价见表18-3。

表18-3　三端集成稳压电路项目实训评价

项目	考核要求	配分	评分标准	得分
元器件识别与检测	会识别检测所有元器件	20分	元器件识别错一个扣2分，检测错一个扣2分	
元器件成形、插装	元器件按工艺要求成形、插装位置正确、引脚长度合适、标记方向一致	10分	元器件成形不合要求，每处扣2分；插装位置、极性错误，每处扣2分；标记方向乱，扣1～3分	
焊接质量	焊点均匀一致、光滑无毛刺、无虚焊	20分	有搭锡、虚焊、漏焊、铜箔脱落等现象，每处扣2分；焊点不光滑及焊料过多、过少，每处扣2分	
电路调试	通电后电路正常工作	20分	电路不正确，扣5～15分	
电路测试	正确使用万用表测量各测试点电压	20分	不会正确使用万用表测量电压，扣5～15分；记录不正确、不规范，扣1～5分	
安全文明操作	工作台面整齐，遵守安全操作规程	10分	不到之处扣3～10分	
合计		100分		

【知识链接】　三端集成稳压器

集成稳压电路是一种新型的稳压器件，在其内部集成了功率调整管、基准电压产生电路、取样电阻、误差放大电路及启动和保护电路，与分立元器件组成的稳压电路相比较，具有体积小、稳压精度高、工作可靠等优点，因而在电子设备上得到了广泛的应用。常用的集成稳压电路按照输出电压能否调整可分为固定三端稳压器和可调三端稳压器。

1. 固定三端稳压器

根据输出电压的极性，固定三端稳压器又可分为78××系列（正电压输出）和79××系列（负电压输出）两类。它们的输出电压分别见表18-4。

表18-4　固定三端稳压器的输出电压值

	05	06	09	12	15	18
78××系列输出	5V	6V	9V	12V	15V	18V
79××系列输出	-5V	-6V	-9V	-12V	-15V	-18V

固定三端稳压器的外形及各引脚符号的含义如图18-6所示。

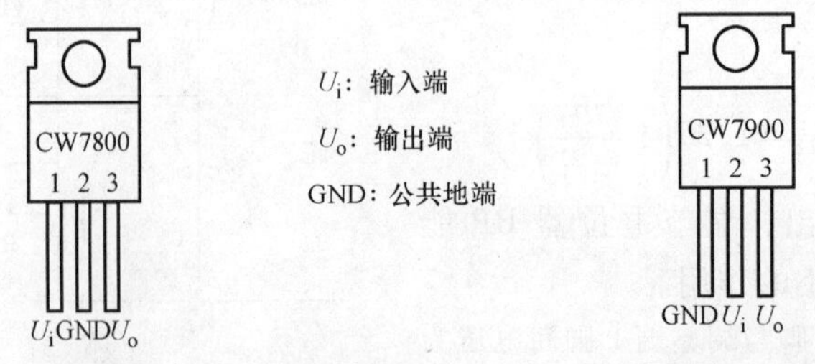

图18-6　塑料封装三端集成稳压器的外形及各引脚符号的含义

集成稳压器只有三个接线端，即输入端、输出端及公共端。这种三端稳压器属于串联型稳压电路，除了取样、基准、比较放大和调整等环节外，还有较完整的保护电路，应用电路接线图如图 18-7 所示。

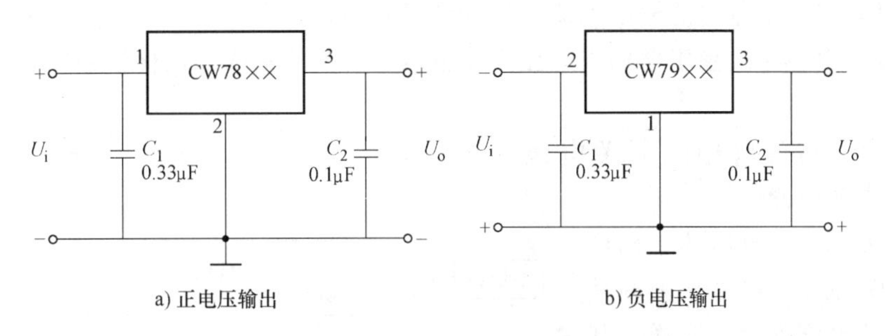

图 18-7　固定式稳压器接线图

2. 可调三端稳压器

常用的可调三端正电压输出稳压器有 CW117、CW217、CW317 系列，可调三端负电压输出稳压器有 CW137、CW237、CW337 系列。它们的塑料封装外形如图 18-8 所示。

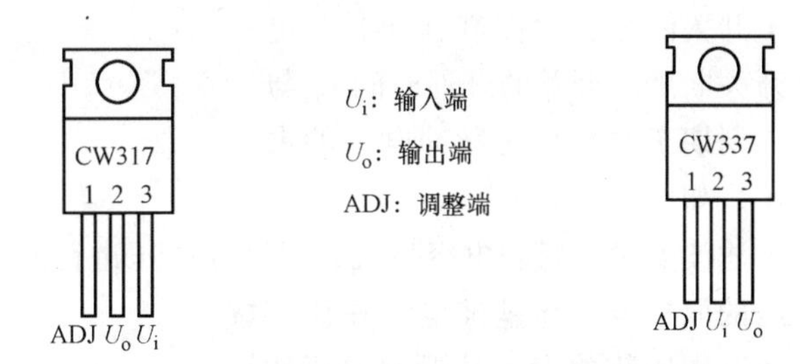

图 18-8　塑料封装三端集成稳压器外形

该集成稳压器不仅输出电压可调，而且稳压性能优于固定三端稳压器，被称为第二代三端集成稳压器。电路接法如图 18-9 所示。电位器 RP 和电阻 R_1 组成取样电阻分压器，接稳压器的调整端（①脚），改变 RP 可调节输出电压。U_o 在 1.2 ~ 37V 范围内连续可调。在输入端并联电容器 C_1 以旁路高频干扰信号，电容器 C_3 起消振作用。使用时，注意正、负输出三端可调集成稳压器的管脚接法不同。

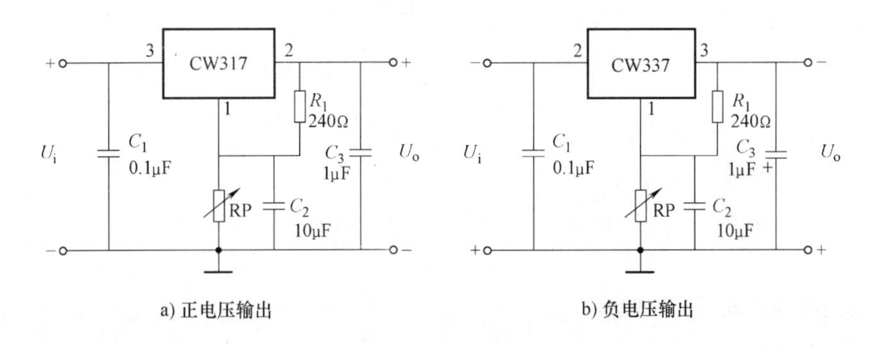

图 18-9　三端可调式稳压器接线图

3. 使用要点

在使用集成稳压器时应注意以下几点：

1）必须防止引脚中的输入与输出端接反。

2）必须使固定输出稳压器的接地端可靠接地。

3）防止稳压器输入端短路，以避免输出端接有大电容负载时，损坏稳压器。

4）为防止产生高频寄生振荡，可在三端稳压器的输入端和输出端分别接入电容器，且此电容器应紧贴稳压器安装，以达到有效防止自激振荡和抑制高频噪声的目的。

5）为提高三端稳压器的输出电流，应加装散热器。

6）在应用中，一般稳压器输入电压要比输出电压高 3～5V，以保证稳压效果。

【知识拓展】 高效轻便的开关电源

1. 开关电源简介

（1）开关型稳压电源的结构框图如图 18-10 所示。它由开关调整管、滤波器、比较放大、取样、基准电压和脉宽调制器等环节组成。

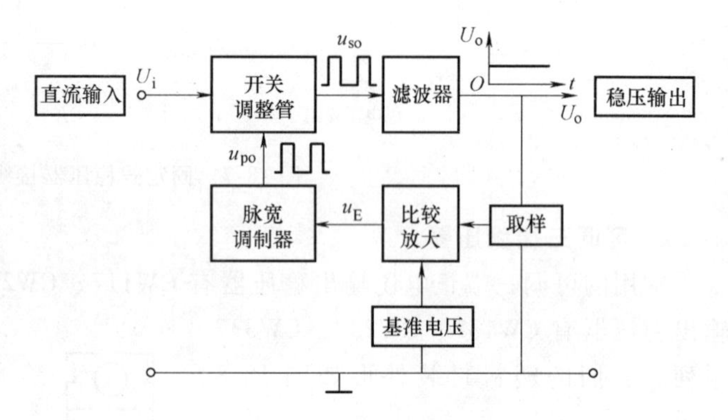

图 18-10 开关型稳压电源的结构框图

开关调整管是一个由脉冲控制的电子开关，当控制脉冲出现时，电子开关闭合；无控制脉冲时，电子开关断开。开关的开通时间 t_{on} 与开关周期 T 之比称为脉冲电压的占空比，如图 18-11 所示。

滤波器由电感和电容组成，对脉冲电压进行滤波，得到纹波很小的直流输出电压。输出电压的取样电压与基准电压在比较放大环节中比较放大，其误差电压作为脉宽调制器的输入信号，自动调整控制输出脉冲电压的脉宽，达到稳定输出电压的目的。

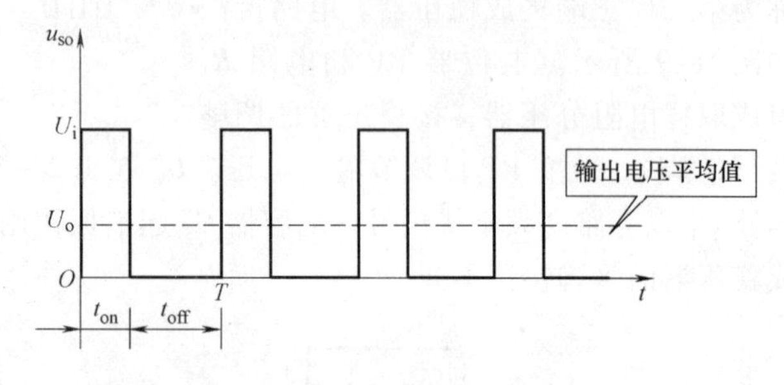

图 18-11 脉冲电压波形

（2）开关型稳压电源的原理图。图 18-12 为串联型开关稳压电源的原理图，电路中主要元器件的作用如下：

1）晶体管 VT 为开关调整管。

2）R 和 VS 组成基准电压产生电路，作为调整、比较的标准。

3）电位器 RP 对输出电压 U_o 取样并送入比较放大器，与基准电压 U_Z 相比较。比较放大器可由集成运算放大器电路构成。

4）滤波器由 L、C 和二极管 VD 组成，当开关调整管 VT

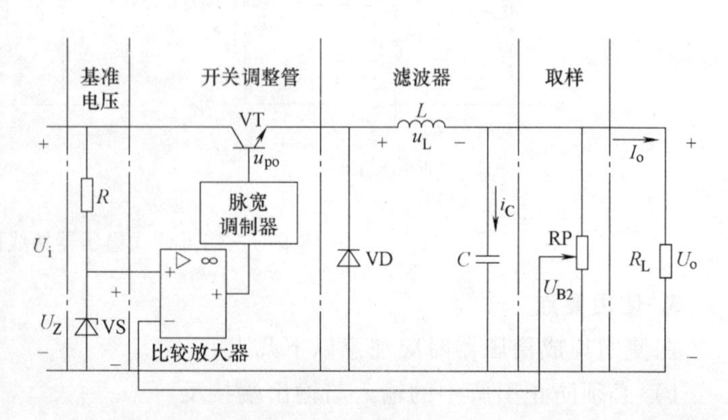

图 18-12 串联型开关稳压电源

导通时，VT 向负载 R_L 供电，同时也为电感 L 和电容 C 充电，此时电感 L 存储能量。当控制信号使 VT 截止时，电感 L 存储的能量通过二极管 VD 向负载释放，电容 C 也同时向负载放电，使负载上获得连续的工作电流。

（3）开关型稳压电源的稳压原理。当输入电压 U_I 或负载 R_L 发生变化时，若引起输出电压 U_o 上升，导致取样电压 U_{B2} 增加，则比较放大电路输出电压下降，控制脉宽调制器的输出信号 u_{po} 的脉宽变窄，开关调整管的导通时间减少，即输出电压的占空比减小，经滤波器滤波后使输出平均直流电压 U_o 下降。通过上述调整过程，使输出电压 U_o 基本保持不变。

同理，输出电压 U_o 降低时，脉宽调制器的输出信号 u_{po} 的脉宽变宽，开关调整管的导通时间增加，使输出电压 U_o 基本保持不变。

综上分析，开关型稳压电源通过调整脉冲的宽度（占空比）来保持输出电压 U_o 的稳定，一般开关型稳压电源的开关频率在 10～100kHz 之间，产生的脉冲频率较高，所需的滤波电容和电感的值就可相对减小，有利于降低成本和减小体积。

2. USB 接口

USB 是一个外部总线标准，用于规范计算机与外部设备的连接和通信。USB 接口支持设备的即插即用和热插拔功能。USB 接口可用于连接多种外设，是一种常用的 PC 接口，有 4 根线，包括两根电源线和两根信号线，故信号是串行传输的，USB 接口属于串行接口，USB 接口的输出电压和电流为 5V、500mA，实际上此数值有误差，但误差最大不能超过 ±0.2V（也就是 4.8～5.2V）。USB 接口的 4 根线一般是下面这样分配的：黑线为 GND；红线为 UCC；绿线为 DATA +；白线为 DATA -。USB 接口及应用如图 18-13 所示。

a) USB接口定义

b) 计算机主机USB接口

c) USB接口的手机充电器

图 18-13　USB 接口及应用

随着电器设备接口的通用化和标准化，USB 接口被广泛地应用在手机的数据接口及电源接口上，这样方便人们进行数据的传输及手机的电池充电。现在通用的 USB 接口手机充电器的输出电压和计算机的 USB 接口的输出是一样的，只是没有数据端。电子产品既可以用计算机的 USB 接口充电，也可以用手机充电器充电。比起计算机的 USB 接口，有些手机充电器输出的电流比较大，如苹果公司的产品的充电器就能达到 1A。

3. 台式计算机电源

台式机电源普遍采用高效率的开关电源，其外形如图 18-14 所示。

电源为机箱内提供了几种不同大小的电压输出：

图 18-14 不同品牌的台式计算机电源

1）3.3V：由于CPU的运算速度越来越快，为了降低能耗、减少主板产生的热量和节省能源，电源直接提供3.3V电压，经主板变换后用于驱动CPU、内存等电路。

2）5V：用于驱动除磁盘、光盘驱动器电动机以外的大部分电路，包括磁盘、光盘驱动器的控制电路。

3）12V：用于驱动磁盘驱动器电动机、冷却风扇，或通过主板的总线槽来驱动其他板卡。

4）－12V：主要用于某些串口电路，其放大电路需要用到＋12V和－12V，通常输出小于1A。

5）－5V：在较早的计算机中用于软驱控制器及某些ISA总线板卡电路，通常输出电流小于1A。在许多新系统中已经不再使用－5V电压，现在的某些形式电源（如SFX、FLEX、ATX）一般不再提供－5V输出。

6）＋5V Stand-By：其作用是在系统关闭后，保留一个＋5V的等待电压，用于电源及系统的唤醒服务。

正确挑选符合自己计算机配置的电源，才能让我们的计算机运行在稳定的环境下，一般可以从以下几个方面进行考虑：

1）具有3C认证：3C是英文“China Compulsory Certification”（中国强制性产品认证）的英文缩写，是一种最基础的安全认证，也是国家对强制性产品认证使用的统一标志。3C认证标志是一款电器产品应该具备的最基本要素。

2）输出功率：环境温度在－5～50℃之间，输入电压在180～264V之间，电源长时间稳定输出的功率为电源的功率。主流电源功率一般为300～500W。在购买电源时，一定要问清楚商家标称的功率值到底是峰值（功率）还是实际有效值（额定功率）。先估算出自己的主机的功耗，选择功率大小合适的电源。

3）散热和静音的设计：计算机电源的主要噪声来源于电源的散热风扇，散热效果越佳，噪声就会越大，但是静音环境也会被很多用户所重视，所以为了使散热效能和静音之间得到平衡，一般较好的电源都带有智能温控电路，主要是通过热敏电阻实现的。当电源开始工作时，风扇供电电压为7V，当电源内温度升高，热敏电阻阻值减小，电压逐渐增加，风扇转速也提高。这样就可以保持机壳内的温度保持在一个较低的水平。在负载很小的情况下，能够实现静音效果；负载很大时，能保证良好的散热。

4）环保要求：尽量选择转换率高的电源。满载、50%负载、20%负载效率均在80%以上和在额定负载条件下PF值大于0.9的80PLUS电源更省电，符合节能环保要求。

【复习与思考题】

18-1　简述三端集成稳压电路的工作原理。

18-2　可调三端稳压器有哪些？

18-3　固定三端集成稳压器分为哪些系列？各有什么特点？

18-4　请设计一个稳压电路，要求电路固定输出 ±5V 的直流电压。

18-5　什么是 USB 接口？

18-6　将万用表置于 $R\times1$k 挡，红表笔接散热片，黑表笔分别接另外 3 个脚，检测 78××系列稳压器的各脚电阻值，记入表 18-5 中。同样，将万用表置于 $R\times1$k 挡，黑表笔接散热片，检测 79××系列稳压器各脚阻值，记入表 18-6 中。与同学相互比较检测结果是否相同，并总结规律。

表 18-5　78××系列稳压器各脚电阻值

引脚号	电阻值	说明
1		输入端
2		公共端
3		输出端

表 18-6　79××引脚参数

引脚号	电阻值	说明
1		调整端
2		输入端
3		输出端

项目十九　制作断线报警器——单向晶闸管应用

任务一　认 识 电 路

1. 电路工作原理

图 19-1 中蜂鸣器与发光二极管组成声光报警器，在 A、B 间连线接通时，晶闸管门极电压为零，处于关断状态，报警装置不工作。一旦 A、B 间连线被断开，晶闸管门极获得触发电压而导通，发光二极管亮，蜂鸣器发出报警声，这时即便再连通 A、B 间连线，晶闸管也不能关断，报警器依然工作。

2. 电路实物

根据图 19-1 搭建电路，断线报警器的实物如图 19-2 所示。

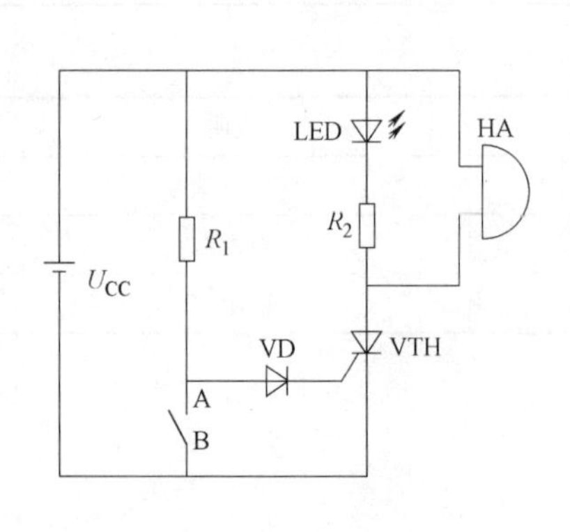

图 19-1　断线报警器的工作原理

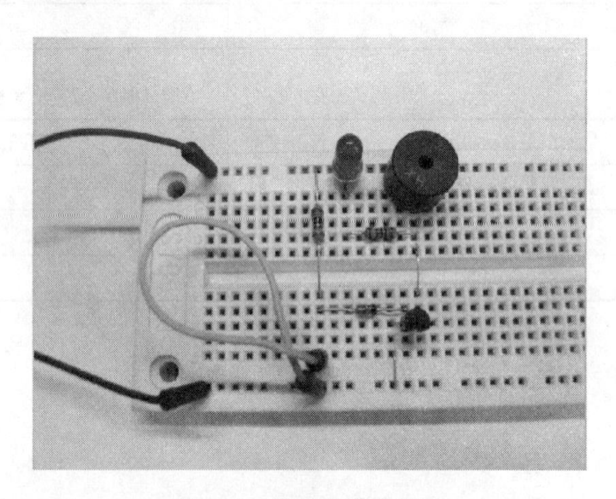

图 19-2　断线报警器实物

任务二　识别与检测元器件

识别并检测表 19-1 中的元器件。

1）色环电阻器：主要识读其标称阻值，用万用表检测其实际阻值，将检测结果填入表 19-1。

2）二极管：判断其正、负极性，并用万用表检测，将检测结果填入表 19-1。

3）蜂鸣器：将模拟式万用表拨至低阻挡测量，蜂鸣器应该有鸣叫声，将检测结果填入表 19-1。

4）单向晶闸管：首先确定电极，用万用表低阻挡测量三个管脚之间的正、反向电阻，其中有一次电阻值较小，此时黑表笔连接的是门极，红表笔连接的是阴极，余下的是阳极；再检查触发维持特性，将万用表置于电阻挡，将红表笔接阴极，黑表笔接阳极，电阻值应为无穷大，两表笔保持连接状态下，黑表笔同时碰触一下门极后立即断开，电阻值应变为较小，表示质量合格。将检测结果填入表 19-1。

表 19-1　断线报警器电路元器件表

代号	名称	实物图	规格	检测结果
R_1	色环电阻器		10KΩ	
R_2	色环电阻器		1KΩ	
VT	单向晶闸管		MCR100-8	
VD	开关二极管		1N4148	
LED	发光二极管		红色 ϕ3mm	
HA	蜂鸣器		有源 5V	
U_{CC}	直流稳压电源		6V	

任务三　搭接与调试电路

1. 搭接电路

根据图 19-1 在面包板上搭接电路，要求以晶闸管为中心，元器件布局合理。

2. 调试电路

接通电源，蜂鸣器应该无声，发光二极管不亮。断开 A、B 间连线，晶闸管导通，发光二极管发光，蜂鸣器鸣响，如果发光二极管不亮且蜂鸣器不响，说明晶闸管没有导通，可以检查晶闸管管脚是否插错，开关二极管是否接反，接线是否正确。

任务四 电路测试与分析

按图 19-1 完成接线后进行电路的测试。

测试 1：以电源负极为地，测量此时晶闸管门极和阳极对地电压。

测试 2：断开 A、B 间连线，发光二极管点亮，蜂鸣器发出声音。测量此时晶闸管的门极电压和阳极电压。

测试 3：重新连接 A、B 间连线，观察发光二极管及蜂鸣器是否停止工作，测量此时晶闸管门极电压和阳极对地电压。

测试 4：断开 1N4148 二极管，观察发光二极管及蜂鸣器工作情况，测量此时晶闸管门极电压和阳极对地电压。

断线报警器电路测量记录表见表 19-2 。

表 19-2 断线报警器电路测量记录

测试项目	门极电压 U_G(V)	阳极电压 U_{AK}(V)	观察到的现象
测试 1			
测试 2			
测试 3			
测试 4			

分析 1：为什么测试 1 中，发光二极管不亮、蜂鸣器无声？

说明晶闸管截止，原因是 A、B 连线连接起来接地，门极没有触发电压，晶闸管不导通。

分析 2：为什么测试 2 中，断开 A、B 连线，发光二极管点亮，蜂鸣器鸣响？

说明晶闸管导通。断开 A、B 连线，晶闸管门极通过电阻 R_1 接电源正极获得触发电压，晶闸管在加正向电压状态，门极加合适的触发电压时导通。

分析 3：测试 3 中，在蜂鸣器鸣响后重新连接 A、B，A、B 接地等于取消触发电压。同样，测试 4 中断开二极管也是取消触发电压。这时蜂鸣器仍然鸣叫，为什么？

说明在晶闸管导通状态下取消门极电压，晶闸管仍然导通。

【项目实训评价】

断线报警器项目实训评价见表 19-3。

表 19-3 断线报警器项目实训评价

项目	考核要求	配分	评分标准	得分
元器件识别与检测	按要求对所有元器件进行识别与检测	25 分	元器件识别错一个扣 2 分，检测错一个扣 2 分	
元器件成形、插装、导线连接	元器件按工艺要求成形、布局合理、插装连接可靠、引脚长度合适、标记方向一致，导线连接简洁清楚	25 分	成形不合要求，每处扣 2 分；插装位置、极性错误，每处扣 2 分；排列不齐、标记方向乱、布局不合理，扣 3 ~ 10 分	

（续）

项目	考核要求	配分	评分标准	得分
电路调试	通电后电路正常工作	20 分	电路不正确，扣 5 ~ 15 分	
电路测试	用万用表观察各测试点的数值，记录应规范、正确	20 分	不会正确使用万用表测量电压，扣 5 ~ 15 分 记录不正确规范，扣 5 ~ 15 分	
安全文明操作	工作台面整齐，遵守安全操作规程	10 分	不到之处扣 3 ~ 10 分	
合计		100 分		

【知识链接一】 晶闸管特性及主要参数

1. 特性

晶闸管（Thyristor）是晶体闸流管的简称，它是由三个 PN 结构成的一种半导体器件，内部结构管芯都是由四层（PNPN）半导体和三端（A、G、K）引线构成。晶闸管由最外层的 P 层和 N 层分别引出阳极和阴极，中间的 P 层引出门极，如图 5-2a 所示。如果将三个 PN 结和四层半导体看成是由 PNP 和 NPN 型两个晶体管连接而成，如图 19-3 所示，则每个晶体管的基极和另一个晶体管的集电极相连，阳极 A 相当于 VT_1 的发射极，阴极 K 相当于 VT_2 的发射极，门极相当于 VT_2 的基极，那么普通晶闸管不仅具有与硅整流二极管正向导通、反向截止相似的特性，更重要的是它的正向导通是可以控制的，起这种控制作用的就是门极。

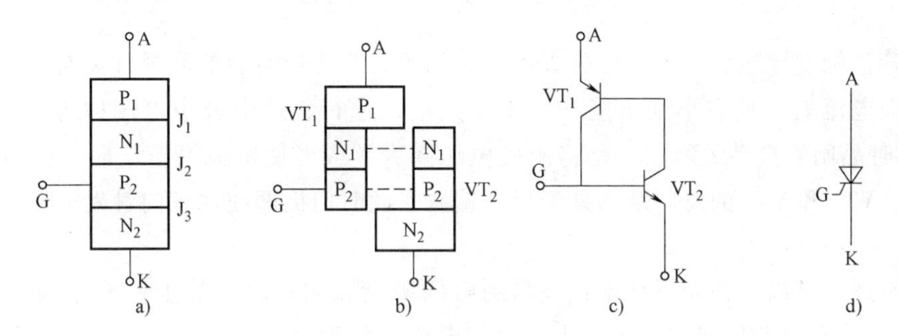

图 19-3　晶闸管的结构及符号

1）晶闸管加反向电压，为反向阻断状态，如图 19-4 所示。

晶闸管承受反向阳极电压（阳极接电源负极，阴极接电源正极）时，VT_1 和 VT_2 的发射结都处在反向偏置电压下，两个晶体管均截止，晶闸管也处于关断状态。晶闸管承受反向阳极电压时，不管门极承受何种电压，晶闸管都处于反向阻断状态。

2）晶闸管加正向电压，门极不加正向电压，为正向阻断状态，如图 19-5 所示。

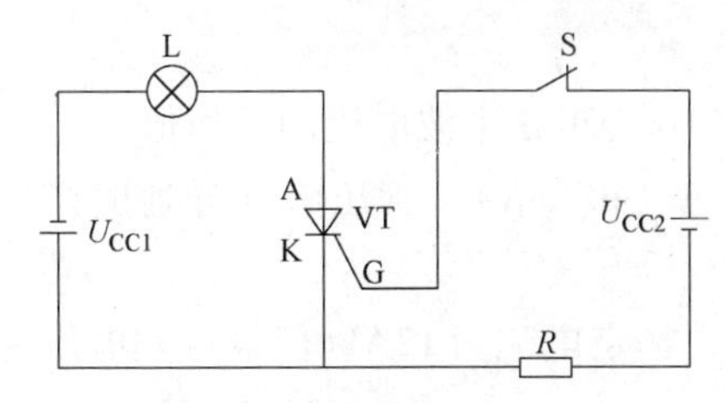

图 19-4　晶闸管加反向电压

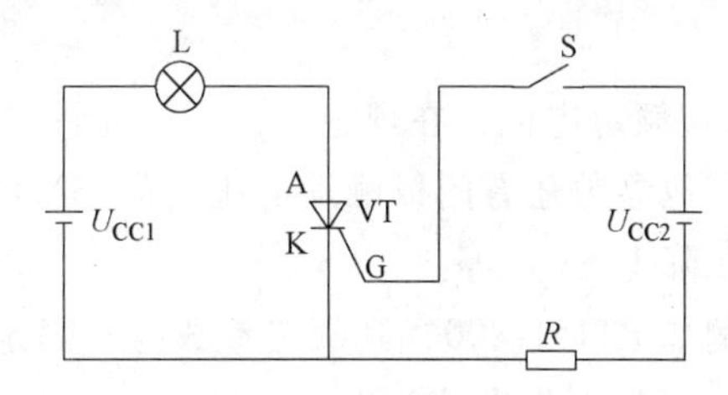

图 19-5　晶闸管加正向电压，门极不加正向电压

当晶闸管阳极加上正向电压 U_A（即阳极接电源正极，阴极接电源负极）时，因为$U_G=0$，虽然 VT_2（见图 19-3）集电极上有正的电压，但 VT_2 的基极没有电流注入，VT_2 不导通，晶闸管处于关断状态，$I_A=0$，此时称为正向阻断（和硅整流二极管正向导通有区别）。

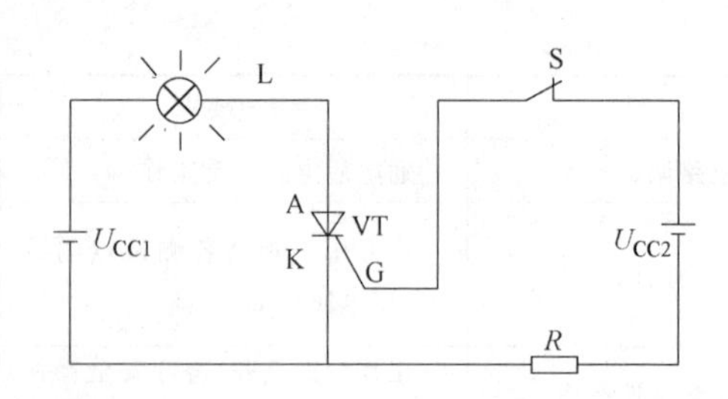

图 19-6　晶闸管加正向电压，门极加正向电压

3）晶闸管加正向电压，门极加正向电压（门极高电位，阴极低电位），为触发导通状态，如图 19-6 所示。

晶闸管加正向电压时，在门极加正向电压的情况下晶闸管才导通。晶闸管加正向电压，VT_1 和 VT_2 的集电结都为反向偏置。此时门极 G 加上正向电压，相当于给 VT_2 的发射结加上正偏电压，从而产生基极电流 I_{B2}。由于 VT_2 处于放大状态，VT_2 的集电极电流（$I_{C2}=\beta_2 I_{B2}$）正好又提供给 VT_1 基极（$I_{B1}=I_{C2}=\beta_2 I_{B2}$），通过 VT_1 的放大作用，VT_1 的集电极电流 $I_{C1}=\beta_1 I_{B1}=\beta_1\beta_2 I_{B2}$，此电流又注入 VT_2 的基极，并再次得到放大。这样循环下去，形成了强烈的正反馈，使 VT_1 和 VT_2 都进入饱和状态，此时晶闸管完全导通。

晶闸管导通之后，VT_2 的基极始终有 VT_1 的集电极电流流过，同时，即使将门极电压取消，晶闸管仍处于导通状态，这时门极已失去控制作用。也就是说，门极的控制作用仅仅是在晶闸管加上正向电压时，当门极也加上一正向电压触发晶闸管导通。门极加上的正向电压称为触发电压。

晶闸管被触发导通后，门极已失去了控制作用，要使导通后的晶闸管关断该怎么办？一是减小阳极电流 I_A，使它小到不能维持正反馈继续进行，这个最小电流称为维持电流 I_H，即 $I_A<I_H$ 时晶闸管自动关断；二是将阳极电压降为零或者使阳极电压反向。因为阳极加反向电压时，VT_1 和 VT_2 的发射结均处于反向偏置，此时门极即使加正向触发电压，晶闸管也是关断的。

综上所述，可以得到如下结论：在晶闸管的阳极和阴极之间加上一个正向电压（阳极为高电位），在门极与阴极之间再加上一定的电压（称为触发电压，产生的电流称为门极触发电流，这通常由触发电路发出一个触发脉冲来实现），则阳极与阴极间在电压的作用下便会导通。当晶闸管导通后，即使触发脉冲消失，晶闸管仍将继续导通而不会自行关断，只有加在阳极和阴极间的电压接近于零，通过的电流小到一定的数值（称为维持电流）以下时，晶闸管才会关断。因此，晶闸管是一种半控型电力电子器件。

2. 晶闸管的主要参数

1）额定电压：允许加在晶闸管上的正、反向重复峰值电压（一般在 100 ~ 3000V 之间）。

2）额定电流：在规定条件下，允许通过的工频（50Hz）正弦半波电流的平均值。

其他参数还有门极触发电压（3 ~ 5V）、触发电流（3 ~ 400mA）、管压降（导通时产生的电压降 1.5V）等。

例如 BT151-800，其额定参数为：额定电压为 800V，额定电流为 12A，门极触发电压为 1.5V，门极触发电流为 1.5mA。

【知识链接二】　可控整流

可控整流，是一种以晶闸管（电力电子功率器件）为基础，以智能数字控制电路为核心的电源功率控制技术。具有代表性的晶闸管具有效率高、无机械噪声和磨损、响应速度快、体积小、重量轻等诸多优点。一般对大功率的负载多采用三相可控整流，容量在 4 kW 以下的可控整流装置多采用单相可控整流。

1. 单相半波可控整流电路

将单相半波整流电路中的整流二极管换成晶闸管即成为单相半波可控整流电路，如图 19-7所示。R_L 为负载电阻，u_1 和 u_2 为电源变压器的一次和二次正弦交流电压。

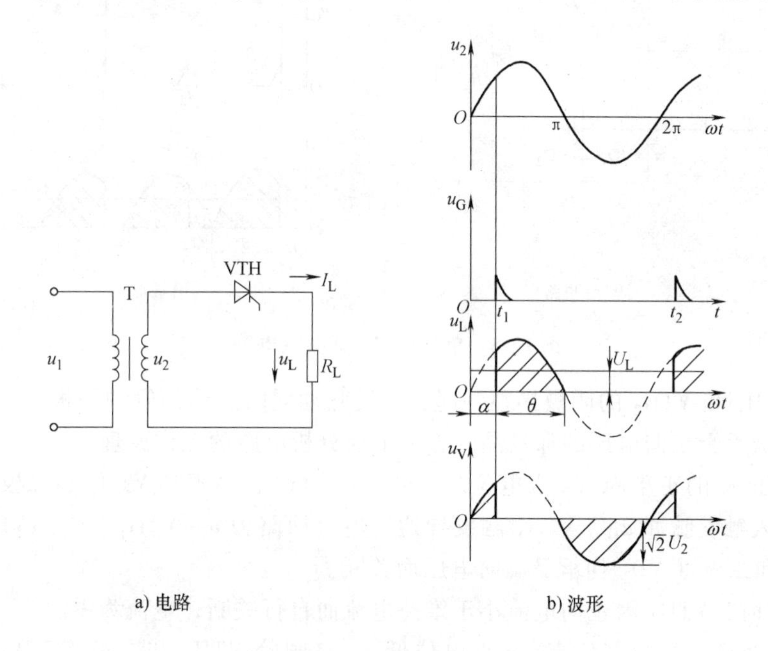

图 19-7　单相半波可控整流电路

由图 19-7 可见，若门极不加触发电压，无论在 u_2 的正半周还是负半周，晶闸管 VTH 均不会导通。在 u_2 的正半周时，触发脉冲 u_G 加到 VTH 的门极，晶闸管被触发导通，如果忽略管压降，则负载上得到的电压等于 u_2；当由正半周接近零时，电源电压 u_2 降低到接近零值，因晶闸管正向电流小于维持电流而自行关断；在 u_2 的负半周时，晶闸管承受反向电压，因而不能导通，这时晶闸管承受的反向电压最大值为 U_2 的$\sqrt{2}$倍。

当电源电压 u_2 的第二个正半周开始，再加入触发脉冲，晶闸管再次触发导通。当触发脉冲周期性地（与电源电压同步）重复加在门极上时，负载 R_L 就可以得到一个单向脉动的直流电压。

从上面的分析可知，改变触发脉冲出现的时刻（即改变控制角），就可改变输出电压的大小，经过计算可以得到输出电压的平均值为

$$U_L = 0.45U_2\frac{1+\cos\alpha}{2}$$

式中，U_2 是变压器二次电压的有效值。负载中流过的平均电流为

$$I_L = \frac{U_L}{R_L}$$

2. 单相半控桥式整流电路

将单相桥式整流电路中两只整流二极管换成两只晶闸管便组成了单相半控桥式整流电路，如图 19-8 所示。

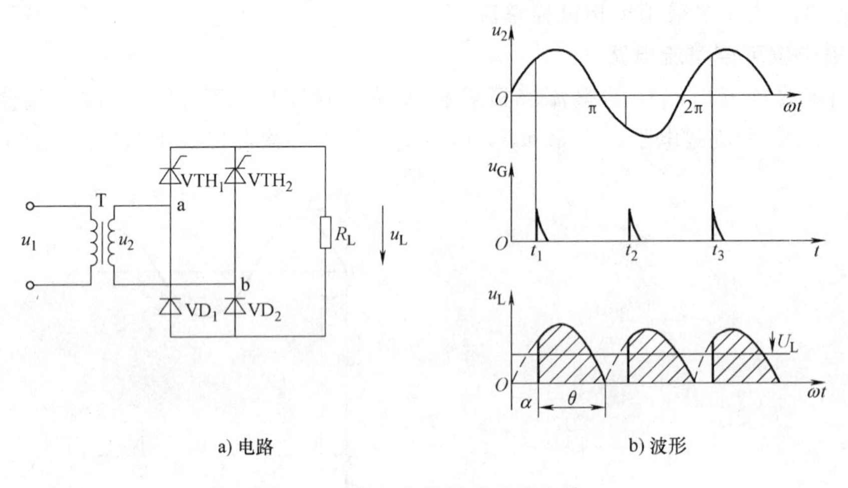

a) 电路　　b) 波形

图 19-8　单相半控桥式整流电路

晶闸管 VTH_1 和 VTH_2 的阴极接在一起，触发脉冲同时送给两管的门极，但能被触发导通的只能是阳极承受正向电压的那只晶闸管。下面分析电路的工作原理。

在电源电压 u_2 的正半周（a 点电位高，b 点电位低），晶闸管 VTH_1 和二极管 VD_2 承受正向电压，加入触发脉冲 u_G，VTH_1 触发导通，电流回路为 a→VTH_1→R_L→VD_2→b。这时晶闸管 VTH_2 和二极管 VD_1 均承受反向电压而关断。

当 u_2 过零时，VTH_1 因正向电流小于维持电流而自行关断，电流为零。

在 u_2 的负半周（b 点电位高，a 点电位低），晶闸管 VTH_2 和二极管 VD_1 承受正向电压，加入触发脉冲 u_G，VTH_2 触发导通，电流回路为 b→VTH_2→R_L→VD_1→a。这时晶闸管 VTH_1 和二极管 VD_2 均承受反向电压而关断。

显然 R_L 上得到的平均直流电压是半波可控整流时的 2 倍，即

$$U_L = 0.9U_2\frac{1+\cos\alpha}{2}$$

【复习与思考题】

19-1　简述断线报警器的工作原理。

19-2　如何对晶闸管进行检测？

19-3　选择晶闸管时，应考虑哪些主要参数？

19-4　试列举出晶闸管与一般二极管的特性差异。

19-5　单向晶闸管导通的条件什么？

项目二十　拆解电风扇调速器——双向晶闸管应用

任务一　使用电风扇调速器

利用电风扇调速器制作的调光应用电路如图 20-1 所示。

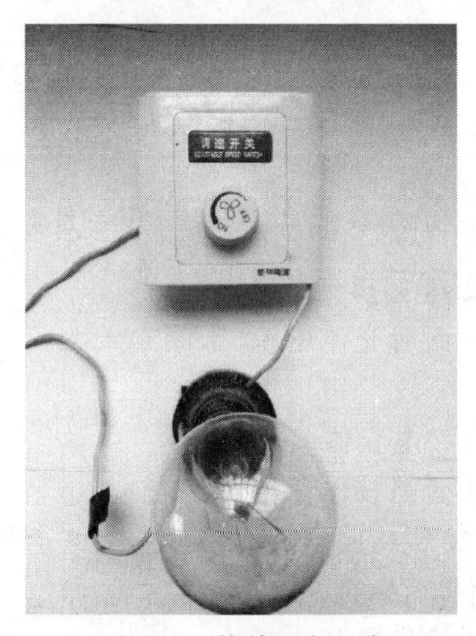

图 20-1　简单调光电路

电风扇无级调速器由双向晶闸管及触发电路组成，通过调节电阻来改变晶闸管的导通角，可以使晶闸管的输出电压变化，从而改变白炽灯的亮度，实现了无级调光调速。把调速器与白炽灯串联起来，转动旋钮，观察白炽灯亮度变化。

任务二　认 识 电 路

图 20-2 所示为电风扇调速器的内部组成。

图 20-3 为电风扇调速器电路原理，图中 VD 为双向触发二极管，当所加的正向或反向电压达到其转折电压 U_{BO}（通常为 20～40V）时它就导通提供触发脉冲将双向晶闸管 VTH 触发导通。

当开关 SB，未按下时，R_1 和 LED 不经开关就已接通电源，因此正常发光，方便人们在光线不好或者夜晚时能找到开关，当风扇工作时，该支路被短路，不再工作。电容器 C 上的电压为零，VD 未导通，因此 VTH 没有触发电压不工作。

开关 SB 按下后，当电源电压为上正下负时，电源通过 R_2、RP 向 C 充电，C 上的电压极性为上正下负，当这个电压升高到双向触发二极管 VD 的导通电压时，VD 突然导通，使

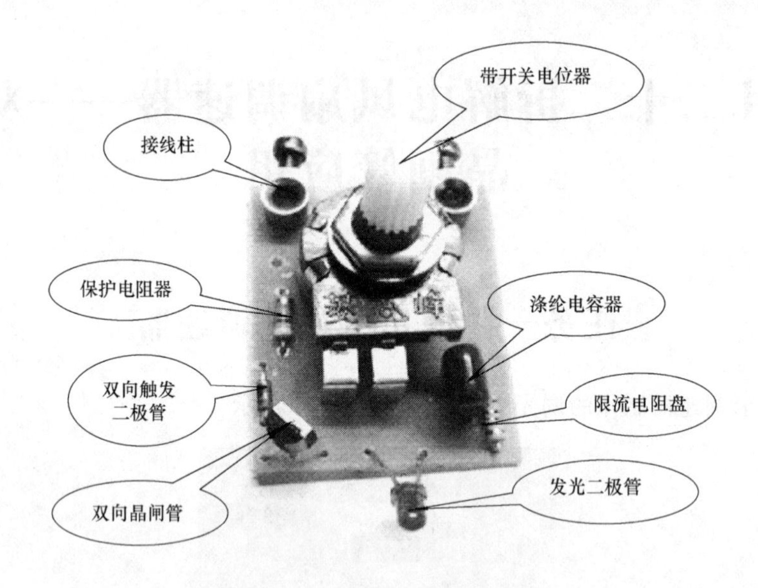

图 20-2　电风扇调速器的内部组成

双向晶闸管的门极 G 和主电极 T_1 间得到一正向触发脉冲，晶闸管就导通，而后交流电源电压过零时自行关断。

当电源电压为上负下正时，电容器 C 反向充电，电压极性为上负下正，当该电压增高到 VD 的导通电压时，VD 突然反向导通，使晶闸管得到一个反向触发信号而导通。

电位器 RP 用来调节交流输出电压。当调大 RP 时，C 的充电电流减小，C 充电到使双向二极管导通的时间也就变长，交流输出电压变小。反之，调小 RP 阻值，交流输出电压变大。这样，就达到了控制电风扇转速的目的。

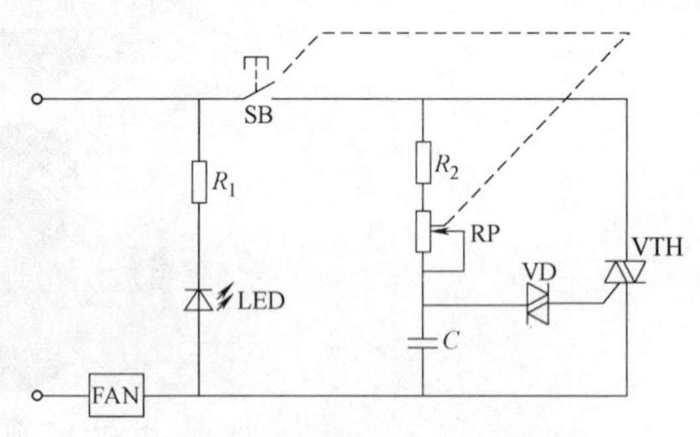

图 20-3　电风扇调速器电路原理

任务三　分解拆卸调速器

按照表 20-1 所示的步骤对电风扇调速器进行分解拆卸。

表 20-1　调速器分解拆卸步骤

序号	步　骤	方　法
1		用手轻轻地捏着外壳底部，先卸下一边的卡口，待一边卸下来后，再取下另一边

（续）

序号	步骤	方法
2		可用平口螺钉旋具插入，平行向上抬起
3		空隙较小，可用镊子慢慢拆下固定螺母
4		待固定螺母拆下后，再取下调速器的面板
5		最后取下电位器上的垫圈

任务四　根据实物绘制电路图

根据电路板实物还原电路的原理图，要符合元器件的连接顺序，同时应该熟悉元器件的图形符号及元器件参数。图中元器件的图形符号及参数见表20-2。

表 20-2 电风扇调速器元器件表

序号	名称	图形符号	参数
1	色环电阻器		$R_1=82\text{k}\Omega$
			$R_2=910\text{k}\Omega$
2	发光二极管		红色 ϕ3mm
3	带开关电位器		470kΩ
4	电容器		0.1μF
5	双向二极管		DB3
6	双向晶闸管		MAC97A6

熟悉元器件后，根据元器件位置，按照印制电路板反面铜箔的连接（见图 20-4），将元器件的图形符号依次连接起来，即抄画电路板。抄好后再仔细检查是否正确。然后把实物接线图修改成更容易看懂的原理图。

图 20-4 印制电路板反面

任务五 检测双向晶闸管

双向晶闸管的管脚排列如图 20-5a 所示，自左向右，管脚顺序为 T_1、G、T_2。

检测时，如图 20-5b 所示，万用表置于二极管挡位，黑表笔接 T_1 极，红表笔接 T_2 极，电阻为无穷大。接着用红表笔笔尖把 T_2 与 G 短路，给 G 极加上负触发信号，导通电压为 0.3～0.7V 左右则说明管子已经导通，导通方向为 $T_1 \rightarrow T_2$。

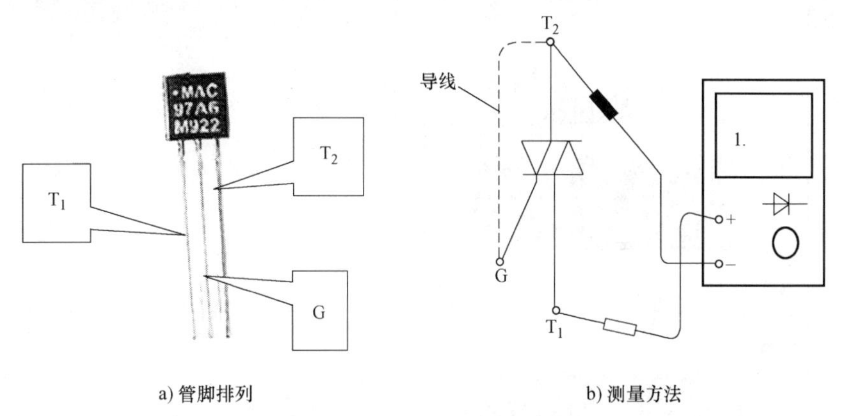

a) 管脚排列　　b) 测量方法

图 20-5　双向晶闸管管脚排列及测量方法

交换表笔，然后使 T_2 与 G 短路，给 G 极加上正触发信号，导通电压仍为 0.3～0.7V 左右，则说明管子经触发后，在 $T_2 \rightarrow T_1$ 方向上也能维持导通状态，因此具有双向触发性质。

任务六　重装调速器

重装调速器的步骤和拆装分解的顺序正好相反，按照表 20-3 中的顺序进行操作。

表 20-3　调速器安装步骤

序号	步　　骤	方　　法
1		首先给电位器装上垫圈
2		再装上调速器的面板
3		用镊子慢慢拧紧螺母

（续）

序号	步　骤	方　法
4	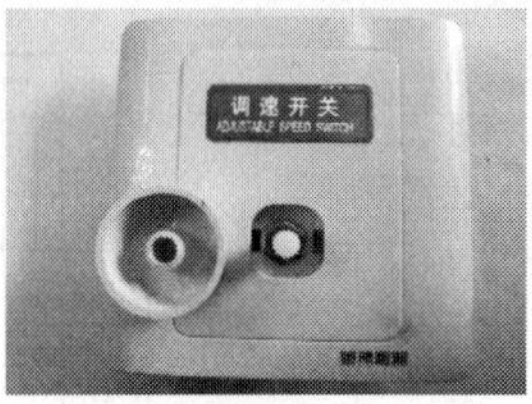	平行按下旋钮
5	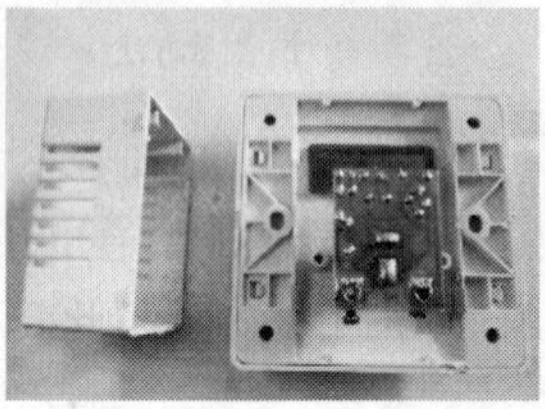	用手轻轻地捏着，先装上一边的卡口，待一边卡入槽后，再安装另一边
6		检查是否完全安装好
7	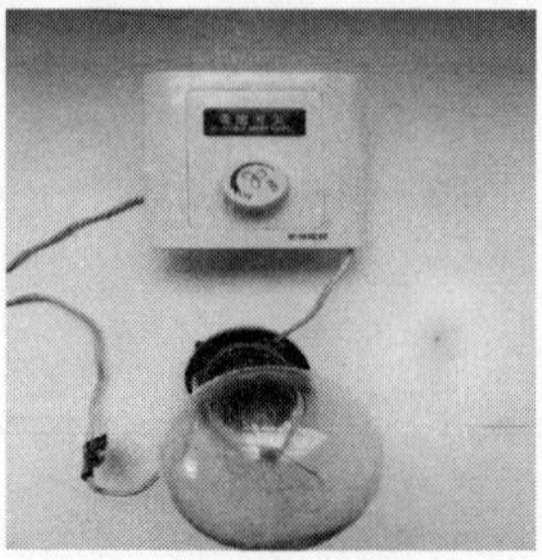	重复任务一，检查重装的调速器性能是否完好

【项目实训评价】

电风扇调速器项目实训评价见表20-4。

表 20-4　电风扇调速器项目实训评价

项目	考核要求	配分	评分标准	得分
元器件识别与检测	按要求对所有元器件进行识别与检测	20 分	元器件识别错一个扣 2 分，检测错一个扣 2 分	
电路拆装	能够正确地拆卸调速器 能够正确地将调速器零部件组装起来	40 分	拆装不正确，扣 5 ~ 15 分	
电路原理图的绘制	能够根据实物电路板绘制原理图	30 分	绘制原理图不正确，少、错、漏元器件，扣 5 ~ 30 分	
安全文明操作	工作台面整齐，遵守安全操作规程	10 分	不到之处扣 3 ~ 10 分	
合计		100 分		

【知识链接】　双向触发二极管、双向晶闸管

1. 双向触发二极管

双向触发二极管（DIAC）属于三层结构，具有对称性的二端半导体器件。常用来触发双向晶闸管，在电路中作过电压保护等用途。图 20-6a 是它的构造示意图。图 20-6b、图 20-6c 分别是它的图形符号及等效电路，可等效于基极开路、发射极与集电极对称的 NPN 型晶体管。图 20-6d 为双向触发二极管的实物。双向触发二极管是一种正、反向伏安特性对称、双方向都可以导通的二极管，当触发电压大于转折电压时导通，导通后的双向触发二极管在电压（电流）降到保持电压（电流）以下后关断。

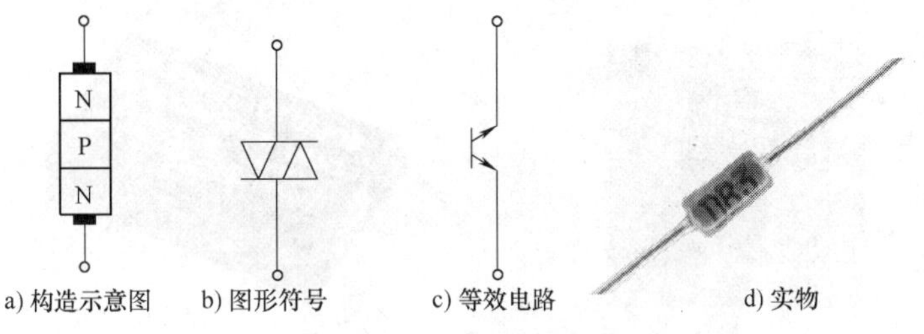

图 20-6　双向触发二极管内部结构及实物图

2. 双向晶闸管

双向晶闸管是由 N-P-N-P-N 五层半导体材料制成的，对外也引出三个电极。双向晶闸管相当于两个单向晶闸管的反向并联，但只有一个门极。双向晶闸管的外形与普通晶闸管类似，有小电流塑封式、螺栓式、平板式，如图 20-7a、b、c 所示。

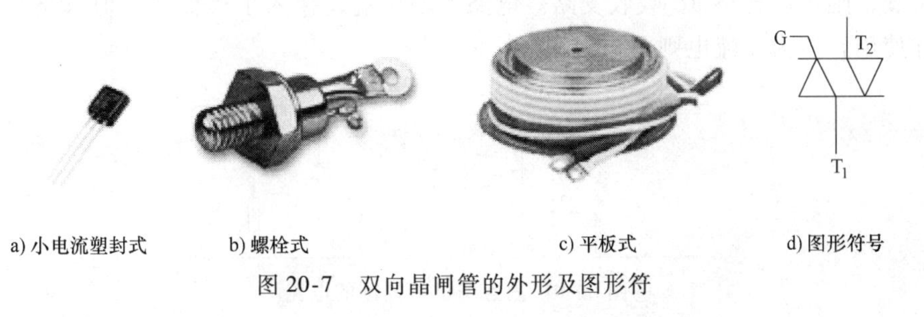

图 20-7　双向晶闸管的外形及图形符

双向晶闸管有三个电极，分别称为第一阳极 T_1，第二阳极 T_2 和门极 G。双向晶闸管电路图形符号如图 20-7d 所示。

双向晶闸管的主电极 T_1、T_2 无论加正向电压还是反向电压，管子都可触发导通。双向晶闸管导通后除去触发信号，能继续保持导通，但主电极间电压降至0V时，管子截止。

3. 双向晶闸管的选用

由于双向晶闸管的两个主电极没有正、负之分，所以它的参数中也就没有正向峰值电压和反向峰值电压之分，而只有一个最大峰值电压。选用时，晶闸管额定电压应为正常工作峰值电压的2～3倍。

另外，由于双向晶闸管通常用在交流电路中，因此不用平均值而用有效值来表示它的额定电流值。由于晶闸管的过载能力比一般电磁器件小，因而一般家电中选用晶闸管的额定电流值为实际工作电流值的2～3倍。

除此之外，双向晶闸管的其他参数基本和单向晶闸管相同。

【知识拓展】 固态继电器

在危险、恶劣的工作环境中，需要一种无触点、反应快、可靠度高、耐振动、耐冲击、防潮、防腐、防霉、寿命长的继电器，这样的要求只有固态继电器能满足。常见的固态继电器如图20-8所示。固态继电器可分为输入端和输出端两部分。输入端内部是发光器件（如发光二极管），输出端内部是光耦合器（如光敏双向晶闸管）。发光器件与光耦合器是相互隔离的。固态继电器按控制电压和负载电压可分为交流和直流两大类四种形式（即DC/AC、DC/DC、AC/AC、AC/DC），不能混用。

图20-8　固态继电器

图20-9是采用固态继电器控制的电路。控制电压一般采用微电压（直流或交流3～32V），负载供电可以是直流或交流高电压。当负载为非稳定性负载或感性负载时，在输出端接入 *RC* 吸收支路，可以有效地抑制固态继电器输出的瞬态电压和电压指数上升率。若只是一般负载，则可以省略 *RC* 吸收支路。电路的输出端还接入了二极管，但只是在输出端为直流时才使用，若为交流电则不可使用。

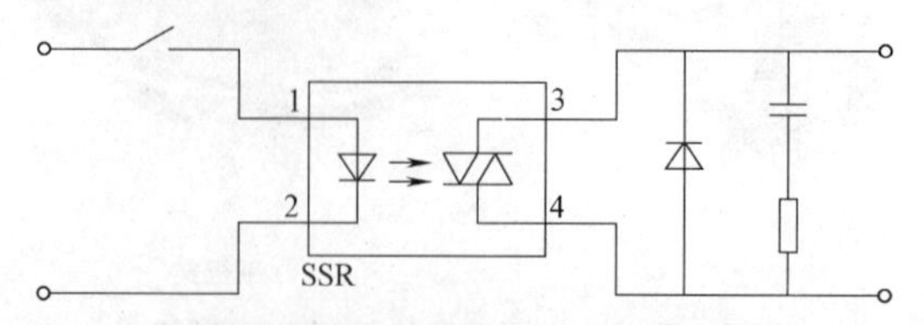

图20-9　固态继电器控制的电路

固态继电器有很多参数，使用时常用的有：直流控制电压（单位为V）、输入电流（单位为mA）、接通电压（单位为V）、关断电压（单位为V）；额定输出电压（单位为V）和额定输出电流（单位为 A）。

【复习与思考题】

20-1　简述电风扇调速器的工作原理。

20-2　什么是双向触发二极管？它有什么特点？

20-3　简述分解拆卸电风扇调速器的步骤，并说明在拆卸过程中应注意些什么。

20-4　什么是双向晶闸管？如何对双向晶闸管进行检测？

20-5　图 20-3 所示电路中双向晶闸管如果换成单向晶闸管，会有什么现象？

项目二十一　组装晶体管收音机

任务一　了解收音机原理

收音机的工作原理可以理解为，收音机把天线接收的高频调制广播信号经放大检波，还原为我们能听到的音频信号并放大的过程。

空中传播的电台发送的调幅波广播信号，通过收音机天线接收→输入调谐电路（选择出所需的电台信号）→变频电路进行变频，输出中频465kHz信号→中频放大→检波电路解调出音频信号→低频放大和功率放大后，将放大的音频信号输出，推动扬声器发出声音。

超外差式收音机的工作原理框图如图21-1所示。

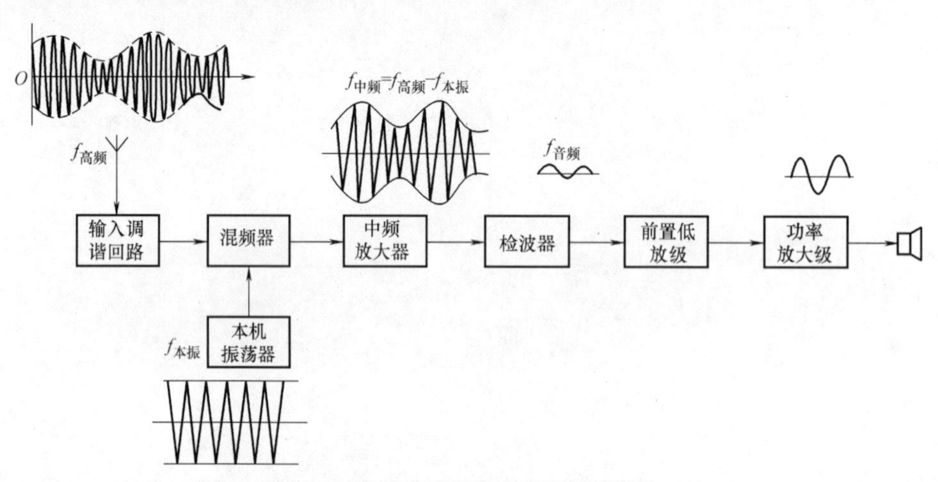

图21-1　超外差式收音机工作原理框图

S66型收音机是3V供电全硅管六管超外差式收音机，其接收频率范围为535～1605kHz的中波段。S66型收音机及其电路如图21-2所示。收音机原理框图分析如下。

1. 输入调谐回路

输入调谐回路由磁棒线圈和可变电容器组成，调节可变电容器可改变*LC*谐振频率与电台谐振，以选择不同频率的电台信号。把不需要接收的信号加以抑制。采用磁棒线圈可以提高接收灵敏度和选择性。

2. 本机振荡混频电路

本机振荡混频电路主要由晶体管VT_1为核心的本机振荡器、混频器及中频选频网络组成。天线谐振线圈T_1选择接收的高频信号，与收音机的本机振荡信号（线圈T_2的谐振频率）一起在变频管内混合，得到频率为465kHz中频的差频信号，从VT_1集电极输出，经中频谐振线圈T_3选频，送到第一中频放大晶体管VT_2。这样就把接收的高频调幅信号变换为465kHz的中频调幅信号（中频只改变了载波的频率，原来的音频包络并没有改变，中频信

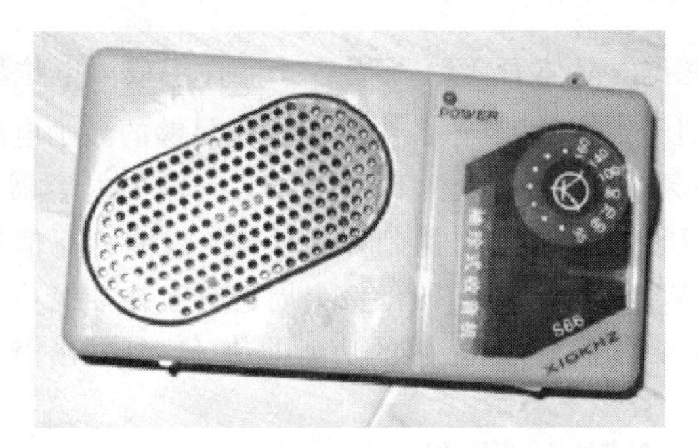

a) 实物

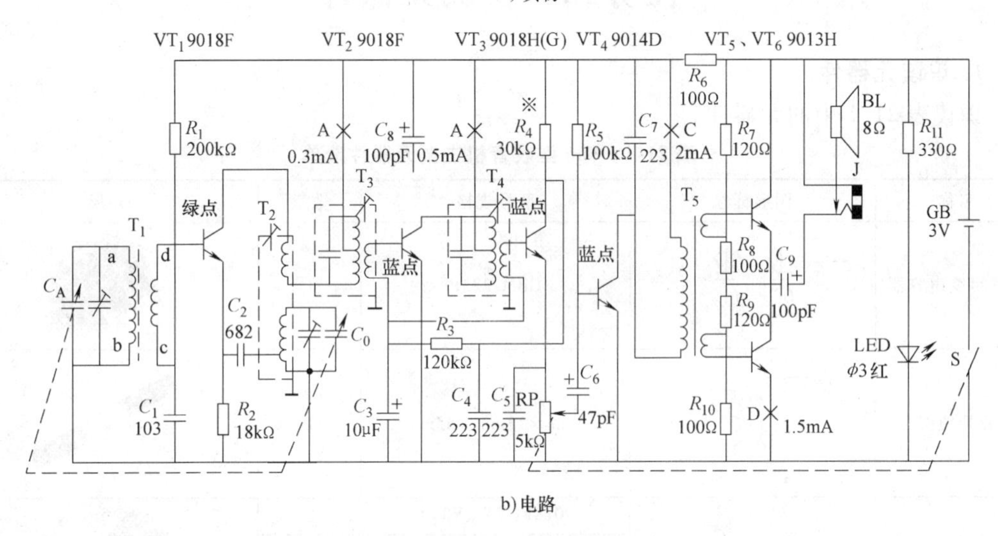

b) 电路

图 21-2　S66 型收音机实物及电路

号可以更好地得到放大）。

3. 中频放大电路

中频放大电路主要由中频放大晶体管 VT_2 和中周 T_3、T_4 组成。上一级电路输出的 465kHz 调幅波信号在 VT_2 得到进一步选频并放大，并送到下一级 VT_3 检波。中频放大器是一种谐振放大器，具有谐振选频放大作用，只放大中频信号。这样在提高信号增益的同时，就可以进一步选择信号，使收音机的选择性大大提高。

4. 检波及自动增益控制

放大后的中频信号由 T_4 耦合到 VT_3 进行晶体管检波。VT_3 既起到放大作用，也是检波管，其 BE 结完成检波，解调出中频信号的包络即音频信号，由电容 C_5 滤除残留的中频部分，在电阻器 RP 上得到音频电压。调节 RP 的阻值可以改变送到低放电路的音频信号大小，以调节收音机的音量。

检波信号一路在 VT_3 发射极输出到低频放大电路，另一路由集电极输出供自动增益控制用。自动增益控制电路（AGC 电路）的作用是在强信号到来时，自动降低放大电路的增益以保证输出不至于过大。其原理是：信号越强，检波输出越大，VT_3 集电极的电位越低，通过 R_3 控制 VT_2 的基极电位降低，使中频放入增益降低，达到自动增益控制的目的。

5. 前置低频放大和功率放大电路

前置低频放大电路又称激励放大级，主要由晶体管 VT_4 及周边元器件组成。电位器送来的音频信号，在前置低频放大电路进行电压放大，为功率放大电路提供足够的激励电压。

功率放大电路主要由输入变压器 T_5 中频功率放大晶体管 VT_5、VT_6，输出电容器 C_9，电阻器 R_7、R_8、R_9、R_{10}等元器件组成。变压器 T_5 的二次侧有两个对称的线圈，把信号分成两个大小相等方向相反的信号，由 VT_5、VT_6 对音频电压的正负半周进行互补推挽功率放大，不仅输出较高的电压也能输出较大的电流，可以获得足够的功率推动扬声器发出声音。

任务二　检测元器件

1. 识读元器件

识读表 21-1 中的元器件。

表 21-1　S66 型收音机主要元器件清单

名称	图形符号	型号规格	数量	外形
双联可变电容器		CBM-223P	1	
磁棒线圈		5mm×13mm×55mm	1	
晶体管	B C E	9018F(VT_1、VT_2)	2	
		9018H(VT_3)	1	
		9014D(VT_4)	1	
		9013H(VT_5、VT_6)	2	
中周		红(T_2) 白(T_3) 黑(T_4)	各 1	
电阻器		100Ω(R_6、R_8、R_{10})	3	
		120Ω(R_7R_9)	2	
		330Ω(R_{12})、1.8kΩ(R_2)	1	
		30kΩ(R_4)、100kΩ(R_5)	1	
		120kΩ(R_3)、220kΩ(R_1)	1	
电位器		5kΩ(带开关插脚)	1	

（续）

名称	图形符号	型号规格	数量	外形
瓷片电容器		682（C_2）、103（C_1）	1	
		223（C_4、C_5、C_7）	3	
电解电容器	+	0.47μF（C_6）	1	
		10μF（C_3）	1	
		100μF（C_8、C_9）	2	
音频输入变压器	T	E型6个引出脚	1	
发光二极管	LED	红色 ϕ3mm	1	
扬声器		ϕ58mm	1	
其他所需元器件	收音机前盖1个，收音机后盖1个，刻度尺、音窗各一块，双联拨盘1个，电位器拨盘1个，磁棒支架1个，印制电路板1块，电路原理图及装配说明1份，电池正、负极弹片1套，连接导线1根，立体声耳机插座 ϕ3.5mm1个，双联及拨盘螺钉 ϕ2.5×53，电位器拨盘螺钉 ϕ1.6×51，自攻螺钉 ϕ2×51			

2. 检测元器件

在焊接前要对各元器件进行检测，防止有问题的元器件混在其中，影响装配出的收音机的质量。

1）色环电阻器：识读其标称电阻值，用万用表测量其实际阻值。

2）电解电容器：识别其正、负极，并使用万用表检测。

3）瓷片电容器：识别其标称电容量，用数字式万用表测量实际电容量。

4）发光二极管：识别其正、负极，用万用表测量其正、反向电阻。

5）电位器：用万用表检测其阻值。

6）晶体管：识别晶体管的类型及管脚排列（对于本项目所用的6个晶体管，面对晶体管带字的平面，管脚朝下，那么自左向右的管脚排列依次为 E、B、C）；使用万用表检测、验证管脚排列，并测量 h_{FE}。

7）中周：即中频变压器，用万用表低阻挡测量各个线圈的连通情况，用万用表高阻挡测量不同线圈间及它们与外壳间的绝缘情况。

8）音频输入变压器：测量方法与中周相同，阻值大的那个线圈是一次线圈。

9）磁棒线圈：线圈匝数多的是一次侧，线圈匝数少的是二次侧。用万用表低阻挡测量是否导通。

10）扬声器：用万用表低阻挡测量其阻值，断续测量时应发出“咯咯”的声音。

11）双联可变电容器：该电容器一个轴上的两组电容器同步变化使输入回路谐振频率与本振频率同时改变，保证两者差值为中频。用电阻挡进行测量，确认动片与静片不相碰即可。

任务三　安装焊接

印制电路板上的装配工艺是保证整机质量的关键，装配质量的好坏对收音机的性能有很大的影响。

1. 安装工具的准备

根据被焊件的大小，准备好电烙铁、镊子、剪子、斜嘴钳、尖嘴钳、松香、焊锡丝等工具和材料。

2. 整形安装

按照焊接工艺要求，对元器件进行整形，对应图 21-3 所示电路板上元器件符号的位置，根据先小后大、先低后高的顺序进行安装。

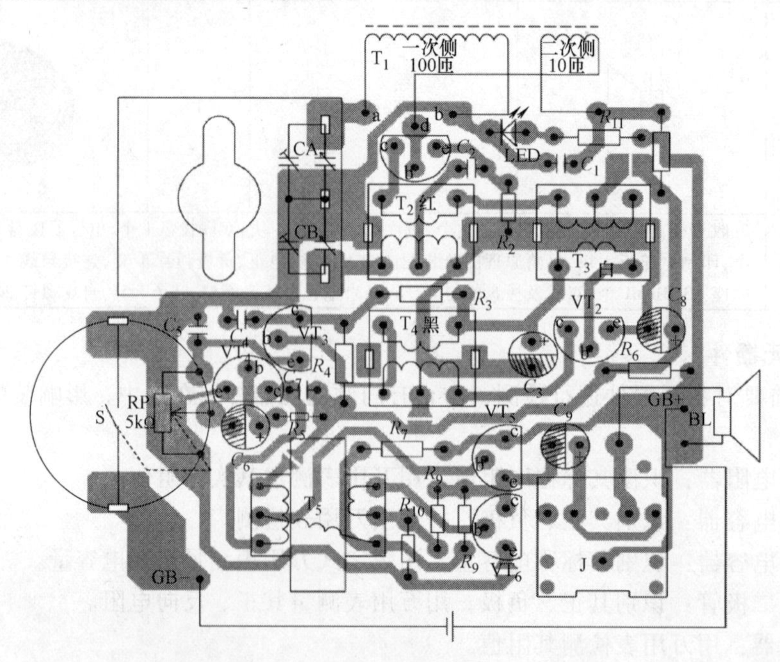

图 21-3　S66 收音机电路板元器件安装图

安装时应注意以下几点。

1）电阻器：有几个需要卧式安装，其他立式安装。

2）晶体管：各个位置的晶体管要求的放大倍数不同，VT_1 选用低值（绿点）晶体管，VT_2、VT_3 选用中值（蓝、紫）晶体管，VT_4 选用高值（紫、灰）晶体管。E、B、C 管脚不要插错，焊接时间不宜过长。

3）中周：三个不同颜色的中周位置不要弄混。

4）音频输入变压器：将音频输入变压器凸出的点，对准电路板上的小标点，不要插反。

5）发光二极管：按图 21-4 整形，确保盒盖能够盖上。

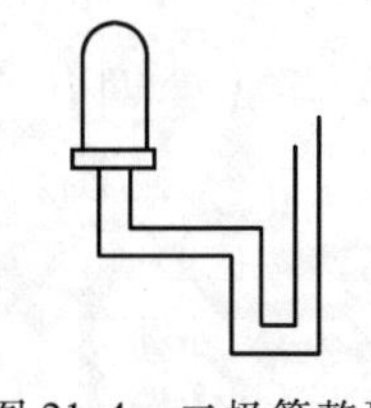

图 21-4　二极管整形

3. 焊接

按照焊接工艺，依次焊接电路板上安装的元器件。

4. 焊后处理

剪去多余引脚，检查有无虚焊、漏焊等现象，然后用无水酒精将整个电路板擦净。最后焊接电池、扬声器、磁棒天线连线，注意磁棒线圈一次侧和二次侧端子不要弄错。

任务四　调　　试

整机装配完毕后，不要急于通电，仔细检查元器件有没有安装焊接错误，并与同学相互比较。确认无误后，才能进行调试。

第一步：试听

在不装电池时，用万用表 $R\times100$ 挡测量电池正、负极之间的电阻，正常应该在几百欧，然后装上电池接入 3V 直流电源，打开收音机电源开关，开大音量并调节调谐旋钮，看能否收到广播电台信号，以及声音大小是否正常。

第二步：直流工作点的调试

试听有声音就可以调试直流工作点。

1）测量整机电流：关掉电位器开关，再把万用表拨至 50mA 挡，表笔跨接在电位器开关两端，红表笔接电池的正极方向，可以测量收音机整机电流。若把收音机调谐到没有电台状态，可以测量收音机静态总电流，正常电流一般小于 10mA，然后进行各级电路静态电流的测量。

2）测量静态电流：测量各级的集电极电流是否在允许范围。S66 型收音机的 PCB 上留有 A（0.3mA）、B（0.5mA）、C（5mA）、D（2mA）4 个缺口，以方便测量各级的静态电流，如图 21-5 所示。如果测得各级电流在参考电流值左右，说明各级晶体管工作正常，就可以把这 4 个缺口用钎料连通。调整各级电流可以改变各级放大能力，电流一般不需要

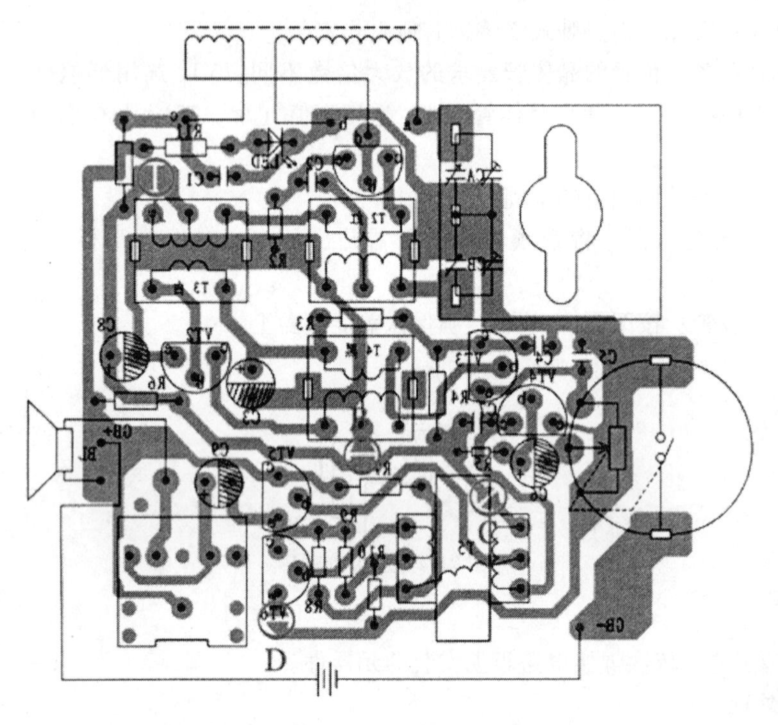

图 21-5　静态电流测试图（覆铜板面）

调整。

第三步：交流通路的调试

上述直流调试调整的是收音机直流静态工作点，收音机还需要进行交流调试。即调整音频放大电路、中频频率、调整频率覆盖范围、统调。音频放大电路一般不需要调试，主要是调试中频、高频电路。

1. 不用仪器调试

（1）调整中频频率：通电调节调谐旋钮，找一个信号较弱的电台，用无感螺钉旋具按 T_4、T_3 顺序分别微调中周上的磁心，在调节时会听到声音的变化（调节时注意力度，防止损坏中周），当收听到的声音最大时即调整合适，这时线圈谐振在中频频率。注意中周在出厂时已经调准在中频谐振位置，一般不用调整（或只需要微调），调整时要记住初始位置，稍加微调，不要调乱了。

（2）调整频率范围：超外差式收音机中波的频率范围一般为 535～1605kHz。调节频率范围只需要低端和高端频率即可。低端频率主要调节本振线圈 T_2，如果相应频率刻度收不到低端电台，可将本振线圈 T_2 的磁心往里旋（增大电感量），直到调谐旋钮上的刻度线指到该频率位置并能收到该频率上的广播，则低频端的调节完毕；高端频率主要调节调电容振荡连补偿电容 C_{0b}，如果相应频率刻度收不到高端电台，可用螺钉旋具调节可变电容振荡连 C_b 并联的补偿电容 C_{0b}，减小其容量，同时将可变电容旋进，直到调谐旋钮指到该频率刻度线位置上能够收到相应广播声音为止。调节频率范围时，本振线圈 T_2 与补偿电容 C_{0b} 要配合调节，反复进行两三次。

（3）统调：为保证收音机的灵敏度，要求收音机接收电台信号的输入回路谐振频率和本机振荡频率的差值始终保持在中频465kHz，但实际上很难在整个波段完全做到。一般在低频端600kHz附近、中频端1000kHz附近、高频端1500kHz附近保证同步即可。具体调整方法是，低频端统调：先选择一个低端的电台，如620kHz，移动线圈 L_1 在磁棒上的位置，使广播音最大即可。高频端统调：先选择一个高端的电台，如1430kHz，调节可变电容天线连 C_a 并联的补偿电容 C_{0a}，使声音最大即可。同样低端与高端配合反复调节两三次。由于本项目收音机套件中使用的是密封双联可调电容，已经保证了中间频率的统调，无需进行中频端的统调。

2. 使用仪器调试

（1）调整中频频率：把信号发生器输出的465kHz中频调幅信号（低频调制信号1kHz、调制度为30%），通过0.047μF电容耦合至 VT_1 集电极（信号幅度适当，能听清声音即可），同时用交流毫伏表或示波器测扬声器两端电压，用无感螺钉旋具按顺序依次分别调节中周 T_4、T_3，直到输出电压最大即可。

（2）调整频率范围：在信号发生器输出端连接一个环形天线，信号发生器输出525kHz的调幅信号，将环形天线平面垂直靠近磁棒，二者距离以收音机能收到信号为准。

在扬声器上升接交流毫伏表或示波器探头，调低端频率：打开收音机，将频率旋钮刻度线对准525kHz，将双连电容器全部旋进，用无感螺钉旋具调节 T_2 磁心，使交流毫伏表或示波器显示输出电压最大（声音最大）。调高端频率，信号发生器输出的1640kHz中频调幅信号，将双连电容器全部旋出，用螺钉旋具微调电容 C_{0b}，使交流毫伏表或示波器显示输出电压最大。这样反复进行几次低端、高端的调节，频率范围就可以校正好了。

（3）统调：完成频率覆盖调节后，可进行统调。

1）低频统调：信号发生器输出600kHz的调幅信号，收音机接收此信号，调整输入回路线圈 L_1 在磁棒上的位置，使交流毫伏表或示波器显示输出电压最大即可。

2）高频统调：信号发生器输出1500kHz的信号，收音机接收此信号，微调电容 C_{0a}，使交流毫伏表或示波器显示输出电压最大。以上两步反复进行几次，即可完成统调。

【项目实训评价】

组装晶体管收音机项目实训评价见表21-2。

表21-2　组装晶体管收音机项目实训评价

项目	考核要求	配分	评分标准	得分
元器件识别与检测	识别、检测所有元器件	20分	识别错一个扣2分，检测错一个扣2分	
元器件成形、插装、电路板焊接	元器件按工艺要求成形、插装位置正确、高度及引脚长度合适、标记方向符合规定，焊点均匀一致、光滑无毛刺、无虚焊。印制电路板上的铜箔不得有翘起、脱落	30分	元器件成形不符合要求，每处扣2分；插装位置、极性错误，每处扣2分；标记方向乱，扣1~3分；有搭锡、虚焊、漏焊、铜箔脱落等现象，每处扣2分；焊点不光滑及钎料过多、过少，每处扣2分	

（续）

项目	考核要求	配分	评分标准	得分
装配	机械和电气连接正确，没有错装和漏装，装配过程没有损伤	10分	装配出现错误，每处扣2～4分；部件有损伤，扣5～8分	
调试	能正常收到电台声音；会测A、B、C、D四点的静态电流；掌握中频、高频调试方法	30分	完全无声，扣30分；低频有声音收不到台，扣10～15分；静态电流不合适，每处扣2分；根据接收电台的多少和音量情况扣1～10分	
安全文明操作	台面整洁，遵守安全操作规程	10分	不到之处扣5～10分	
合计		100分		

【知识链接一】 无线电波

无线电通信的任务是利用电磁波将各种电信号由发送端传送给接收端，以达到传递信息的目的。以无线电广播为例，它是将载有声音或图像的电信号，利用电磁波的形式从电台传送给远方的广大听众或观众。无线电是电磁波的一种，电磁波是由电磁振荡产生的。由电磁学基础理论可知，通入交变电流的导体周围会产生交变磁场，在交变磁场周围又会感应出交变电场，交变电场又在其周围产生交变磁场……，交变磁场与交变电场不断交替产生并向周围空间传播，这就是无线电波，如图21-6所示。

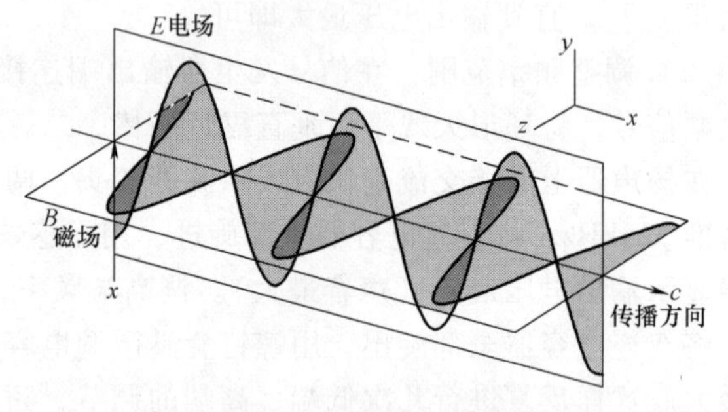

图21-6 无线电波图

1. 无线电波的特点

无线电波具有波的特性，具有传播方向。电磁波的传播速度都为 $c=3\times10^8\text{m/s}$。电磁波在一个振荡周期内传播的距离叫波长，用 λ 表示，波长与速度的关系为

$$\lambda=cT \text{ 或 } \lambda=\frac{c}{f}$$

式中，T 为振荡周期，单位为s；f 为振荡频率，单位为Hz；波长 λ 的单位为m。

2. 无线电波的传播

根据传播方式不同，可分为地波、天波和空间波三种，如图21-7所示。

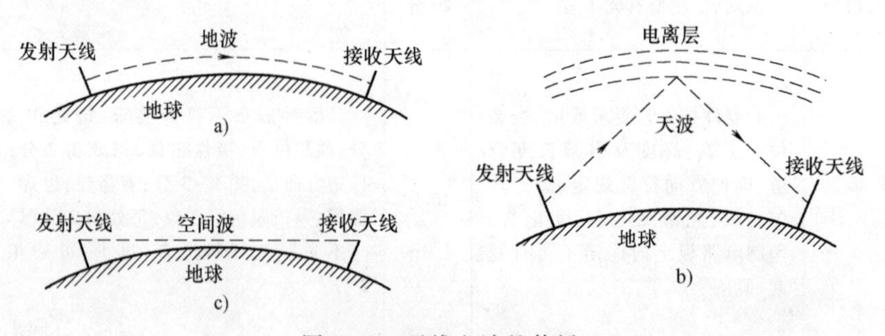

图21-7 无线电波的传播

无线电沿地球表面空间传播的方式称为地波，一般是中、长波，这个波长有利于绕过地表障碍进行传播。地波传播稳定、可靠，通常用于中程无线通信、无线电广播、海上通信及导航等。

靠大气电离层的反射来传播无线电波的方式称为天波，一般是短波。由于电离层的特性不稳定，天波传播不是很稳定，但可以传播很远。天波主要用于短波通信、广播。

无线电波在地球表面直线传播的方式称为空间波，一般是超短波。超短波的传播遇到障碍物时会发生反射。因此，一般接受到的空间波会有两部分：直接波和反射波。直接波性能稳定，但由于受到地球表面地形、建筑物等影响，传播距离较短，主要用于调频无线电广播、电视广播及移动通信等。

3. 无线电波波段的划分及主要传输途径

无线电波的频率从几十千赫兹到几万赫兹。习惯上将无线电波的频率范围划分为若干个区域，这些区域叫做波段，也叫频段（见表21-3，图21-8）。

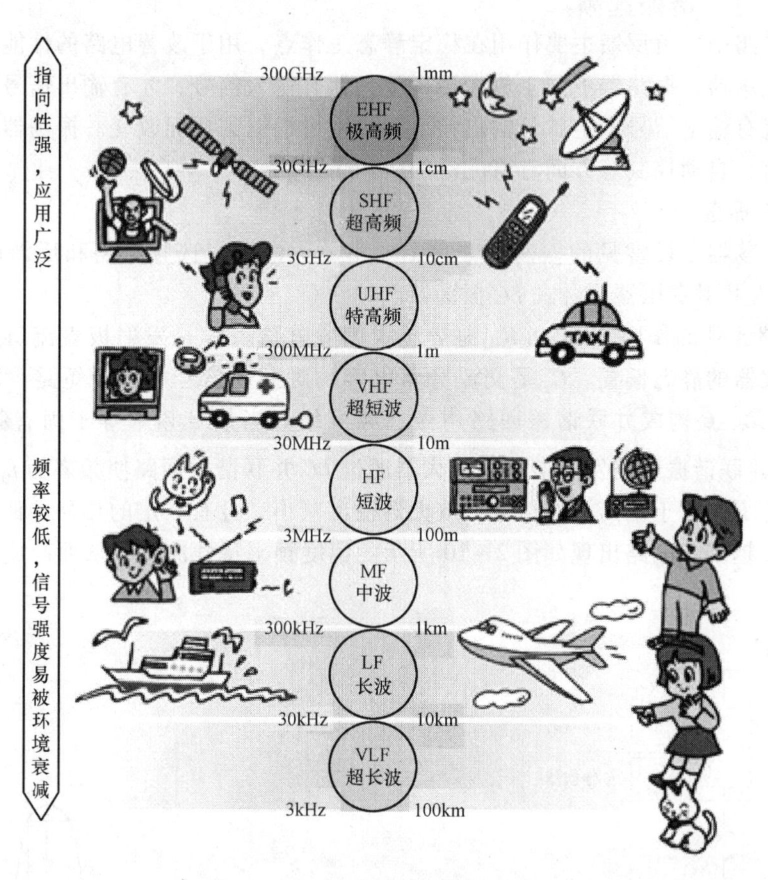

图21-8　无线电波波段应用划分

表21-3　无线电波波段划分

无线电波波段划分			
波段名称	波长范围/m	频段名称	频率范围
超长波	1000000～10000	甚低频	3～30kHz
长波	10000～1000	低频	30～300kHz

（续）

无线电波波段划分				
波段名称		波长范围/m	频段名称	频率范围
中波		1000 ~ 100	中频	300 ~ 3000kHz
短波		100 ~ 10	高频	3 ~ 30MHz
短波	米波	10 ~ 1	甚高频	30 ~ 300MHz
	分米波	1 ~ 0.1	特高频	300 ~ 3000MHz
	厘米波	0.1 ~ 0.01	超高频	3 ~ 30GHz
	毫米波	0.01 ~ 0.001	极高频	30 ~ 300GHz

上述各波段的划分是相对的，因为波段之间没有显著的分界线。

【知识链接二】　谐振选频

在电子电路中，负反馈主要作用在稳定静态工作点，用于改善电路的性能。而正反馈主要用来构成振荡器，振荡器不同于放大器，放大器有输入信号，才有输出信号；而振荡器无需输入信号就有输出信号产生，且输出频率和幅度可根据需要而改变。振荡器用于信号的产生，它在通信、自动控制等方面有着广泛的应用。

1. 正弦波振荡器

正弦波振荡器是最常见的振荡器，它主要由放大电路、选频电路和反馈网络三部分组成。图 21-9 为共射变压器耦合式 *LC* 振荡器。

（1）电路元件的作用。R_{B1} 和 R_{B2} 是分压式偏置电路。R_E 是发射极直流负反馈电阻，它们提供了放大器的静态偏置。C_E 是交流旁路电容，对振荡信号相当于短路，放大电路为共射放大电路。*L*、*C* 构成并联谐振回路用做选频网络。当信号频率等于固有频率 $f_0 = 1/2\pi\sqrt{LC}$ 时，*LC* 并联谐振回路发生谐振，放大器通过 *LC* 并联谐振回路使频率为 f_0 的信号输出放大，且相移为零。对于偏离 f_0 的信号，放大器输出减小，且有一定的相移。偏离 f_0 越多，输出越小，相移越多。电路出现如图 21-10 所示的幅度频率特性曲线，从而产成频率为 f_0 的振荡信号。

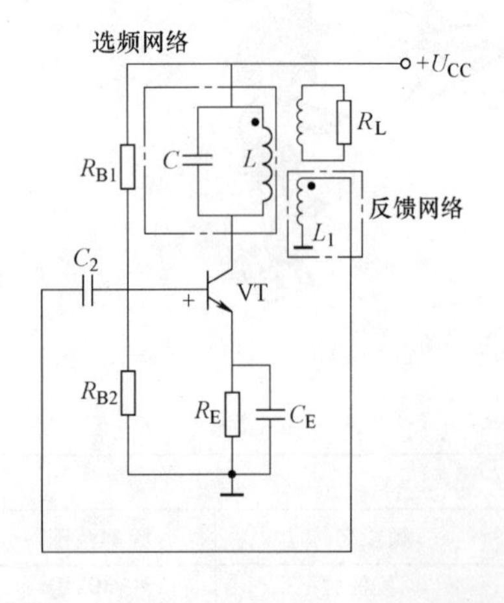

图 21-9　共射变压器耦合式 *LC* 振荡器

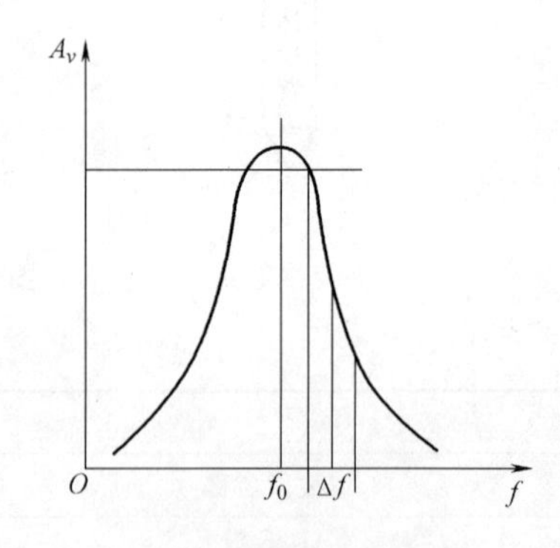

图 21-10　幅度频率特性曲线

L_1是反馈线圈，将输出信号正反馈到放大管的基极。L_2是输出线圈，将振荡器的输出信号送到R_L。

（2）振荡过程。电源刚接通时，电路会产生微弱的扰动信号，经VT组成的放大器放大，然后由LC选频网络从各种信号中选出谐振频率为f_0的信号，并通过线圈L和L_1之间的互感耦合把信号反馈到晶体管的基极。设基极的瞬时电压极性为正，因为LC谐振回路谐振时为纯阻性，所以集电极电压瞬时极性为负，按变压器同名端的符号可以看出，L_1的上端电压极性为正，反馈回基极的电压极性为正，满足相位平衡相位条件。只要晶体管的电流放大倍数β合适，L与L_1的匝数比合适，即可满足振幅平衡条件。这样，通过正反馈形成振荡信号，该电路的振荡频率为$f_0=\dfrac{1}{2\pi\sqrt{LC}}$。

2. 收音机变频电路

收音机变频电路的本机振荡器一般都采用共基极变压器耦合LC振荡器，如图21-11所示。收音机将接收到电台的高频调幅信号与本机产生的高频等幅信号进行混频，得到中频调幅信号。而收音机产生的本机振荡频率则取决于LC谐振回路。由于双联可变电容器同轴调节的两组电容容量同步变化，可以保持本振频率与接收高频信号谐振频率始终相差465kHz，使不同频率信号接收效果相同。

收音机里的中频放大电路是一种谐振放大器，如图21-12所示，具有选频放大作用。中频放大电路谐振于465kHz，这就保证了中频放大电路只放大中频信号，使超外差式收音机具有很好的灵敏度和选择性。

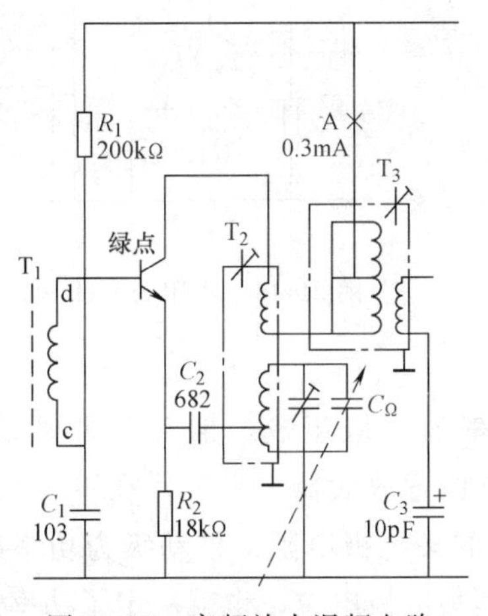

图21-11　高频放大混频电路

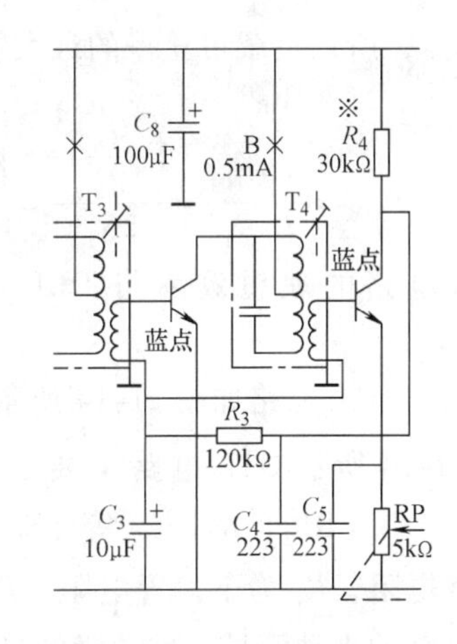

图21-12　中频放大电路

【知识链接三】　OTL放大电路

功率放大电路简称功放，不仅能够提供电压增益，也能提供电流增益，是向负载提供足够大功率信号的放大电路。根据功率放大器的电路形式不同，可分为变压器耦合功率放大器、单电源互补对称功率放大器（OTL电路）、双电源互补对称功率放大器（OCL电路）等。由于OTL电路简单，效率较高，频率特性好，是目前使用最广泛的功率放大电路。

OTL电路的主要特点：

1）单电源供电模式。

2）输出端与负载R_L的连接为电容耦合。

图21-13是基本的OTL电路。

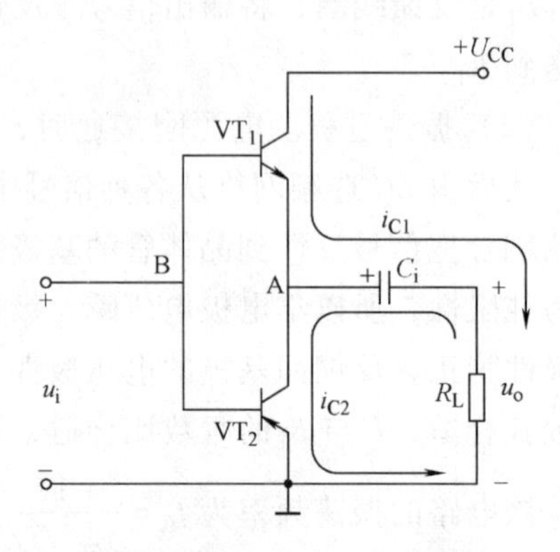

图21-13　基本OTL电路

基本OTL电路是由两个类型不同、参数特性对称的晶体管组成。

由于VT_1、VT_2晶体管参数相同，所以当电路输入端无输入信号u_i时，A、B两点电位相同，都是电源电压的一半，VT_1、VT_2发射结电压$U_{BE}=V_B-V_A=0$，晶体管VT_1、VT_2均处于截止状态。

电路输入端加载输入信号u_i，当信号u_i处于正半周时，B点电位升高，VT_1导通，VT_2截止，U_{CC}通过VT_1向电容器C_1充电，在负载R_L上输出正半周波形。当信号u_i处于负半周时，B点电位降低，VT_1截止，电容器C_1开始放电，向VT_2提供工作电源，VT_2导通，同时在负载R_L上输出负半周波形。

输入信号u_i的正半周波形从VT_1放大，负半周波形从VT_2放大，最后在负载R_L上叠加形成完整的信号波形。从基本OTL电路中可以看出，两个晶体管VT_1、VT_2轮流导通，且VT_1和VT_2的直流供电电压均为$\frac{1}{2}U_{CC}$，输出信号的最大幅度U_{OM}可接近$\frac{1}{2}U_{CC}$，所以负载可获得的最大功率为

$$P_{OM}=\frac{1}{2}\frac{U_{OM}^2}{R_L}=\frac{\left(\frac{U_{CC}}{2}\right)^2}{2R_L}=\frac{U_{CC}^2}{8R_L}$$

OTL电路的理想效率与OCL电路一样，均为78.5%。

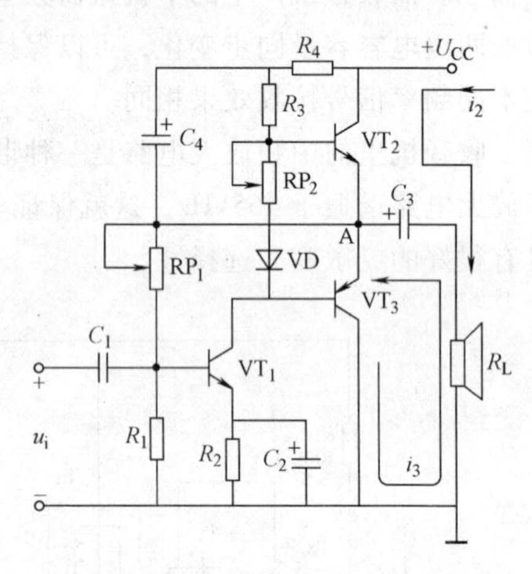

图21-14　实用的OTL电路

实用的OTL电路如图21-14所示。

图21-14所示OTL电路主要是由推动级和功率放大级组成。推动级主要是由VT_1、RP_1、R_1、R_3、RP_2、R_2、C_2等元器件组成的分压式偏置放大器，它工作在甲类状态。RP_1为上偏置电阻，R_1为下偏置电阻，R_3、RP_2是VT_1的集电极电阻，推动级为功率放大输出级提供足够的推动信号。推动级的静态工作点决定其集电极电位，也就决定了功率放大管输出中点电位。调节RP_1可以改变输出中点电位。

功率放大输出级主要是由VT_2、VT_3组成的互补对称功率放大电路，RP_2和二级管VD为VT_2、VT_3提供适当的发射极电压，使两管在静态时处于微导通状态，以消除交越失真。通过调节RP_2可调整输出管静态电流。

当推动级放大的信号输入时，VT_2、VT_3也就在信号正、负半周交替导通放大，分别在负载R_L上获得正、负半周的输出信号，两管轮流工作，呈推挽放大状态，在负载R_L上输出完整的信号波形。

R_4、C_4 是自举电路，可以提升输出信号正半周幅度，消除顶部失真。

【复习与思考题】

21-1　填写完成图 21-15 所示超外差收音机工作原理框图，并在 a、b、c 、d、e 处画出相应的信号波形。

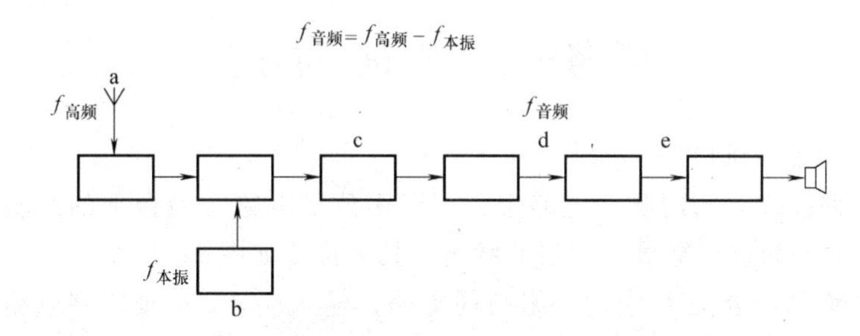

图 21-15　题 21-1 图

21-2　超外差收音机安装完毕后，如何进行直流调试？原理是什么？

21-3　怎样调准收音机的中周？

21-4　无线电波的传播方式有几种？每种有何特点？

21-5　无线电波的波段主要是怎么划分的？

21-6　简述谐振选频电路的工作原理及主要应用？

21-7　OTL 电路的最大输出功率只跟电源电压、负载大小有关，这种说法是否正确？

项目二十二　验证与转换门电路逻辑功能

任务一　测试与门

1. 与门逻辑功能测试电路

（1）测试电路接线。与门测试电路中，可以用数字电路实验台上的逻辑电平开关提供输入电平，用实验台的逻辑笔显示输出的状态，具体接线如图 22-1 所示。

测试中，选择 74LS08 芯片中的一组与门电路，输入端 A、B 接数字电路实验台面板上面的 8 位逻辑电平开关中的任意两个，输出端接实验台面的逻辑笔，通过逻辑笔的电平状态显示来判断各种输入情况下的输出结果。

（2）测试电路实物。图 22-2 为在实验台上按照接线图连接好的电路实物，其中，绿色、黄色导线可分别作为输入、输出端接线，以便于区分，红色导线连接电源正极，黑色导线接地（图中颜色未标，读者在实验过程中自行比对）。

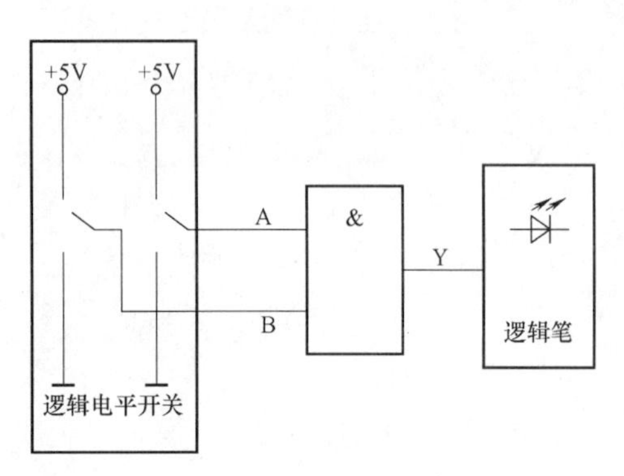

图 22-1　与门测试电路

图 22-2　与门测试电路实物

2. 实验装置及器件介绍

（1）电子技术实验装置。数字电子技术实验装置一般由连续脉冲信号源、单次脉冲信号源、直流电源、逻辑电平开关、逻辑电平显示器和集成块插座等组成。在逻辑门测试实验中，可以利用实验装置中 8 个逻辑电平开关 $S_1 \sim S_8$：当向上拨动开关时，对应输出孔对外提供高电平“1”，输出电压为 5V；当向下拨动开关时，输出孔则提供低电平“0”，输出电压为 0. 15V。通过面板上的逻辑电平显示器可以观察逻辑开关的状态，如图 22-3a 所示。把 8 个逻辑电平开关的输出孔和 8 个逻辑电平显示器插孔用导线连接，依次拨动开关，通过观察逻辑电平显示器发光情况，可看出逻辑开关输入电平的高低。输出端接逻辑笔可显示输出电平的高低，如图 22-3b 所示。

a) 逻辑开关及输入电平显示

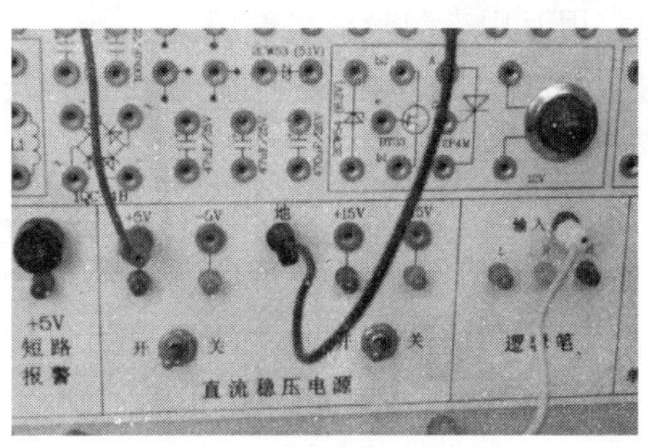

b) 逻辑笔显示输出电平

图 22-3　逻辑电平调试

（2）集成逻辑门电路器件。集成逻辑门电路是最基本、最简单的数字器件。可以实现与、或、非等基本逻辑关系及与非、异或等复合逻辑门电路。其中，以 TTL 与非门应用最多。本节实验以 74LS 系列 TTL 门电路的 74LS08 芯片、74LS32 芯片、74LS04 芯片和 74LS00 芯片为实验点，验证和推导基本逻辑关系。表 22-1 为常用 74LS 系列芯片电路的名称和功能。

表 22-1　常用 74LS 系列芯片的名称和功能

型　号	名　称	功　能
74LS00	四 2 输入与非门	$Y=\overline{AB}$
74LS04	六非门	$Y=\overline{A}$
74LS32	四 2 输入或门	$Y=A+B$
74LS02	四 2 或非门	$Y=\overline{A+B}$
74LS08	四 2 输入与门	$Y=AB$
74LS86	四 2 异或门	$Y=A\oplus B$

3. 注意事项

1）电源选用 +5V，即 U_{CC} 接 +5V 直流电压源。

2）输出端不能直接接地或是接电源，禁止并联使用。

3）TTL 门电路多余不用的引脚应并联。

4. 实验电路的搭建、测试及数据记录

（1）搭建电路。图 22-4 位 74LS08 芯片组的内部结构，由此可以得到 74LS08 芯片组中各个引脚的具体功能。

14　13　12　11　10　9　8
VCC
&　&
74LS08
&　&
GND
1　2　3　4　5　6　7

图 22-4　74LS08 内部结构

根据图 22-1，参照图 22-4 中 74LS08 芯片组的各引脚功能进行接线。在 74LS08 芯片组中，有四组与门。14 脚接通 +5V 直流电源，7 脚接地，选择一组与门，输入端分别连接逻辑电平输入开关，输出引脚连接逻辑笔。

（2）测试电路。A、B 两个输入端子分别接高、低电平输入，观察逻辑笔显示的输出端

Y 状态，用万用表测量输出电压。

（3）数据记录。观察实验现象，记录实验时输入和输出各自的状态，将数据填入表 22-2。

表 22-2　与门逻辑功能测试数据记录

输入		输出		输入		输出	
①	②	③		④	⑤	⑥	
A	*B*	*Y*		*A*	*B*	*Y*	
		电平	电压			电平	电压
0	0			0	0		
0	1			0	1		
1	0			1	0		
1	1			1	1		
输入		输出		输入		输出	
⑩	⑨	⑧		⑬	⑫	⑪	
A	*B*	*Y*		*A*	*B*	*Y*	
		电平	电压			电平	电压
0	0			0	0		
0	1			0	1		
1	0			1	0		
1	1			1	1		

5. 工作原理介绍

（1）逻辑门电路。所谓“逻辑”是指事件的前因后果所遵循的规律，把数字电路的输入信号看做“条件”，把输出信号看做“结果”，则数字电路的输入与输出信号之间存在着一定的因果关系，即存在逻辑关系，能实现一定逻辑功能的电路称为逻辑门电路。这些电路像门一样依一定的条件“开”或“关”，因此称为门电路，它是组成数字电路的最基本单元。

（2）门电路的分类。

1）按逻辑功能分：基本逻辑门和复合逻辑门。基本逻辑门包括与门、或门、非门；复合逻辑门包括与非门、或非门、与或非门等。

2）按功能特点分：普通门、输出开路门、三态门等。

3）按电路结构分：分立元器件门电路和集成门电路。

（3）与逻辑门。如图 22-5 所示，开关 A、B 串联在回路中，开关都闭合时，信号灯亮，若其中任何一个开关断开，信号灯就不会亮。这里开关的闭合与信号灯亮的关系称为逻辑与，也称为逻辑乘。

1）逻辑关系：仅当决定事件（Y）发生的所有条件（A、B、C…）均满足时，事件（Y）才能发生，这种逻辑关系称为与逻辑关系。在逻辑代数中，与逻辑又称逻辑乘。

2）逻辑表达式：$Y=A\cdot B$

3）逻辑真值表：用 A 和 B 分别代表两个开关，若规定闭合为 1，断开为 0，Y 代表灯，灯亮为 1，灯灭为 0，则与逻辑关系可用表 22-3 表示，这种把所有可能的条件组合及其对应结果依次列出来的表格称为真值表。

表 22-3　与逻辑真值表

A	B	Y
0	0	0
0	1	0
1	0	0
1	1	1

4）逻辑功能：由真值表得出“全 1 出 1，有 0 出 0”。

5）逻辑符号：实现与逻辑关系的电路称为与门电路，其逻辑符号如图 22-6 所示。

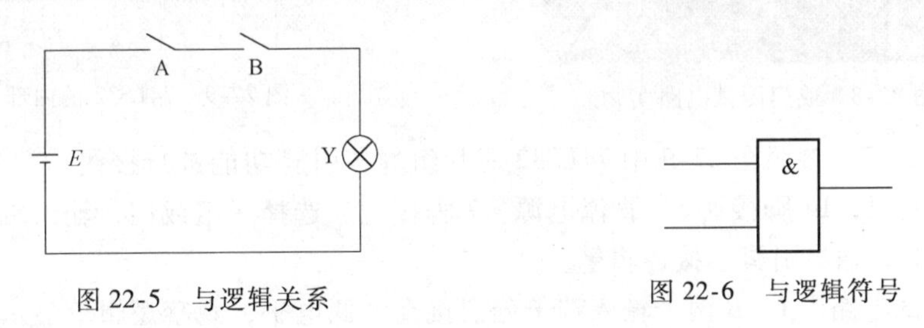

图 22-5　与逻辑关系　　图 22-6　与逻辑符号

任务二　测试或门

1. 或门逻辑功能测试电路

（1）测试电路接线。在或门测试电路中，可以用以数字电路实验台上的逻辑电平开关提供输入电平，以实验台的逻辑笔显示输出的状态，具体接线如图 22-7 所示。

测试中，选择 74LS32 芯片中的一组或门电路，输入端 A、B 接数字电路实验台面板上的 8 位逻辑电平开关中的任意两个；输出端接实验台面的逻辑笔，通过逻辑笔的电平状态显示来判断各种输入情况下的输出结果。

（2）测试电路实物。图 22-8 为在数字电路实验台上按照接线图连接好的电路实物，其中绿色导线作为输入端接线，红色导线连接电源正极，黑色导线接地（图中颜色未标，读者在实验过程中自行比对）。

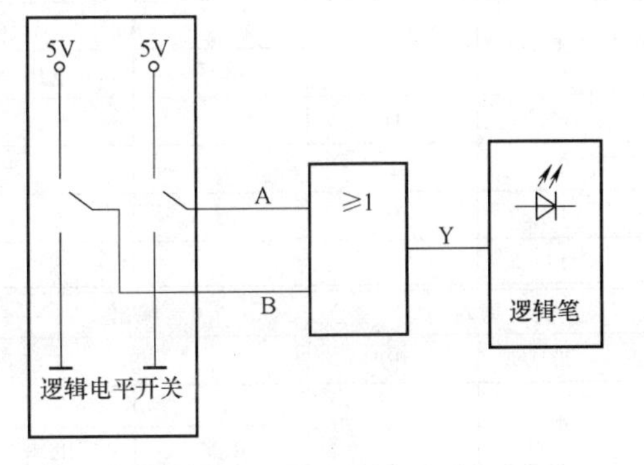

图 22-7　或门测试电路

2. 实验装置及器件介绍

或门测试实验中，实验设备同与门测试类似，实验用芯片组为 74LS32，它是四 2 输入或门电路，其引脚功能如图 22-9 所示。

3. 实验电路的搭建、测试和数据记录

（1）搭建电路。图 22-9 是 74LS32 芯片组的内部结构，由此可以得到 74LS32 芯片组中各个引脚的具体功能。

图 22-8　或门测试电路实物

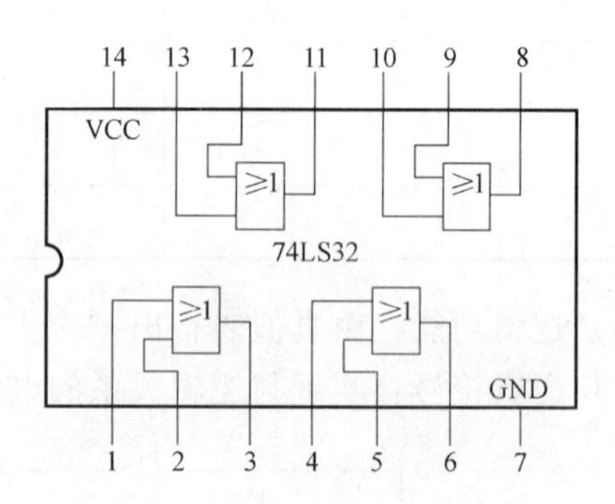

图 22-9　74LS32 的内部结构

根据图 22-7，参照图 22-9 中 74LS32 芯片组的各引脚功能进行接线。在 74LS32 芯片组中，有四组或门，14 脚接通 5V 直流电源，7 脚接地。选择一组或门，输入端分别连接逻辑电平输入开关，输出引脚连接逻辑笔。

（2）测试电路。*A*、*B* 两个输入端子分别接高、低电平，观察逻辑笔显示的输出端 *Y* 状态，用万用表测量输出电压。

（3）数据记录。观察实验现象，记录实验时输入和输出各自的状态，将数据填入表 22-4。

表 22-4　或门逻辑功能测试数据记录

输入		输出		输入		输出	
①	②	③		④	⑤	⑥	
A	*B*	*Y*		*A*	*B*	*Y*	
		电平	电压			电平	电压
0	0			0	0		
0	1			0	1		
1	0			1	0		
1	1			1	1		
输入		输出		输入		输出	
⑩	⑨	⑧		⑬	⑫	⑪	
A	*B*	*Y*		*A*	*B*	*Y*	
		电平	电压			电平	电压
0	0			0	0		
0	1			0	1		
1	0			1	0		
1	1			1	1		

4. 工作原理介绍

如图 22-10 所示，开关 A、B 并联在回路中，开关 A 或 B 至少有一个闭合时，信号灯亮，只有 A、B 两开关都断开时，信号灯才不会亮。开关 A 或 B 闭合，信号灯就能亮的关系称为逻辑或，也称为逻辑加。

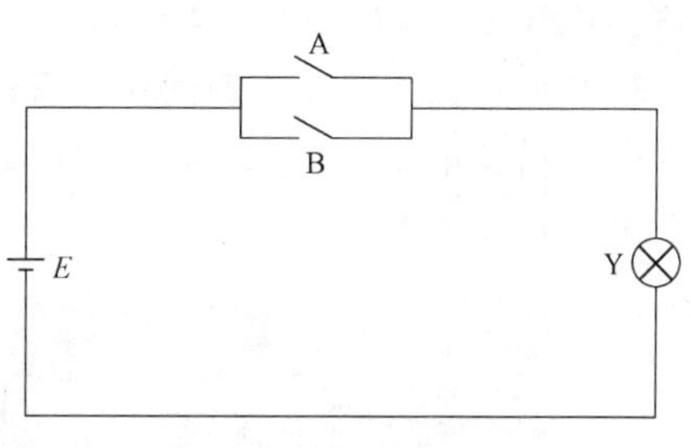

图 22-10　或逻辑关系图

1）逻辑关系：当决定事件（Y）发生的各种条件（A、B、C…）中，只要有一个条件满足，事件（Y）就发生，这种逻辑关系称为或逻辑关系。在逻辑代数中，或逻辑又称逻辑加。

2）逻辑表达式：$Y = A + B$。

逻辑真值表：用 A 和 B 分别代表两个开关，若规定闭合为 1，断开为 0，Y 代表灯，灯亮为 1，灯灭为 0，则其真值表见表 22-5。

表 22-5　或逻辑真值表

A	B	Y
0	0	0
0	1	1
1	0	1
1	1	1

3）逻辑功能：由真值表得出“有 1 出 1，全 0 出 0”。

4）逻辑符号：实现或逻辑关系的电路称为或门电路，其逻辑符号如图 22-11 所示。

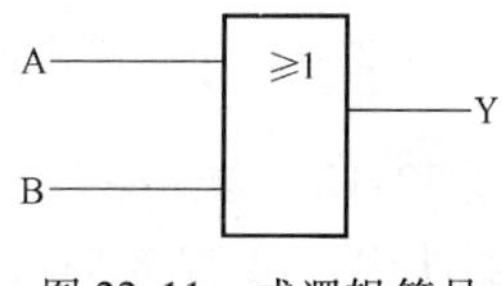

图 22-11　或逻辑符号

任务三　测 试 非 门

1. 非门逻辑功能测试电路

（1）测试电路接线。在非门测试电路中，可以用以数字电路实验台上的逻辑电平开关提供输入电平，用实验台的逻辑笔显示输出的状态，具体电路接线如图 22-12 所示。

测试中，选择 74LS04 芯片中的一组非门电路，输入端 A 接数字电路实验台面板上面的 8 位逻辑电平开关中的任一个，输出端接实验台面的逻辑笔，通过逻辑笔的电平状态显示来判断各种输入情况下的输出结果。

（2）测试电路实物。图 22-13 为在数字电路实验台上按照接线图连接好的实物，其中绿色、黄色导线可以作为输入、输出端接线，以便于区分，红色导线连接电源，黑色导线接地（图中颜色未标，读者在实验过程中自行比对）。

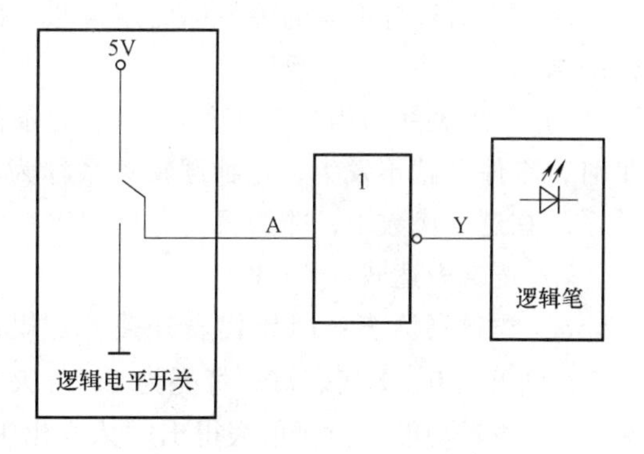

图 22-12　非门测试电路

2. 实验装置及器件介绍

在非门测试实验中，实验设备和与门测试类似，实验用芯片组为74LS04，它是六非门电路，其引脚功能如图22-14所示。

3. 实验电路的搭建、测试和数据记录

（1）搭建电路。图22-14为74LS04芯片组的内部结构，由此可以得到74LS04芯片组中各个引脚的具体功能。

图22-13　非门测试电路实物

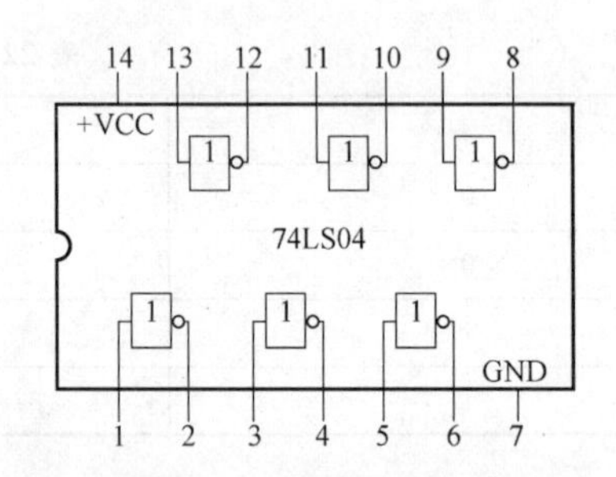

图22-14　74LS04的内部结构

根据图22-12，参照图22-14中74LS04芯片组的各引脚功能进行接线。74LS04芯片组中，有六组非门。14脚接5V直流电源，7脚接地，选择一组非门，输入端连接逻辑电平输入开关，输出端引脚连接逻辑笔。

（2）调试电路。输入端子A分别接高、低电平输入，观察逻辑笔显示的输出端Y状态，用万用表的测量输出电压。

（3）数据记录。将测量数据填入表22-6。

4. 工作原理介绍

如图22-15所示，开关A闭合时，信号灯不亮，只有开关A断开时，信号灯才会亮。开关的闭合与信号灯不亮的关系称为逻辑非，即“事件的结果和条件总是相反”。

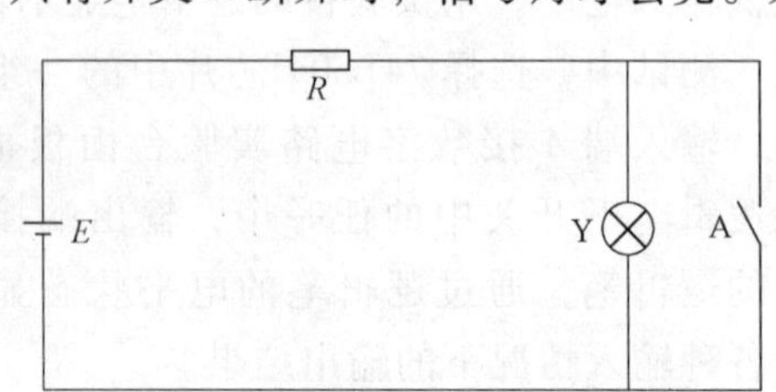

图22-15　非逻辑关系图

1）逻辑关系：当决定事件Y发生的条件A满足时，事件Y就不发生，这种逻辑关系称为非逻辑关系。在逻辑代数中，非逻辑又称反逻辑。

2）逻辑表达式：$Y=\overline{A}$。

3）逻辑真值表：用A代表开关，若规定闭合为1，断开为0，Y代表灯，灯亮为1，灯灭为0，则其真值表见表22-7。

4）逻辑功能：由真值表得出“入0出1，入1出0”。

5）逻辑符号：实现非逻辑关系的电路称为非门电路，其逻辑符号如图22-16所示。

表 22-6　非门逻辑功能测试数据记录

输入	输出		输入	输出		输入	输出	
①	②		③	④		⑤	⑥	
A	Y		A	Y		A	Y	
	电压	电平		电压	电平		电压	电平
0			0			0		
1			1			1		
输入	输出		输入	输出		输入	输出	
⑨	⑧		⑪	⑩		⑬	⑫	
A	Y		A	Y		A	Y	
	电压	电平		电压	电平		电压	电平
0			0			0		
1			1			1		

表 22-7　非逻辑真值表

A	Y
0	1
1	0

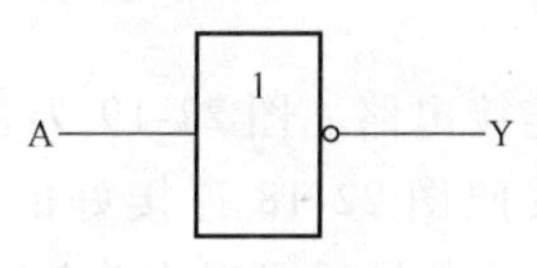

图 22-16　非逻辑符号

任务四　用与非门实现与、或、非功能

1. 认识与非门

将一个与门和一个非门连接起来，就构成了一个与非门。

与非门的逻辑函数表达式可写成 $Y=\overline{AB}$，其逻辑结构及符号分别如图 22-17 所示。

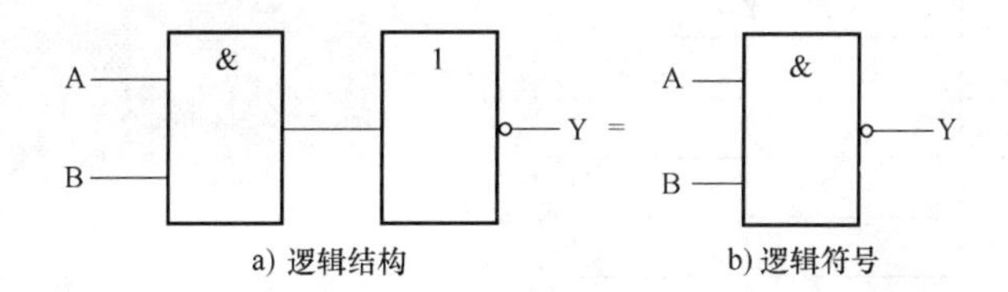

图 22-17　与非门逻辑结构及符号

根据与非门的逻辑函数式，可得到与非门的真值表，见表 22-8。

表 22-8　与非门真值表

A	B	AB	$Y=\overline{AB}$
0	0	0	1
0	1	0	1
1	0	0	1
1	1	1	0

2. 用与非门实现与门逻辑功能

由基本逻辑关系 $AB=\overline{\overline{AB}}$，可用与非门实现与门的逻辑功能。

（1）原理。在与非门实现与门逻辑功能测试电路中，可以用数字电路实验台上的逻辑电平开关提供输入电平，用实验台的逻辑笔显示输出的状态，具体接线如图 22-18 所示。

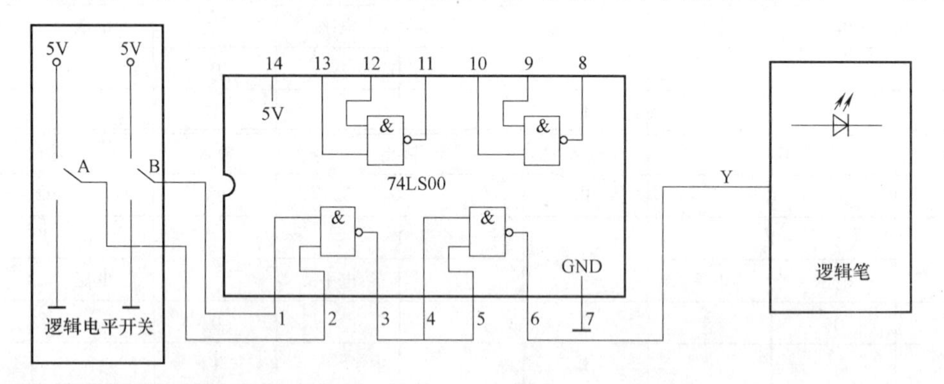

图 22-18　与非门实现与门逻辑功能的电路接线

（2）连接电路。图 22-19 为在数字电路实验台上按照图 22-18 连接好的电路实物，其中绿色、黄色导线可以作为输入、输出端接线，以便于区分，红色导线连接电源正极，黑色导线接地（图中颜色未标，读者在实验过程中自行比对）。

（3）数据记录。将测量数据填入表 22-9。

表 22-9　用非门实现与门测试记录

输入		输出	
①	②	⑧	
A	B	Y	
		电平	电压
0	0		
0	1		
1	0		
1	1		

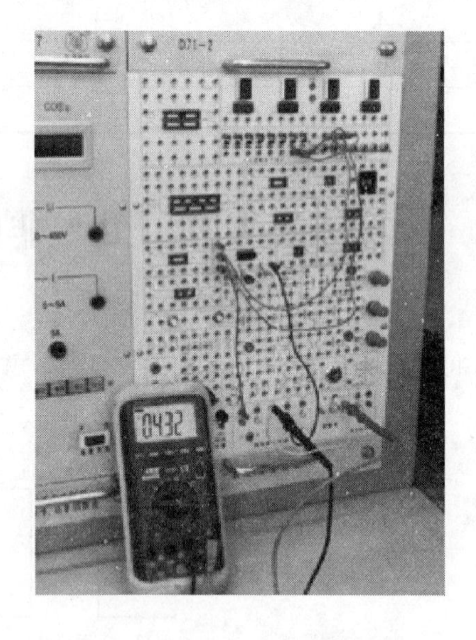

图 22-19　与非门实现与门逻辑功能的电路实物

3. 用与非门实现或门逻辑关系

利用基本逻辑关系 $A+B=\overline{\overline{A+B}}=\overline{\bar{A}\bar{B}}$，可用与非门实现或门逻辑关系。

（1）原理。用与非门实现或门逻辑功能的电路接线如图 22-20 所示。

（2）连接电路。图 22-21 为在数字电路实验台上按照图 22-20 连接好的电路实物，其中绿色、黄色导线可以作为输入、输出端接线，以便于区分，红色导线连接电源正极，黑色导线接地（图中颜色未标，读者在实验过程中自行比对）。

（3）数据记录。将测量数据填入表 22-10。

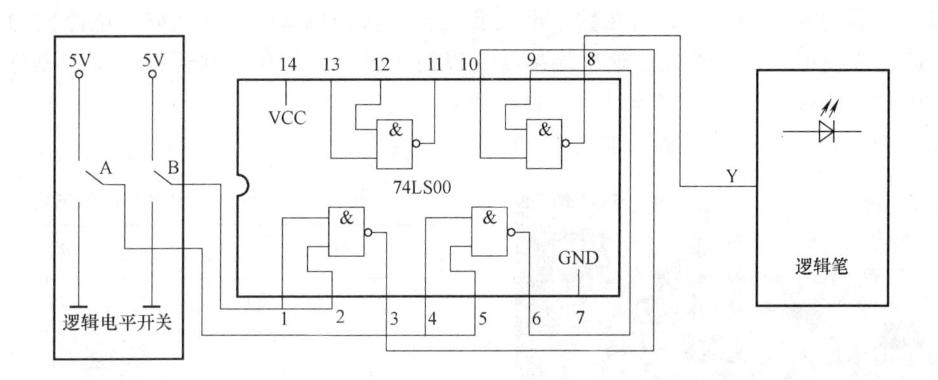

图 22-20　与非门实现或门原理图

图 22-21　与非门实现或门逻辑功能的电路实物

表 22-10　用非门实现或门测试记录

输入		输出	
①	②	⑧	
		Y	
A	B	电平	电压
0	0		
0	1		
1	0		
1	1		

4. 用与非门实现非门逻辑功能

由基本逻辑关系的相关公式可以得到：$\overline{A}=\overline{AA}$。

（1）原理。在与非门实现非门逻辑功能测试电路中，可以用以数字电路实验台上的逻辑电平开关提供输入电平，以逻辑笔的显示作为输出的状态显示，具体接线如图 22-22 所示。

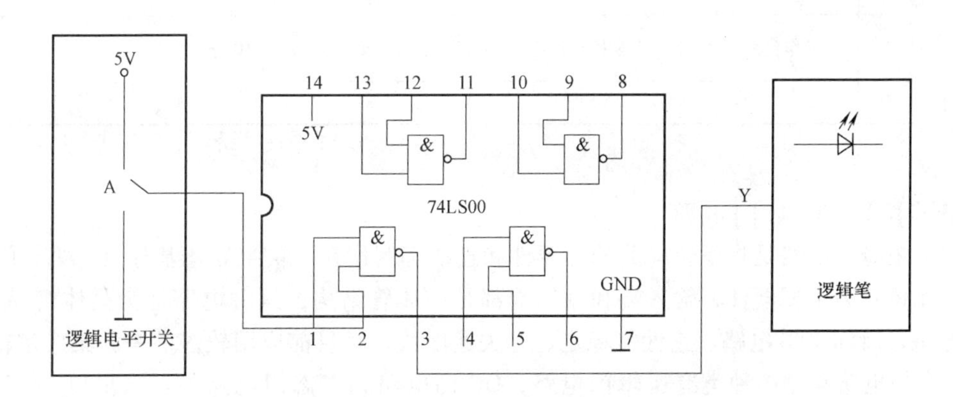

图 22-22　与非门实现非门逻辑功能的电路接线

（2）连接电路。图 22-23 为在数字电路实验台上按照图 22-22 连接好的电路实物，其中绿色、黄色导线可以作为输入、输出端接线，以便于区分，红色导线连接电源，黑色导线接地（图中颜色未标，读者在实验过程中自行比对）。

（3）数据记录。将测量数据填入表 22-11。

图 22-23　与非门实现非门逻辑功能的电路实物

表 22-11　与非门实现非门数据记录

输入		输出	
①	②	③	
A	B	Y	
		电平	电压
0	0		
1	1		

【项目实训评价】

学生在完成任务后，教师可根据表 22-12，对各个任务进行考核。

表 22-12　门电路功能测试与转换实训评价

项目	考核要求	配分	评分标准	得分
元器件识别与检测	按要求对所有元器件进行识别与检测	20 分	元器件识别错一个扣 2 分，元器件检测错一个扣 2 分	
元器件成形、插装，导线连接	元器件按工艺要求成形、布局合理、插装连接可靠、引脚长度合适、标记方向一致，导线连接简洁清楚	20 分	元器件成形不合要求，每处扣 2 分；插装位置、极性错误，每处扣 2 分；排列不齐、标记方向乱、布局不合理，扣 3 ~ 10 分	
电路调试	通电后电路正常工作，逻辑关系清楚、正确	20 分	电路不正确，扣 5 ~ 15 分	
电路测试	用万用表测量输入和输出电压	30 分	不会正确使用万用表测量电压，扣 5 ~ 15 分	
安全文明操作	工作台面整齐，遵守安全操作规程	10 分	不到之处扣 3 ~ 10 分	
合计		100 分		

【知识链接】　TTL 门电路

集成逻辑门电路是将逻辑电路的元器件和连线都制作在一块半导体基片上。集成门电路若是由晶体管为主要器件，输入端和输出端都是晶体管结构，这种电路称为晶体管-晶体管逻辑电路，简称 TTL 电路。它性能稳定、开关速度快，是目前应用较多的一种集成逻辑门。

TTL 门电路常用的种类有逻辑门电路，OC 门电路和三态门电路等。这里以 74 系列的 TTL 门电路为例，介绍它的外部特性、逻辑功能和使用注意事项等。

1. TTL 门电路

1）输出为低电平时电压低于 0.4V，一般在 0.2V；高电平时电压大于 2.4V，一般为 3.5V。

2）一般为双列直插式。根据功能不同，其各个引脚是数量和位置不同，一般情况下，引脚编号判读方法是把凹槽标志置于左方，引脚朝下，逆时针自下往上顺序排列。

2. TTL 门电路使用注意事项

（1）电源电压。74 系列 TTL 与非门电源电压满足 5V（±5%），供电电压误差不能超过 10%。

（2）输出端的连接：

1）普通 TTL 门电路输出端不允许直接并联使用。

2）三态输出门的输出端可并联使用，但同一时刻只能有一个门工作，其他输出处于高阻态。

3）集电极开路门输出可并联使用，但公共输出端和电源 U_{CC} 之间应接负载电阻 R_L。

4）输出端不允许直接接电源 U_{CC} 或直接接地，输出电流应小于产品手册上规定的最大值。

3. 多余输入端的处理

1）与门和非门的多余输入端接逻辑 1，即可以接不大于 5V 的电源，或通过 1～10kΩ 电阻接电源，如图 22-24 所示。

2）或门和或非门的多余输入端接逻辑 0，即可直接接地，如图 22-25 所示。

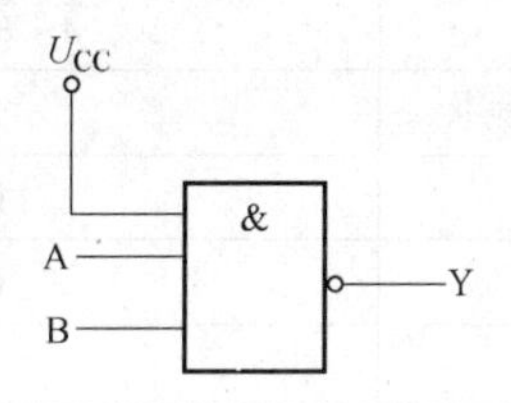

图 22-24　与门和与非门的多余输入端处理

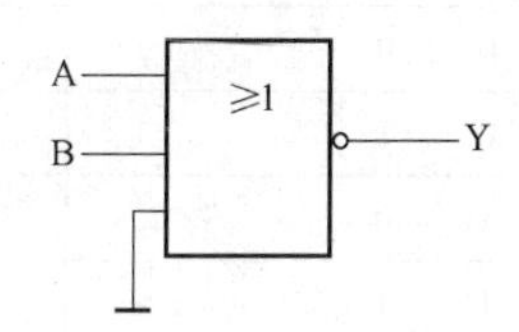

图 22-25　或门和或非门的多余输入端处理

【知识拓展】　逻辑函数化简

逻辑代数又称布尔代数，是分析数字电路所使用的数学工具。在数字电路中，逻辑门电路用来实现一定的逻辑功能，逻辑代数的化简就意味实现该功能的电路的化简，不仅可以节省器件，即用比较少的门电路实现相同的逻辑功能，而且可提高工作的可靠性。逻辑代数有一些基本的运算定律，应用这些定律可以把一些复杂的逻辑函数式化简。

逻辑代数的基本运算规则：逻辑代数只有与（AND）、或（OR）、非（NOT）三种。

1）与运算规则：$0 \cdot 0=0$　$0 \cdot 1=0$　$1 \cdot 0=0$　$1 \cdot 1=1$

2）或运算规则：$0+0=0$　$0+1=1$　$1+0=1$　$1+1=1$

3）非运算规则：$\overline{0}=1$　$\overline{1}=0$

1. 逻辑代数的基本定律和公式

逻辑代数的基本定律和公式见表 22-13。

表 22-13 逻辑代数的基本定律和公式

名称	公式 1	公式 2
0,1 律	$A\cdot 1=A$ $A\cdot 0=0$	$A+0=A$ $A+1=1$
互补律	$A\cdot\overline{A}=0$	$A+\overline{A}=1$
重叠律	$A\cdot A=A$	$A+A=A$
交换律	$A\cdot B=B\cdot A$	$A+B=B+A$
结合律	$A\cdot(B\cdot C)=(A\cdot B)\cdot C$	$A+(B+C)=(A+B)+C$
分配律	$A\cdot(B+C)=A\cdot B+A\cdot C$	$A+B\cdot C=(A+B)\cdot(A+C)$
反演律(摩根定律)	$\overline{AB}=\overline{A}+\overline{B}$	$\overline{A+B}=\overline{A}\cdot\overline{B}$
吸收律	$A\cdot(A+B)=A$ $A(\overline{A}+B)=AB$	$A+\overline{A}\cdot B=A+B$ $A+\overline{A}B=A+B$

要证明上述各定律可用真值表的方法，即分别列出等式两边逻辑表达式的真值表，若两个真值表完全一致，则两表达式相等，定律得证。

【例 22-1】 证明反演律$\overline{A+B}=\overline{A}\cdot\overline{B}$。

证明： 将等式两边列出真值表，见表 22-14。

表 22-14 反演律的真值表

A B	$\overline{A+B}$	$\overline{A}\cdot\overline{B}$
0 0	1	1
0 1	0	0
1 0	0	0
1 1	0	0

由表可知，$\overline{A+B}=\overline{A}\cdot\overline{B}$，所以得证。

2. 逻辑函数的公式化简法

逻辑函数的表达式及最简概念：对于一个逻辑函数可用多种不同的表达式表示，大致分为“与或”、“或与”、“与非-与非”、“或非-或非”、“与或非”。乘积项的个数最少，并且每个乘积项中所含变量个数最少的表达式称为最简式。

逻辑函数的化简并无固定的步骤可循，需多做练习，积累经验，掌握一定的技巧。常见的公式化简法有以下几种。

（1）合并项法：利用 $A+\overline{A}=1$，将两乘积项合并为一项，消去一个互补的变量。

【例 22-2】 化简函数 $Y=BC+B\overline{C}$。

解： $Y=BC+B\overline{C}=B(C+\overline{C})=B$

（2）吸收法：利用 $A+AB=A$，吸收掉 AB 项。

【例 22-3】 化简函数 $Y=A\overline{B}+A\overline{B}C(D+E)$。

解： $Y=A\overline{B}+A\overline{B}C(D+E)=A\overline{B}[1+C(D+E)]=A\overline{B}$

（3）消去法：利用 $A+\overline{A}B=A+B$，消去 $\overline{A}B$中的多余因子$\overline{A}$。

【例 22-4】 化简函数 $Y=\bar{A}B+A\bar{C}+\bar{B}\bar{C}$。

解： $Y=\bar{A}B+A\bar{C}+\bar{B}\bar{C}=\bar{A}B+(A+\bar{B})\bar{C}=\bar{A}B+\overline{\bar{A}B}\,\bar{C}=\bar{A}B+\bar{C}$

（4）配项法：利用 $A+\bar{A}=1$，给某个与项配项，试探进一步化简函数。

【例 22-5】 化简函数 $Y=ABC+\bar{A}C+BCE$

解：

$$
\begin{aligned}
Y &= ABC+\bar{A}C+BCE \\
&= ABC+\bar{A}C+BCE(A+\bar{A})=ABC+\bar{A}C+ABCE+\bar{A}BCE \\
&= ABC(1+E)+\bar{A}C(1+BCE)=ABC+\bar{A}C=BC+\bar{A}C
\end{aligned}
$$

【复习与思考题】

22-1　电路如图 22-26 所示，写出输出 Y 的表达式。设电路中各元器件参数满足使晶体管处于饱和及截止的条件。

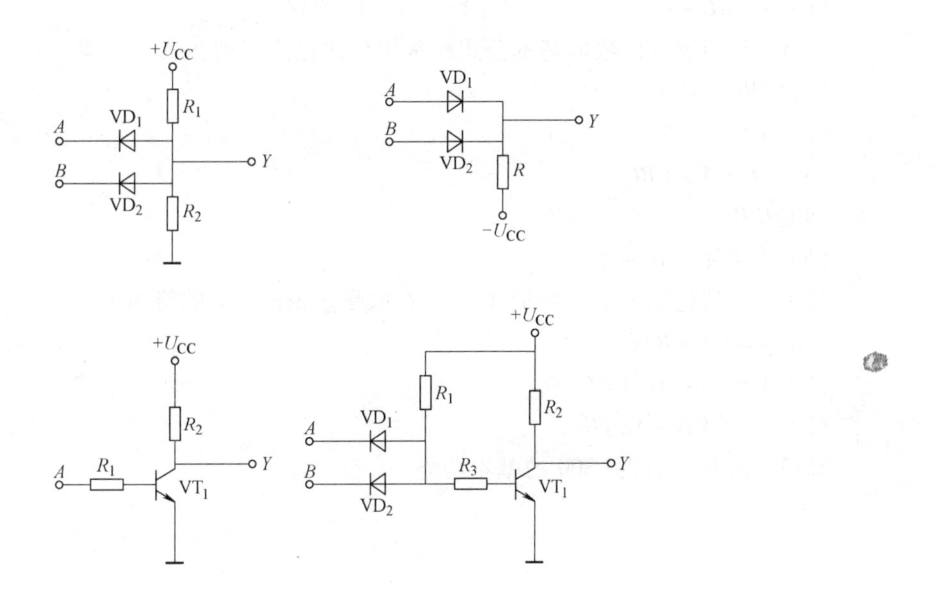

图 22-26　题 22-1 图

22-2　写出图 22-27 中各门电路的输出结果。

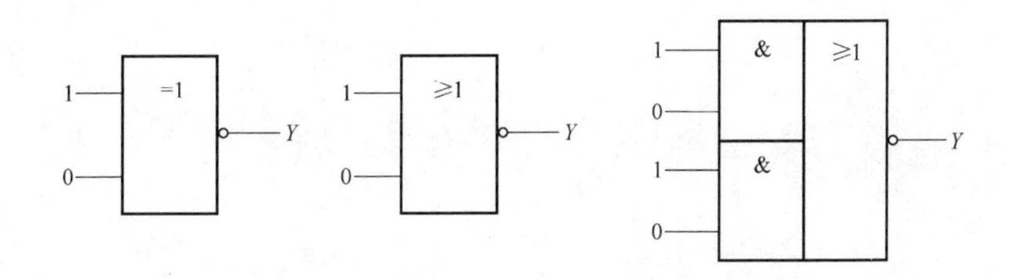

图 22-27　题 22-2 图

22-3　根据图 22-28 中逻辑符号和输入波形，画出相应的输出波形。

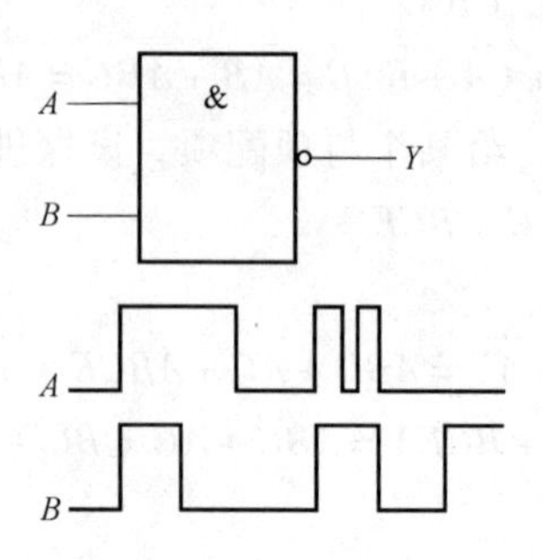

图 22-28　题 22-3 图

22-4　画出下面逻辑函数关系式对应的逻辑图。

（1）$Y=\overline{AB}+\overline{CD}$　　　　（2）$Y=\overline{\overline{(A+B)\overline{C}}}$

22-5　利用逻辑代数的基本公式和常用公式化简下列各式。

（1）$ABC+\overline{B}C$

（2）$A\overline{B(A+B)}$

（3）$AB+\overline{A}C+BC$

（4）$\overline{C}\,\overline{D}+\overline{C}D+C\overline{D}+CD$

（5）$\overline{A}BD+A\overline{B}C+A$

22-6　下列逻辑式中，变量 A、B、C 取哪些值时，Y 的值为 1。

（1）$Y=(A+B)C+AB$

（2）$Y=AB+\overline{A}C+\overline{B}C$

（3）$Y=(A\overline{B}+\overline{A}B)C$

22-7　简要说明 74LS00 的基本功能。

项目二十三　设计举重裁判表决器

任务一　根据任务要求设计逻辑电路

1. 任务要求

设计一个举重裁判表决器。举重比赛中有一个主裁判、两个副裁判共三个裁判，杠铃举起是否成功的裁决由每一个裁判按面前的按钮来确定，只有当两个或两个以上裁判判为成功，并且其中一个必须为主裁判时，表示成功的灯才亮。用与非门实现电路。

2. 设计电路

主裁判用 A 表示，两个副裁判分别用 B、C 表示。表示成功的指示灯用 Y 表示。

（1）根据任务要求列出真值表。根据举重裁判表决器的电路功能，A 为主裁判，B、C 为副裁判。裁决判为成功为高电平 1，判为失败为低电平 0。Y 为指示灯，1 表示成功灯亮，0 表示失败灯不亮，则可列出真值表，见表 23-1。

表 23-1　举重裁判表决器的真值表

A	B	C	Y
0	0	0	0
0	0	1	0
0	1	0	0
0	1	1	0
1	0	0	0
1	0	1	1
1	1	0	1
1	1	1	1

（2）由真值表写出逻辑表达式。通过设定的输入和输出，结合真值表，可以得到如下的逻辑表达式：

$$Y = A\overline{B}C + AB\overline{C} + ABC$$

化简函数表达式：

$$\begin{aligned} Y &= A\overline{B}C + AB \\ &= A(\overline{B}C + B) \\ &= A(B + C) \\ &= AB + AC \end{aligned}$$

根据任务要求对得到的函数表达式进行变换，以用与非门实现电路功能。运用反演律可以把与-或形式逻辑表达式化成与非-与非的形式：

$$Y = \overline{\overline{AB + AC}} = \overline{\overline{AB} \cdot \overline{AC}}$$

（3）由逻辑表达式画出其逻辑结构，如图 23-1 所示。

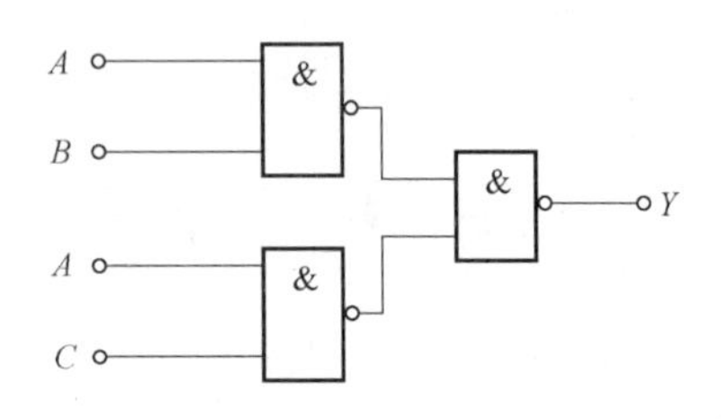

图 23-1　举重裁判器电路的逻辑结构

任务二　选择元器件并连接电路

1. 选择元器件

根据电路原理图，可以在数字电路实验台上使用 74LS00 芯片来实现举重裁判表决器的功能。数字实验台上应有 5V 的直流电源、逻辑电平开关和逻辑笔等。

2. 连接电路

（1）接线。图 23-2 为举重裁判表决器的电路接线。

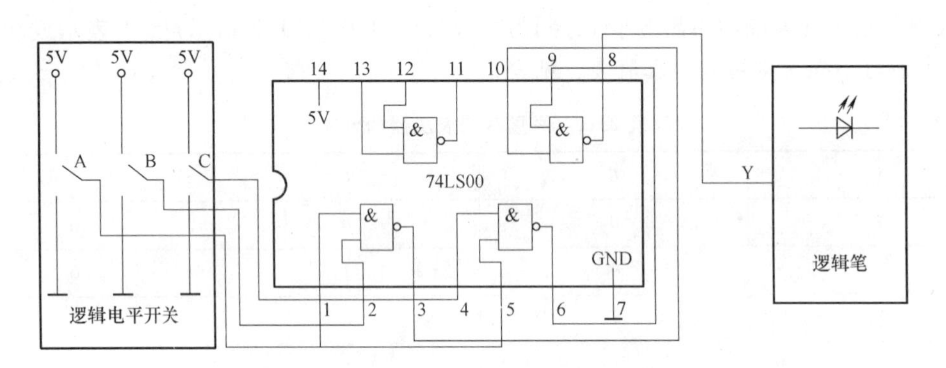

图 23-2　举重裁判表决器电路的接线

（2）实物。图 23-3 为在数字实验台上按照图 23-2 连接好的电路实物，其中绿色、黄色导线可以作为输入、输出端接线，以便于区分，红色导线连接电源，黑色导线接地（图中颜色未标，读者在实验过程中自行比对）。

（3）三个输入的接线如图 23-4 所示。

（4）电路各引脚的接线如图 23-5 所示。

（5）输出电平显示如图 23-6 所示。

在数字电路实验台上，把 TTL 与非门 74LS00 插入集成块插座，按图 23-2 连接电路，并注意接通电路的电源和接地的处理。

图 23-3　举重裁判表决器电路实物

图 23-4　举重裁判表决器三个输入的接线

图 23-5　举重裁判表决器各引脚的接线

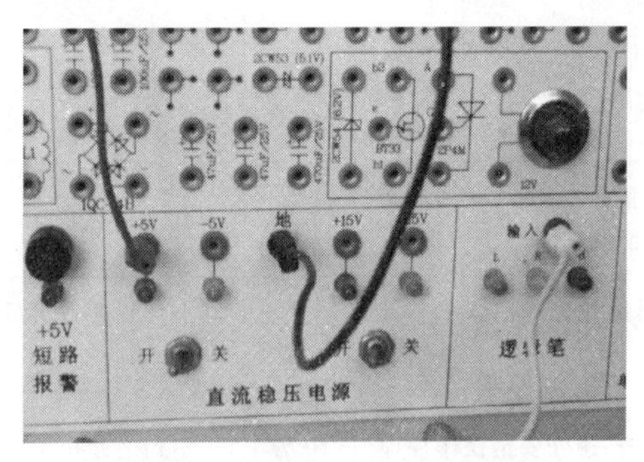

图 23-6　逻辑笔显示输出电平

任务三　测试电路功能

1. 自检电路

检查连接的电路中是否有掉线、错线或漏线，接线是否牢固，集成块是否插反，电源极性是否正确等。

2. 通电测试电路

经自检后，在确定电路正确和无安全隐患的情况下，在教师监督下接通电源，拨动逻辑电平开关，改变三个输入端（A、B、C）的输入电平，逻辑电平显示指示灯的发光情况应该与逻辑电平开关相符合。观察逻辑笔显示输出端状态，记录实验数据并填入表 23-2。

表 23-2　举重裁判表决器数据记录

输入			输出	
			Y	
A	B	C	电平	电压
0	0	0		
0	0	1		
0	1	0		
0	1	1		
1	0	0		
1	0	1		
1	1	0		
1	1	1		

观察实验现象、实验数据记录的结果，应该符合举重裁判表决器真值表，能够实现举重裁判表决器的功能。

【项目实训评价】

举重裁判表决器项目实训评价见表 23-3，教师可根据学生的具体情况予以考核。

表 23-3　举重裁判表决器项目实训评估评价

项目	考核要求	配分	评分标准	得分
器件识别	按要求对器件进行识别	10 分	元器件识别错一个扣 10 分	
元器件插装、导线连接	元器件插装连接可靠、合适、正确，导线连接简洁清楚	30 分	插装位置错误，每处扣 3～10 分 排列不齐、标记方向乱、布局不合理，扣 3～10 分	
电路调试	通电后电路正常工作，实现举重裁判表决器的功能	20 分	电路不正确，扣 5～15 分	
电路测试	用万用表测量并记录输入和输出电压	30 分	不会正确使用万用表测量电压，扣 5～15 分	
安全文明操作	工作台面整齐，遵守安全操作规程	10 分	不到之处扣 3～10 分	
合计		100 分		

【知识链接】　组合逻辑电路的分析和设计方法

1. 组合逻辑电路的分析方法

组合逻辑电路是由与门、或门、与非门、或非门等几种逻辑门电路组合而成的，组合逻辑电路不具有记忆功能，它的某一时刻的输出直接由该时刻电路的输入状态决定，与以前的电路状态无关。

看懂电路图，才能明确电路的基本功能，进而才能对电路进行应用、测试和维修。组合逻辑电路的读图一般按以下步骤进行：

1）根据给定的逻辑电路图，由输入到输出逐级推导出逻辑函数表达式。

2）对得到的逻辑函数表达式进行化简和变换，得到最简式。

3）由简化的逻辑函数表达式列出真值表，根据真值表分析电路的逻辑功能。

综上所述，组合逻辑电路读图分析的过程可用图 23-7 描述。

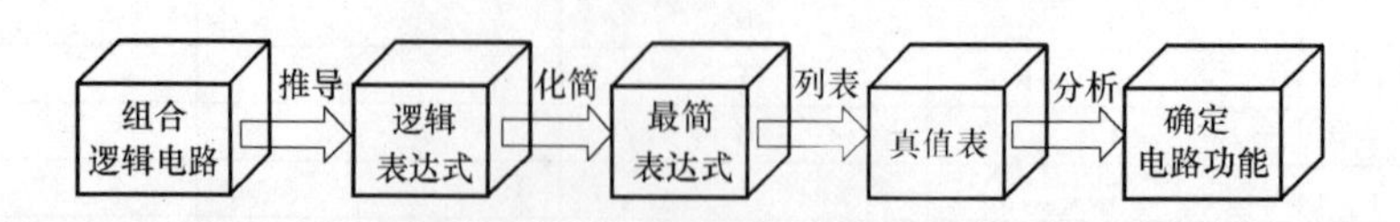

图 23-7　组合逻辑电路读图步骤

【例 23-1】　读图 23-8，分析图电路的逻辑功能。

解：第一步，根据电路逐级写出逻辑表达式。

$$Y_1 = ABC$$

$$Y_2 = \overline{A + B + C}$$

$$Y = Y_1 + Y_2 = ABC + \overline{A}\,\overline{B}\,\overline{C}$$

第二步，由化简逻辑函数表达式（见下式）列出真值表，见表23-4。

$$Y = ABC + \overline{A}\,\overline{B}\,\overline{C}$$

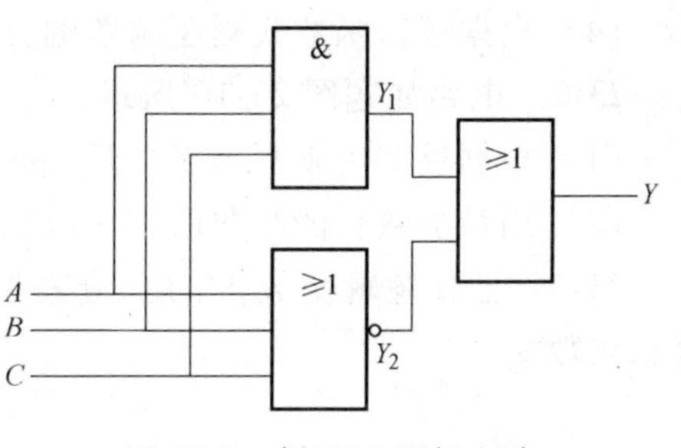

图23-8　例23-1逻辑电路

表23-4　函数真值表

输入			输出	输入			输出
A	*B*	*C*	*Y*	*A*	*B*	*C*	*Y*
0	0	0	1	1	0	0	0
0	0	1	0	1	0	1	0
0	1	0	0	1	1	0	0
0	1	1	0	1	1	1	1

第三步，分析确定电路逻辑功能。从真值表看出：3个输入量*A*、*B*、*C*同时为1或同时为0时，输出为1，否则为0。所以该电路的功能是用来判断输入信号是否相同，相同时输出为1，不同时输出为0，称为“一致判别电路”。

2. 组合逻辑电路的设计方法

组合逻辑电路的设计就是根据给定的功能要求，画出实现该功能的逻辑电路。组合逻辑电路的设计步骤如下：

1）根据实际问题的逻辑关系建立真值表。

2）由真值表写出逻辑函数表达式。

3）化简逻辑函数式。如果要求用与非门实现电路功能，运用反演律可以把与-或形式逻辑表达式化为与非-与非的形式。

4）根据逻辑函数式画出门电路组成的逻辑电路图。

组合逻辑电路的设计步骤如图23-9所示。

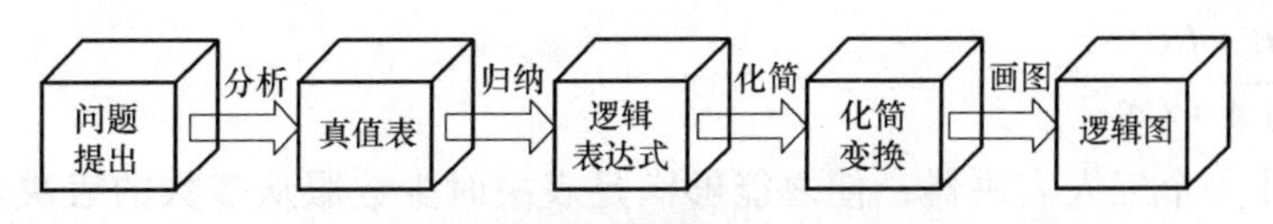

图23-9　组合逻辑电路设计步骤

【复习与思考题】

23-1　试总结并简述：

（1）根据真值表写逻辑函数式的方法；

（2）根据函数式列真值表的方法；

（3）根据逻辑图写逻辑函数式的方法；

（4）根据逻辑函数式画逻辑图的方法。

23-2　电路如题图 23-10 所示：

（1）根据反演规则写出 Y 的反函数；

（2）用最少数目的与非门实现函数 Y。

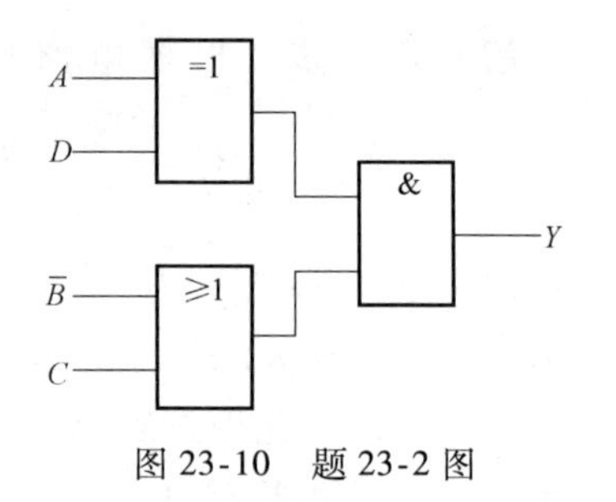

图 23-10　题 23-2 图

23-3　已知逻辑函数 Y 的真值表见表 23-5，写出 Y 的逻辑函数式。

表 23-5　题 23-3 表

A	B	C	Y
0	0	0	1
0	0	1	1
0	1	0	1
0	1	1	0
1	0	0	0
1	0	1	0
1	1	0	0
1	1	1	1

23-4　写出图 23-11 所示逻辑电路的表达式，并列出该电路的真值表。

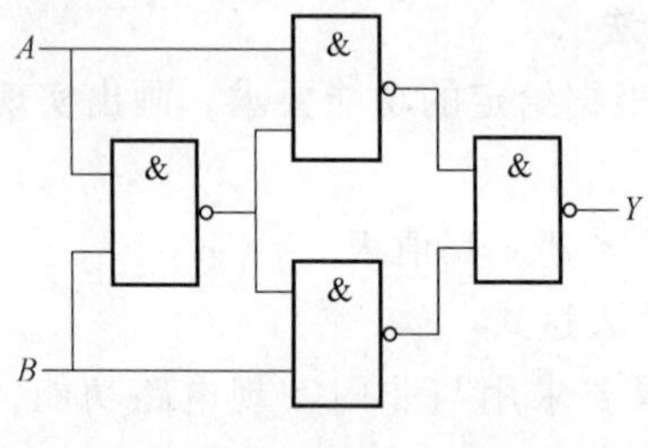

图 23-11　题 23-4 图

23-5　列出逻辑函数 $Y=AB+BC$ 的真值表，并画出逻辑图。

23-6　用与非门实现下列逻辑函数，画出逻辑图。

（1）$Y=AB+BC$

（2）$Y=\overline{A(A+C)}$

23-7　设计一个三人表决器，使之能够满足表决时少数服从多数的表决规则，根据逻辑真值表和逻辑表达式完成表决功能。要求用集成门电路 74LS00（每片含 4 个 2 输入端与非门）实现。

项目二十四　制作光敏电子鸟

任务一　认 识 电 路

1. 电路工作原理

图 24-1 是光敏电子鸟的电路原理。

本电路采用一块 555 集成电路，接成无稳态工作方式，⑧脚接电源，①脚接地，③脚为输出端，⑤脚通过 0.01μF 电容器接地，②、⑥、⑦脚为典型接法。

接通电源后，555 时基电路工作在多谐振荡状态，输出端③脚输出音频信号，在扬声器发出鸟鸣声。用手遮挡光敏电阻器，光敏电阻器阻值发生变化，引起多谐振荡频率变化，扬声器发出的声音随之变化，得到变音鸟鸣声。

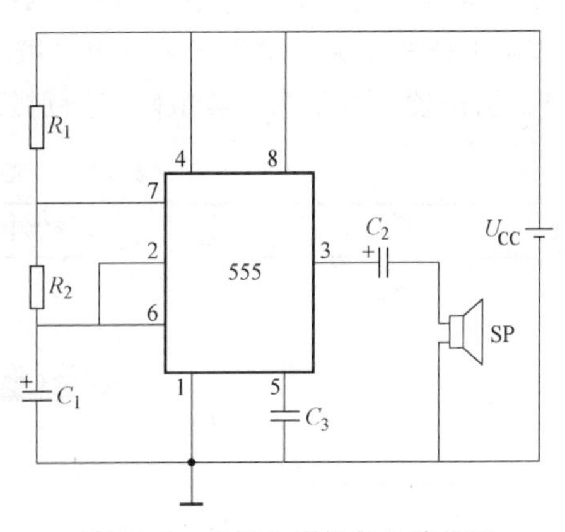

图 24-1　光敏电子鸟的电路原理

2. 电路实物

光敏电子鸟电路实物如图 24-2 所示。

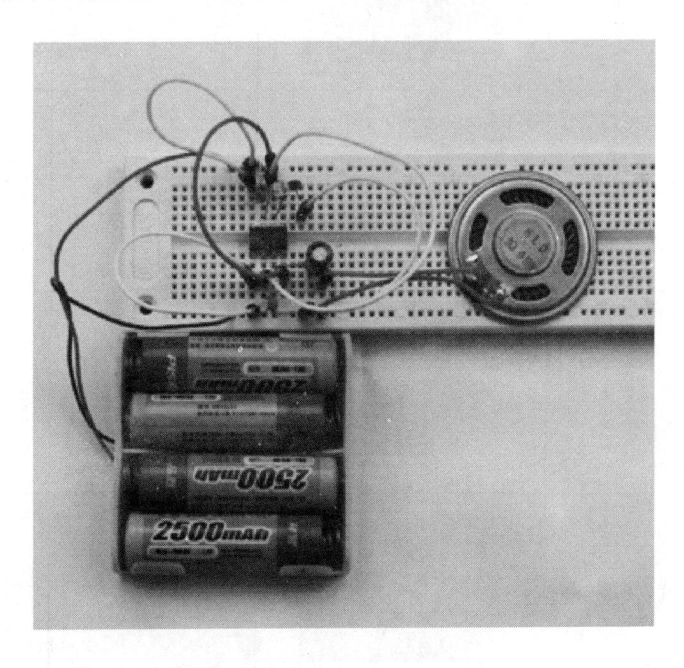

图 24-2　光敏电子鸟电路实物

任务二　识别与检测元器件

识别并检测表 24-1 中的元器件：

1）色环电阻器：识读其标称阻值，用万用表测量实际阻值，将检测结果填入表 24-1。

2）瓷片电容器：识别电容量并用万用表检测质量，将检测结果填入表 24-1。

3）电解电容器：识别正、负极并检测质量，将检测结果填入表 24-1。

4）光敏电阻器：光敏电阻器的阻值随外界光线强弱而变化，光线越强电阻越小，光线越弱阻值越大，一般其亮阻值在几千欧到几十千欧，没有光线时暗阻值可以达到几兆欧。

① 测量亮电阻：万用表置于 $R\times1$k 挡测量光照时阻值，将检测结果填入表 24-1。

② 测量暗阻值：用手遮住光线测量这时的电阻，将检测结果填入表 24-1。

亮暗阻值相差大，说明光敏电阻灵敏度高，性能良好。

5）扬声器：测量扬声器电阻，判别其好坏。

表 24-1　光敏电子鸟元器件清单

代号	名称	实物图	规格	检测结果
R_1	色环电阻器	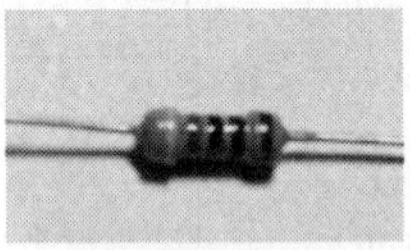	4.7kΩ	
RL	光敏电阻器		普通	
C_1	瓷片电容器	 154	0.01μF	
C_2	电解电容器	 100μF 100V	100μF	
C_3	瓷片电容器	 154	0.01μF	

（续）

代号	名称	实物图	规格	检测结果
IC	集成电路		NE555	
HA	扬声器		8Ω 0.5W	
U_{CC}	直流电源		6V	

任务三　搭接与调试电路

1. 搭接电路

以555集成电路为中心安排连线，根据图24-1在面包板上搭接电路。

2. 调试电路

接通6V直流电源，如电路正常工作，可以听到扬声器发出一定频率的鸟鸣声，用手遮挡光线，扬声器声音频率应该有明显变化。改变手的位置，可以听到不同的鸟鸣声。

任务四　电路测试与分析

测试1：用万用表测量555集成电路各个引脚的电位，填入表24-2。

表24-2　555集成电路各个引脚的电位

①	②	③	④	⑤	⑥	⑦	⑧

测试2：用示波器观察555集成电路②脚（⑥脚）和③脚对地电压，在表24-3中记录波形。

表24-3　555集成电路波形

②(⑥)	③

分析 1：555 多谐振荡器是怎么工作的?

刚刚接通电源，电容器 C_1 还没有被充电，555 集成电路②脚电位为零，③脚输出高电平。随即电源通过电阻 R_1、R_2 给 C_1 充电，使集成电路②脚（⑥脚）电位上升，当达到 $\frac{2}{3}U_{CC}$时，③脚输出低电平。

当③脚变成低电平后，集成电路放电端⑦脚对地电位降低。C_1通过 R_2、集成电路⑦脚放电，集成电路②脚（⑥脚）电位降低。当电位降到$\frac{1}{3}U_{CC}$时，集成电路③脚又输出高电平。这时集成电路⑦脚对地电位升高，C_1又开始充电。这样不断循环，集成电路③脚输出在高、低电平间变化，形成多谐振荡。

分析 2：555 多谐振荡器的振荡频率跟哪些因素有关?

从上面的分析可以看出，决定多谐振荡器工作频率的是电容器 C_1的充放电过程，也就是充放电时间常数。振荡周期是电容器充电时间常数和放电时间常数之和：

$$T = T_{充} + T_{放}$$

C_1通过 R_1、R_2充电：

$$T_{充} = 0.7(R_1 + R_2)C_1$$

通过 R_2放电：

$$T_{放} = 0.7R_2C_1$$

所以

$$T = 0.7(R_1 + 2R_2)C_1$$

改变 R_1、R_2、C_1的数值，就可以改变振荡频率。用手遮挡光线，电阻 R_2数值发生变化，振荡频率改变，扬声器发出不同的鸟鸣声。

【项目实训评价】

光敏电子鸟项目实训评价见表 24-4。

表 24-4 光敏电子鸟项目实训评价

项目	考核要求	配分	评分标准	得分
元器件识别与检测	按要求对所有元器件进行识别与检测	20 分	元器件识别错一个扣 2 分 检测错一个扣 2 分	
元器件成形、插装、导线连接	元器件按工艺要求成形、布局合理、插装连接可靠、引脚长度合适、标记方向一致，导线连接简洁清楚	20 分	元器件成形不合要求，每处扣 2 分； 插装位置、极性错误，每处扣 2 分； 排列不齐、标记方向乱、布局不合理，扣 3 ~ 10 分	
电路调试	通电后电路正常工作，扬声器有鸟鸣声	20 分	电路不正确，扣 5 ~ 15 分	
电路测试	用万用表测量集成电路各脚电压 用示波器观察③脚、⑥脚波形	30 分	不会正确使用万用表测量电压，扣 5 ~ 15 分 不会使用示波器观察波形，扣 5 ~ 15 分	
安全文明操作	工作台面整齐，遵守安全操作规程	10 分	不到之处扣 3 ~ 10 分	
合计		100 分		

【知识链接】 555时基电路

555时基电路又称555定时器，是一种将模拟电路与数字电路结合在一起的中规模集成电路，只要外部接上几个阻容元件，就能构成不同用途的脉冲数字电路，在定时、防盗报警、自动控制各个方面均有应用。555时基电路按材料可以分成TTL和COMS两种，属于TTL的有NE555、LM555等，电源电压范围是4.5～5.5V；属于COMS的有CC7555、CC7556等，电源电压范围是3～18V。不同的555时基电路内部结构、工作原理、外围引脚基本相同。555时基电路带负载能力强，输出电流可达200mA，可以直接带动小电机、扬声器等。NE555电路的逻辑框图和引脚排列如图24-3所示。

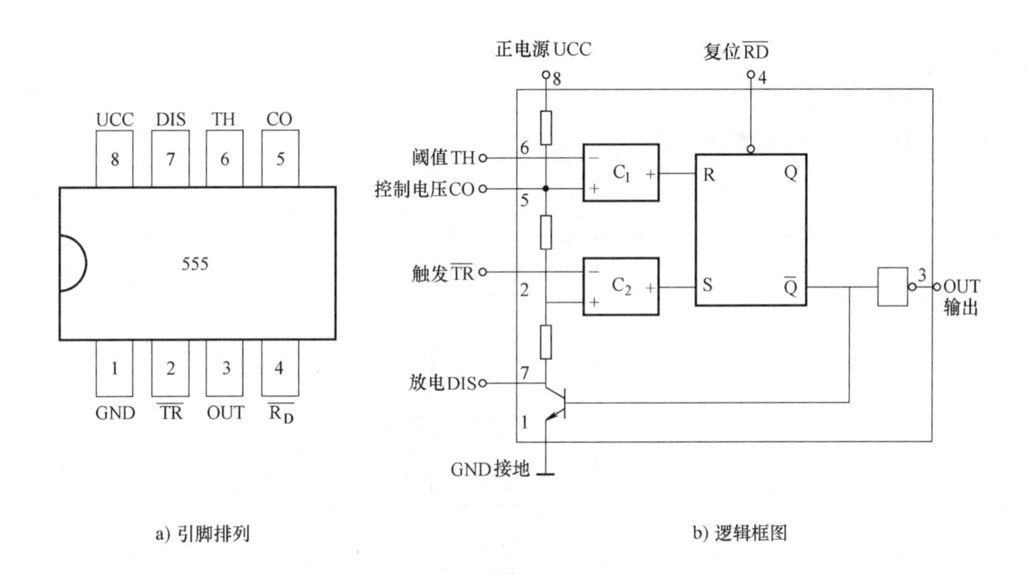

a) 引脚排列　　b) 逻辑框图

图24-3　NE555电路的逻辑框图和引脚排列

各引脚功能介绍如下。

1）①脚为接地端。

2）②脚为触发端。当对地电压低于$\frac{1}{3}U_{CC}$时，可使触发器输出高电平“1”，处置位状态。该脚又称置位端。

3）③脚为输出端，接负载。

4）④脚为复位端。处低电平时，时基电路呈复位状态，输出低电平“0”。

5）⑤脚为控制电压端。可以通过外接电阻或稳压二级管改变集成电路两个电压比较器的基准电压，以改变脉宽扩大其应用范围。不用时一般通过0.01μF电容器接地。

6）⑥脚为阈值电压端，只对高电平有效。电压大于$\frac{2}{3}U_{CC}$时，触发器复位，时基电路输出低电平。

7）⑦脚为放电端。与集成电路内部放电管相连，输出低电平时，放电管导通，对连在该脚的电容器放电。

8）⑧脚为电源正端。

表 24-5 为 NE555 各引脚电位不同时对输出脚的影响。

表 24-5　NE555 各引脚电位不同时对输出脚的影响

④脚(复位)	②脚(触发)	⑥脚(阈值)	③脚(输出)	⑦脚(VT 放电管)
0	×	×	0	导通
1	$>\frac{1}{3}U_{CC}$	$>\frac{2}{3}U_{CC}$	0	导通
1	$>\frac{1}{3}U_{CC}$	$<\frac{2}{3}U_{CC}$	保持	保持
1	$<\frac{1}{3}U_{CC}$	$<\frac{2}{3}U_{CC}$	1	截止

【知识拓展】

1. 555 断线报警器

图 24-4 是 555 断线报警器电路。

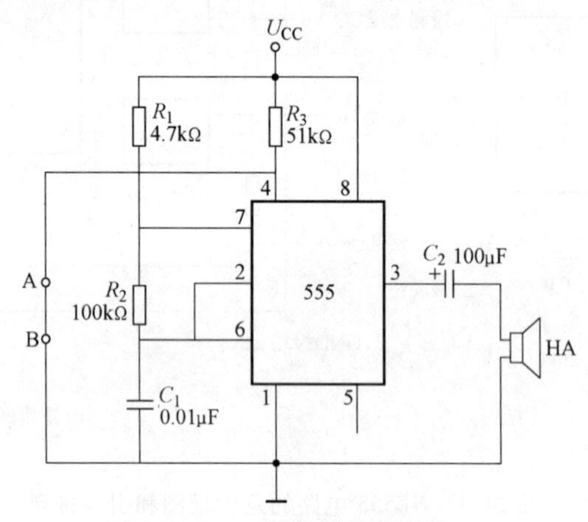

图 24-4　555 断线报警器电路

555 集成电路的④脚接地，555 时基电路置 0，没有输出。A、B 连线断开，555 时基电路接成多谐振荡器，扬声器发出报警声。

2. 555 定时器

图 24-5 是 555 定时器电路。

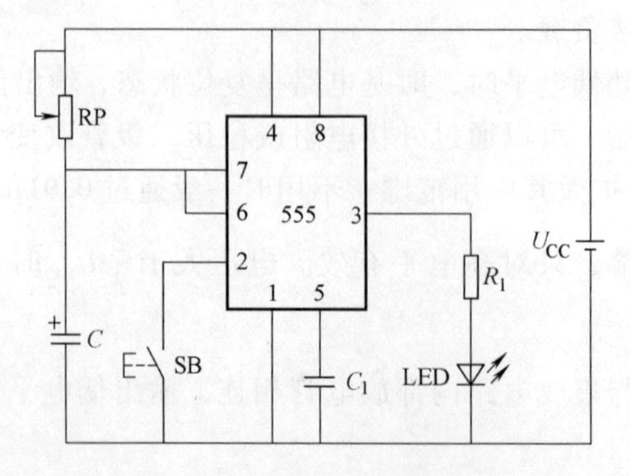

图 24-5　555 定时器电路

接通电源，按下定时器开关 SB，触发端（②脚）就输入一个小于$\frac{1}{3}U_{CC}$的负脉冲，输出端（③脚）输出高电平，发光二极管 LED 亮，电容器 C 被充电。C 上的电压升高到$\frac{2}{3}U_{CC}$时，定时器翻转，③脚输出低电平，发光二极管 LED 灭，定时结束。定时时间由 RP、C 决定。

【复习与思考题】

24-1　555 时基电路的电源电压怎么选择？

24-2　555 时基电路多谐振荡器的振荡频率怎么确定？

24-3　同样是断线报警器，项目十九的报警器与本项目的有什么不同？哪个更实用？

24-4　说说你知道的 555 时基电路用途及基本原理。

参 考 文 献

［1］ 林理明．电子线路［M］．北京：机械工业出版社，2006.

［2］ 高卫斌．电子线路［M］．3 版．北京：电子工业出版社，2009.

［3］ 方孔婴．电子工艺技术［M］．北京：科学出版社，2009.

［4］ 君兰工作室．电子技术——从应用到精通［M］．北京：科学出版社，2008.

［5］ 张宪，张大鹏．电工电子仪器仪表装配工［M］．北京：化学工业出版社，2007.

［6］ 杨坤．电子技术实训项目教程［M］．北京：机械工业出版社，2009.

［7］ 高传贤．电子技术应用基础项目教程［M］．北京：机械工业出版社，2009.

［8］ 陈振源．电子技术基础［M］．北京：高等教育出版社，2006.

［9］ 石小法．电子技能与实训［M］．北京：高等教育出版社，2002.

［10］ 杨坤．电子技术实训项目教程［M］．北京：机械工业出版社，2009.

［11］ 陈雅萍．电子技能与实训——项目式教学［M］．北京：高等教育出版社，2007.

［12］ 张龙兴．电子技术基础［M］．2 版．北京：高等教育出版社，2005.

［13］ 刘泽中．电子技术基础与技能［M］．北京：机械工业出版社，2010.

［14］ 杜德昌．电工电子技术及应用学习指导与练习［M］．北京：高等教育出版社，2007.

［15］ 邵展图．电工学［M］．4 版．北京：中国劳动社会保障出版社，2007.

［16］ 邓开明．潘国顺，华文玉．大学物理：上册［M］．北京：机械工业出版社，2006.